掌握細節〇（マル）與✕（バツ）開始過美好生活

# 舒適住宅黃金法則

中山繁信　著
Shigenobu Nakayama

# 序言

本書的內容，
是為了以設計師為志願、正在考慮打造新宅或重新裝修住宅的人，
以及希望讓現在生活的家更加舒適的讀者們所寫成。

如何打造能使日常生活更加美好、更加愉悅的住居空間？
本書中收錄了滿滿的設計巧思，提供各位參考。

當然，對照現實中的土地或建築物特性，
或許會有一些難以實現的部分也說不定。
此外，也可能會有受到建築法等法令規範制約的情況。
即使如此，只要多花一些心思，或許就能以設計來解決問題。
容易被忽視、看似極其微小的細節，正是決定結果好壞的關鍵所在。
請各位看看本書中提出的〇與X範例，作為參考。
若是能作為各位打造住居生活的指南書，將是筆者無上的榮幸。

2016年4月　中山繁信

# Contents

chapter

## 1

P.10

## 讓住居更有魅力的魔法技巧

chapter

# 2

chapter

# 3



chapter

# 4

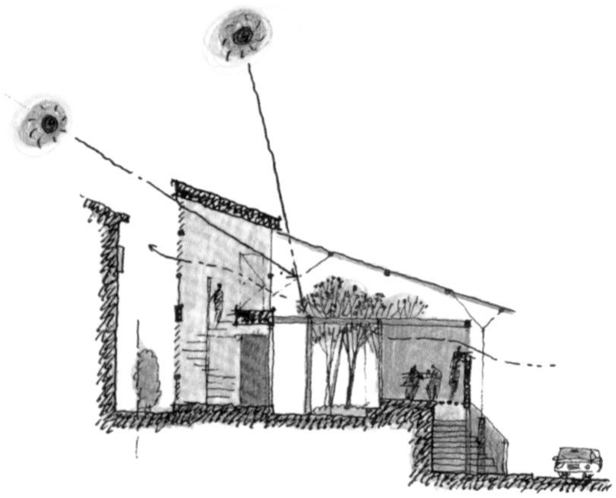

Chapter

# 1

# 讓住居更有魅力的魔法技巧

所謂住宅設計，其實與完成一幅拼圖十分相似。
生活中必要的起居室、廚房、寢室、衛浴、玄關等，
思考它們應該如何配置，是令人十分樂在其中的事情。

雖然說是拼圖，不過解答卻有無限多的組合方式，
若是沒有掌握好訣竅，很難順利打造舒適的住居生活。

相反地，有時候只需要一些小巧思，
就能讓整體空間產生意想不到的絕妙變化。

在本章中，將介紹符合基地的建築物配置計劃、
以及住宅平面、斷面計劃的「規劃術」技巧。
利用突破常識的創意發想，讓住居生活更加豐盈美好。

Chapter 1
平面
1

# 動線是格局的關鍵

## 以格局拼圖來練習配置

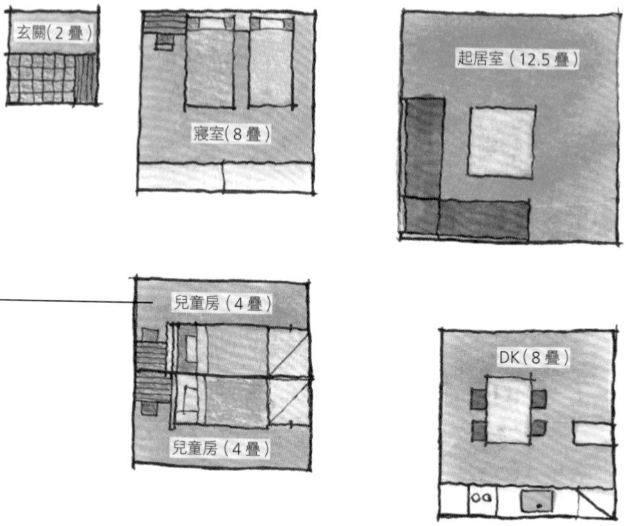

玄關（2疊）
寢室（8疊）
起居室（12.5疊）
兒童房（4疊）
兒童房（4疊）
DK（8疊）


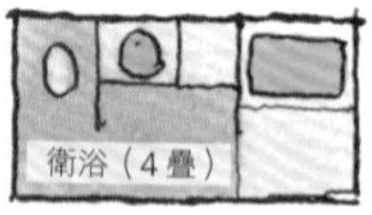

衛浴（4疊）


首先，請以夫婦加上子女的四人家庭能居住的家為最低限度來思考空間配置。固定各空間大小，試著像拼拼圖一樣來組合看看，格局安排也會更加多樣化。

※一疊約0.5坪。

### 外行人也能簡單上手

只是將格局中的各空間圖嘗試不同的排列組合，非常容易上手。對於不擅長繪圖的人來說也很簡單。家人一同討論想要什麼樣的生活，一起安排空間格局的配置，也格外有趣。首先，試著自由地思考出入口的位置吧！

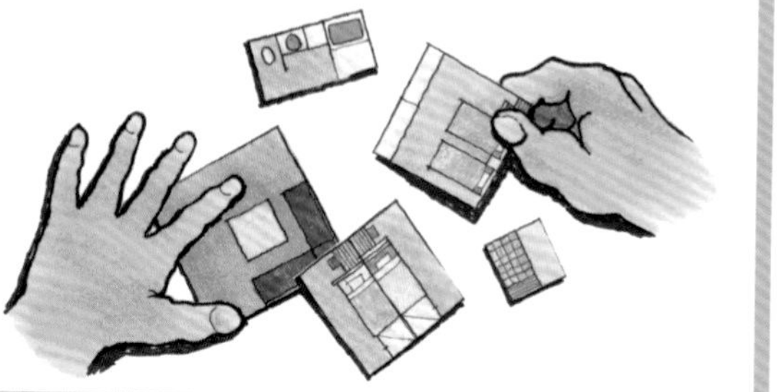

POINT

## 即使房間數量一樣，也有無數的格局方式

在思考格局時，就像是拼拼圖一樣，嘗試將各個房間組合起來。例如，除了LDK（Living客廳、Dining餐廳、Kitchen廚房）空間之外，還有寢室、兒童房、衛浴以及玄關。即使各個空間的大小固定，也依然有各式各樣的配置方式。

其中，最為重要的一點就是人從房間到房間之間移動時的「動線計劃」。以這一點為思考核心，格局就可以區分為四大類型。

※過道走廊型方案——將一條長長的走廊配置在空間中心。

※起居室中心型方案——不設置走廊，使起居空間兼具動線功能。

※洄游型方案——在某房間外設置走廊，連結起其他空間。

※分散型方案——將房間分散配置，以落地窗等方式圈隔出各房間。房間以外的地方就是動線空間。

每一種格局類型都有各自的優缺點，建議根據家人的生活方式來做取捨。

# 以動線為主要考量的四大類型＋ α

## 過道走廊型方案

以中央的過道走廊為中心的格局。單純的動線設計很容易居住。然而，居住環境被走廊劃分出南北、內外之界容易產生差異，是此種方案的缺點所在。

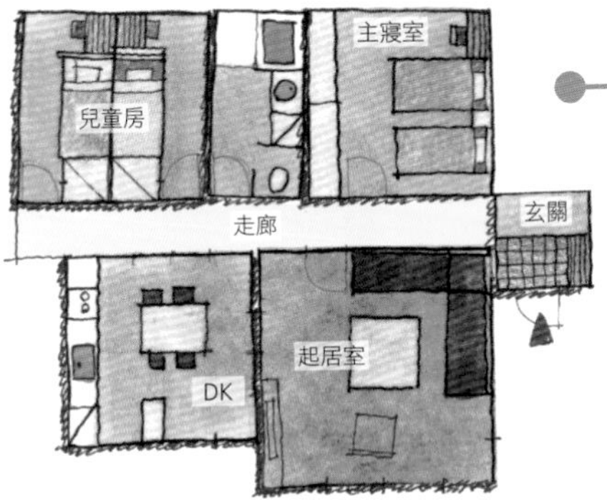


### 改良提案：複數中庭型

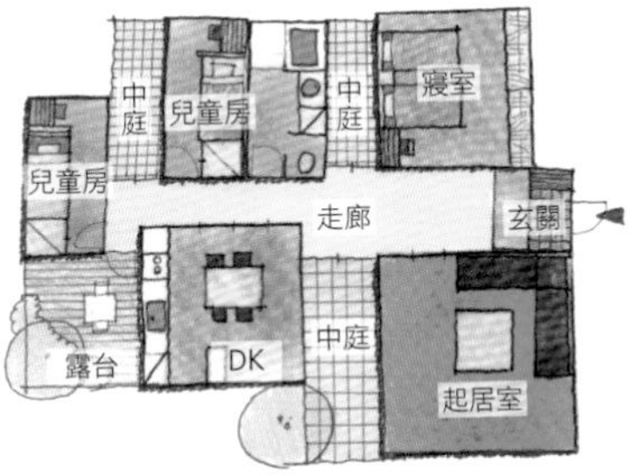


將過道走廊的缺點以中庭來改善的方案。藉由在房間之間安插入小小的中庭，讓住居環境變得更棒。不過，此方案會增加牆面的數量，預算也可能隨之提升。

POINT

## 洄游型方案

比起單調的直線型動線，洄游動線能讓人、風、光產生互動。位於核心的中央房間，需要天井等特別的採光通風設計。而如果將中央部分設置為中庭，各房間的居住環境就不容易產生區隔感。

## 起居室中心型方案

所有動線都會經過的起居室，雖然是家人容易聚集的空間，但也容易因出入複雜而成為無法沉靜下來的嘈雜空間。

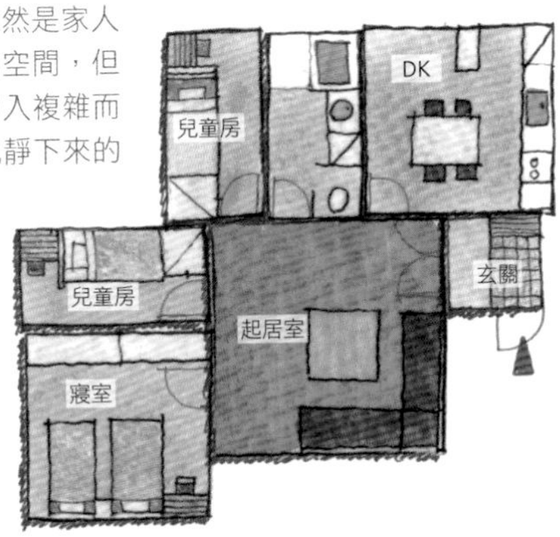


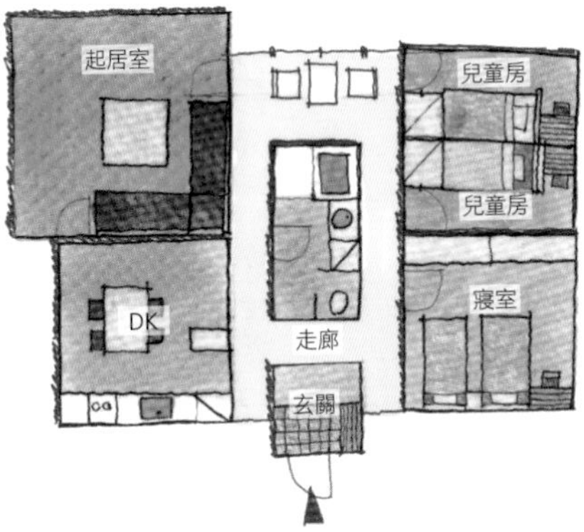


## 分散型方案

將隱私的房間設置為單獨空間，起居室和餐廳則是相對較開放的空間，營造出不同節奏的生活空間。

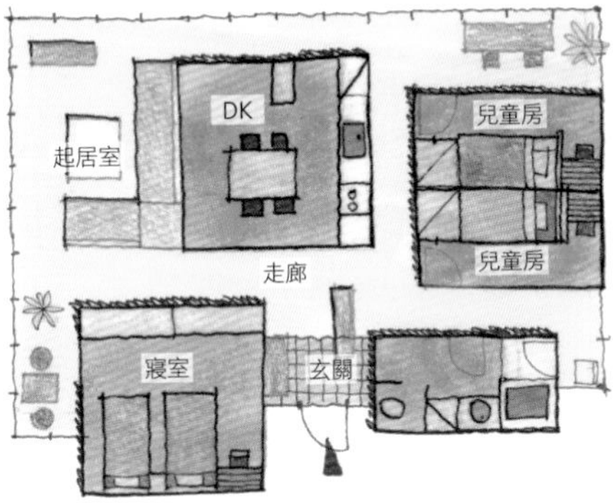


### 變形提案為多方向分散型

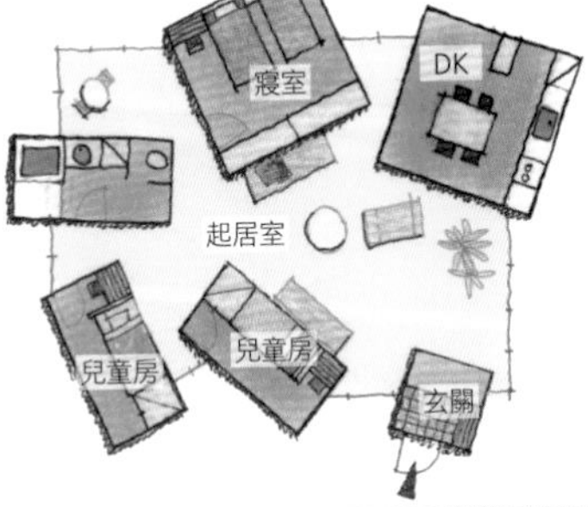


在配置各房間時嘗試變換角度，產生空間變化，打造出饒富趣味的住居韻律。

POINT

## 過道走廊型是簡潔俐落的方案

過道走廊夾在中間，左右配置房間。南側為家人公共空間，北側為衛浴及個人房間並列。

南側和北側的房間環境，因走廊區隔將產生極大的落差。

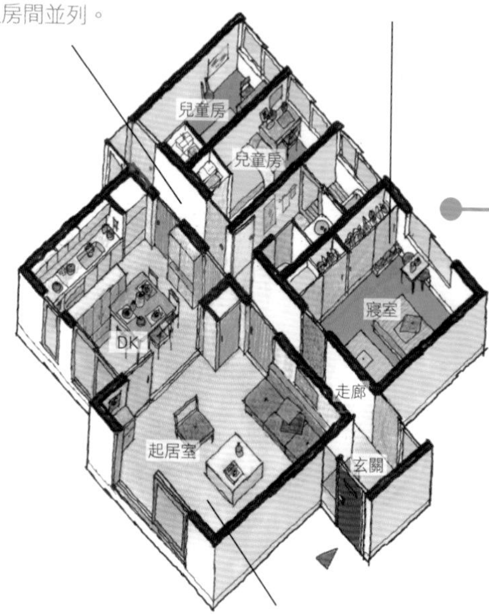
兒童房
兒童房
DK
寢室
走廊
起居室
玄關

過道走廊的南側日照條件好，成為舒適明亮的空間。

● 過道走廊型方案－平面等角透視圖

**插入中庭，提升安適度**

兒童房
中庭
兒童房
中庭
寢室
DK
中庭
走廊
玄關
起居室

因為插入中庭，空間整體變得明亮，通風也變得更好，提升各房間的居住性。

● 複數中庭型－平面等角透視圖

POINT

## 能夠輕鬆移動的起居室中心型

減少走廊設置，將有限的空間做到最大化。

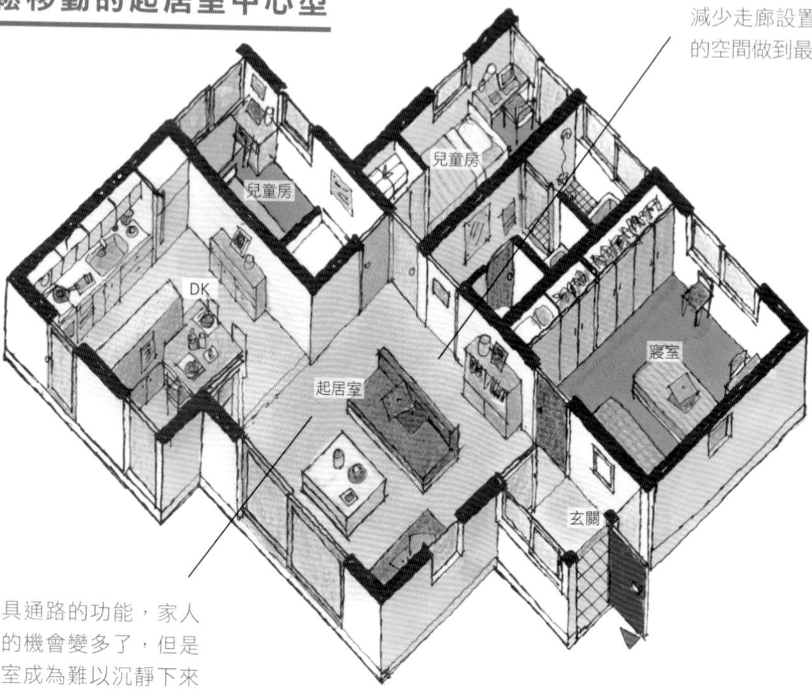
兒童房
兒童房
DK
起居室
寢室
玄關

起居室兼具通路的功能，家人之間照面的機會變多了，但是也使起居室成為難以沉靜下來的嘈雜空間。

● 起居室中心型方案－平面等角透視圖

## 充滿樂趣的轉圈洄游型

將較不需要採光的衛浴空間（浴室、盥洗室、廁所）設置在中心區域的洄游型方案。

中心區朝向走廊開設窗戶，能夠取得間接採光。窗戶的開口位置及樣式需考量到走廊會有人經過。

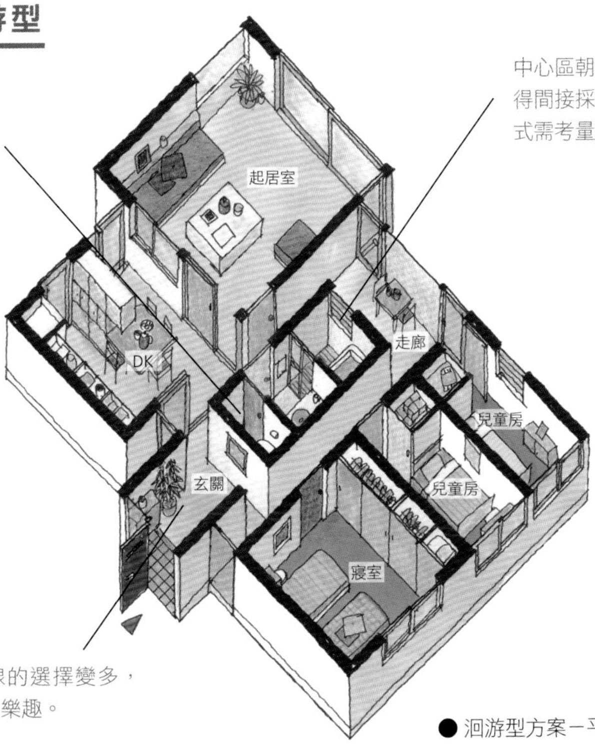


生活動線的選擇變多，增加許多樂趣。

● 洄游型方案－平面等角透視圖

將分散的各房間包圍起來的空間，具有動線，也有公共空間。與外部空間以玻璃隔牆做出區隔，能夠感受到與室外的強烈聯繫。

依需求裝上百葉簾或窗簾，也可以霧面玻璃取代。

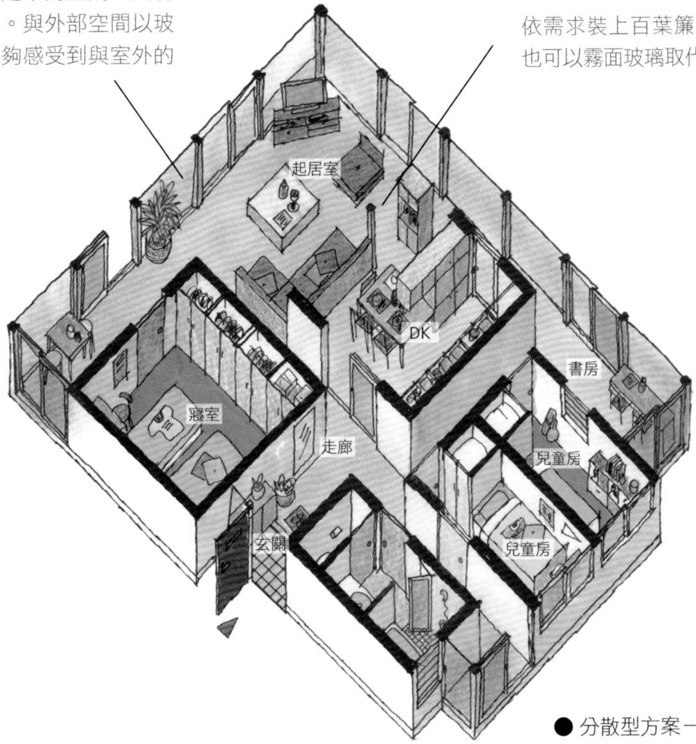


● 分散型方案－平面等角透視圖

Chapter 1
斷面
2

# 以「錯位」營造新的空間

## 中間領域讓生活更具樂趣

將二樓「錯位」而營造出的陽台空間。在上方設置棚架，打造令人安心的空間。

突出的二樓，讓一樓產生底層架空的遮蔭處。鋪上木地板、放置桌子，享受半戶外的樂趣。

● 斷面透視圖

### 只是將二樓錯位

將兩樓高建築的二樓部分錯位，就能簡單營造出新的空間。

POINT

## 嘗試看看錯位手法

被別人說是「偏差」還會感到高興的人，應該是少數派吧。所謂偏離基準，一般而言通常帶有強烈的負面意涵。然而，在建築領域中，這就例外了。藉由牆壁或地板的錯位設計，卻能夠創造出嶄新的空間。

例如，以一棟兩層建築的住宅來討論，首先試著將上下兩樓的位置稍微相互錯開。即使一樓和二樓的格局幾乎相同，但是二樓卻多了陽台，一樓也多出得以喘息的新空間（底層架空）。這些空間，就類似於傳統日本住宅的緣廊和土間，既不屬於屋外、也不屬於屋內的「中間領域」，拓展了日常生活的視野。

兩層建築從構造面及經濟面來分析，都十分具備合理性，然而，卻稍嫌欠缺空間的魅力感，此時，建議嘗試看看「錯位」手法。雖然會帶來一些構造上的限制或修正工程，但也許會帶來更加舒適的生活空間，因為在計劃過程中，總少不了一些錯誤嘗試啊！

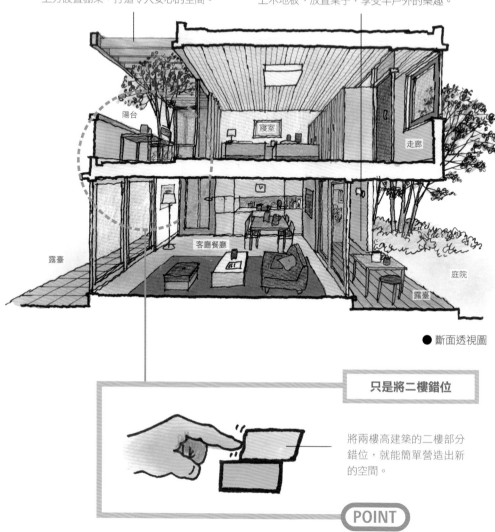

## 將二樓錯位而營造出的空間

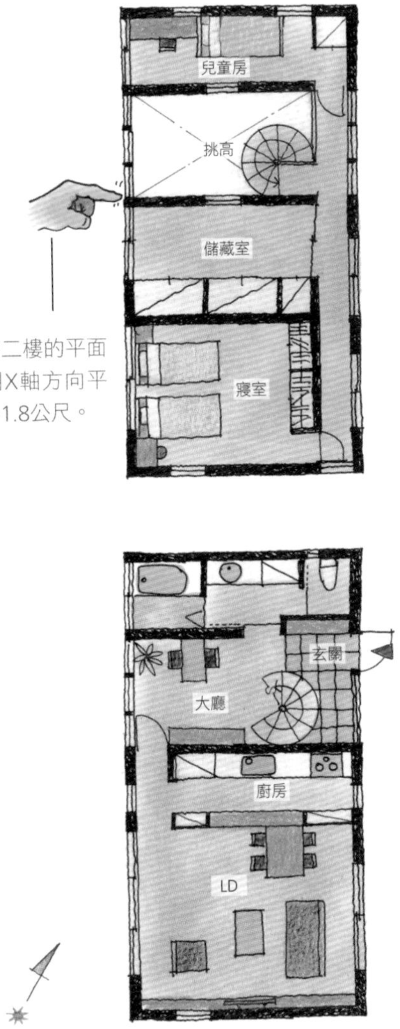


試著將二樓的平面圖，朝X軸方向平行位移1.8公尺。

● 錯位前－平面圖（下：一樓、上：二樓）

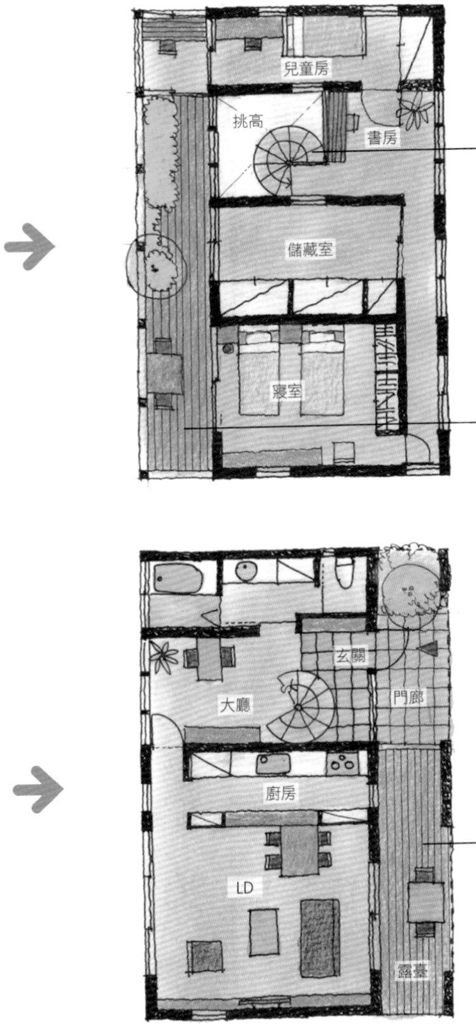


貫穿上下樓的挑高空間及樓梯必須調整。在這裡，面向樓梯打造出書房空間。

因錯位而產生的陽台空間。本例設定的寬度為1.8公尺，但其實90公分已經非常足夠。

一樓多出了底層架空的空間。除了作為露臺，也可活用為玄關門廊。

● 錯位後－平面圖（下：一樓、上：二樓）

NG 上下對齊的兩層建築

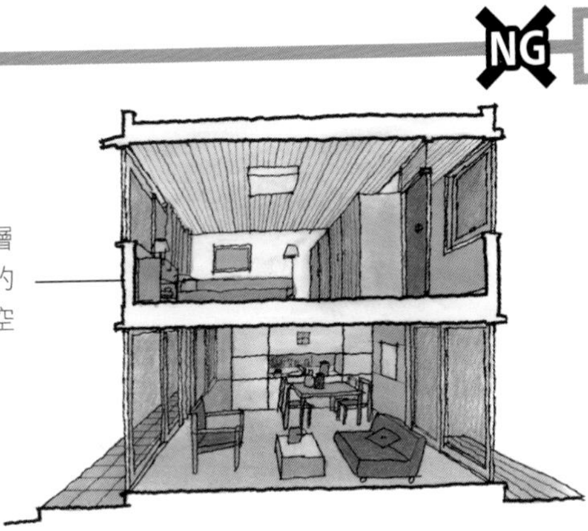

外牆對齊的上下兩層住宅。雖然是合理的建築物，但卻欠缺空間的魅力。

● 斷面透視圖

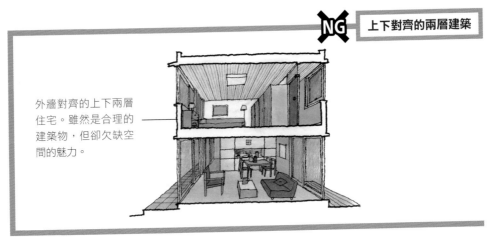

Chapter 1
斷面
3

# 縱向錯位讓家中的光與風躍動起來

## 少許落差讓空間產生變化

「錯位」部分成為寬闊的挑高空間，設置樓梯連接被上提的樓層。以樓梯為媒介，同一空間中的地板具有高低差的「Skip floor（跳層）」手法，使空間產生變化。

將空間上下錯位之後出現的採光窗。這使難有自然採光的建築物中央部分變得明亮、通風也更好。

因錯位設計而騰出大收納空間。

● 斷面透視圖

### 只是將斷面上下錯位

將住宅斷面圖縱向切開，上下錯位。使地板高度產生高低差，空間因而產生立體性的變化。

POINT

## 不妨嘗試縱向錯位手法

雖然很難把蓋好的房子切開上下錯位，但若是在設計階段的房子就簡單多了。如果覺得既有設計太過平凡、不夠吸引人時，試著把斷面圖切開上下錯位看看吧。說不定會創造出一個截然不同、獨特又有趣的住居空間。

在思考住宅時，一般人大多會從格局思考起。所謂格局，除了必須考量到房間大小及動線等平面構成之外，當將平面轉化為立體的空間時，也必須討論「高度」。光是天花板的高度不同，房間給人的印象及自然光進入的方向，也隨之產生極大的變化。

在此，以一般住宅的斷面圖為例，嘗試縱向錯位設計後，就是一個新的格局提案。建築半部向下降低半階樓層的跳層式（Skip floor）住宅，高低相接處成為挑高空間。透過此一挑高空間，連結起上下樓的房間，也將光與風傳送到各個房間，搖身一變成為健康的住居生活，這點從圖面上即可看出。

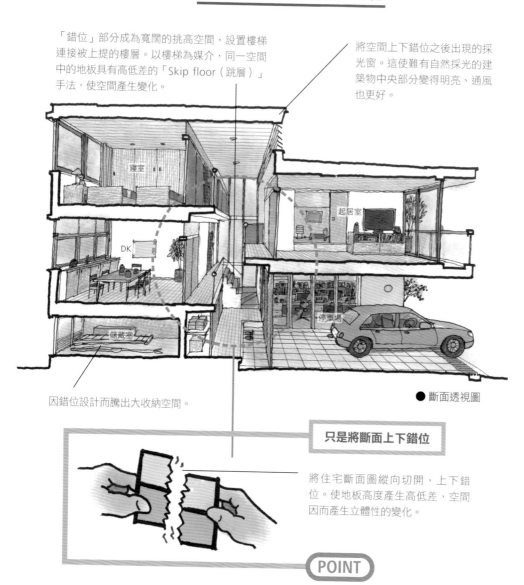

## 以縱向錯位手法打造躍層式住宅

以地板將空間上下一分為二的狀態。如果試著將建築物一半縱向錯位的話……

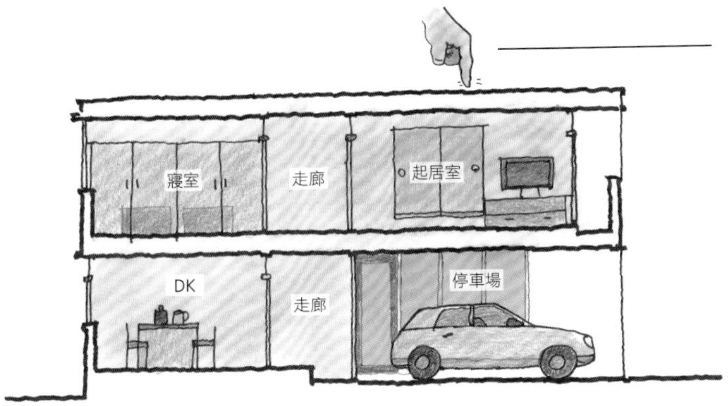
寢室
走廊
起居室
DK
走廊
停車場

● 縱向錯位前－斷面圖

寢室和餐廳、廚房都有來自兩個方向的自然光，變得更加明亮。

成為跳層式住宅，挑高空間的設置，營造出立體面上的遼闊感。

寢室
起居室
挑高
DK
停車場
儲藏室

● 縱向錯位後－斷面圖

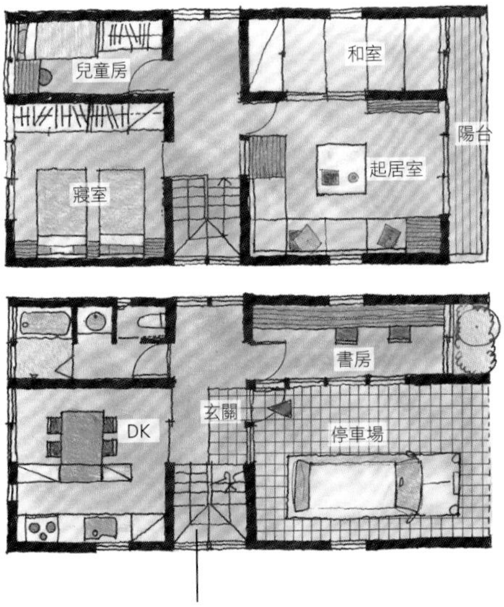
兒童房
和室
陽台
起居室
寢室
書房
玄關
DK
停車場

連接上下樓的只有樓梯間。相接的玄關處狹窄陰暗。

● 縱向錯位前－平面圖（下：一樓、上：二樓）

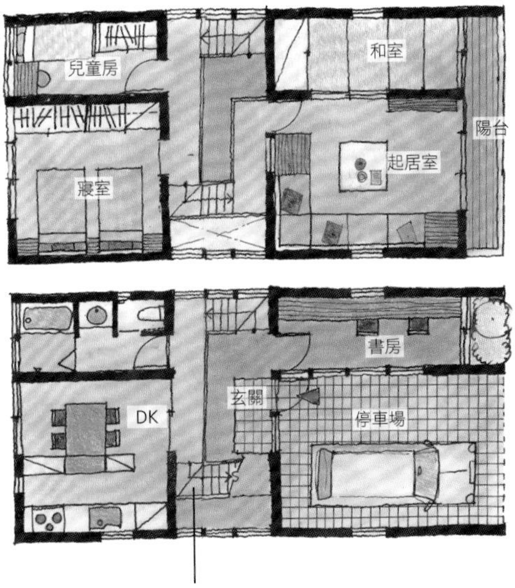
兒童房
和室
陽台
起居室
寢室
書房
玄關
DK
停車場

因縱向錯位而產生的挑高空間。躍層部分的高低差只有半樓高，上下樓移動時不至於造成太大負擔。

● 縱向錯位後－平面圖（下：一樓、上：二樓）

# 以旋轉手法營造「曖昧」空間

## 簡單！只要旋轉，創造出「曖昧」空間

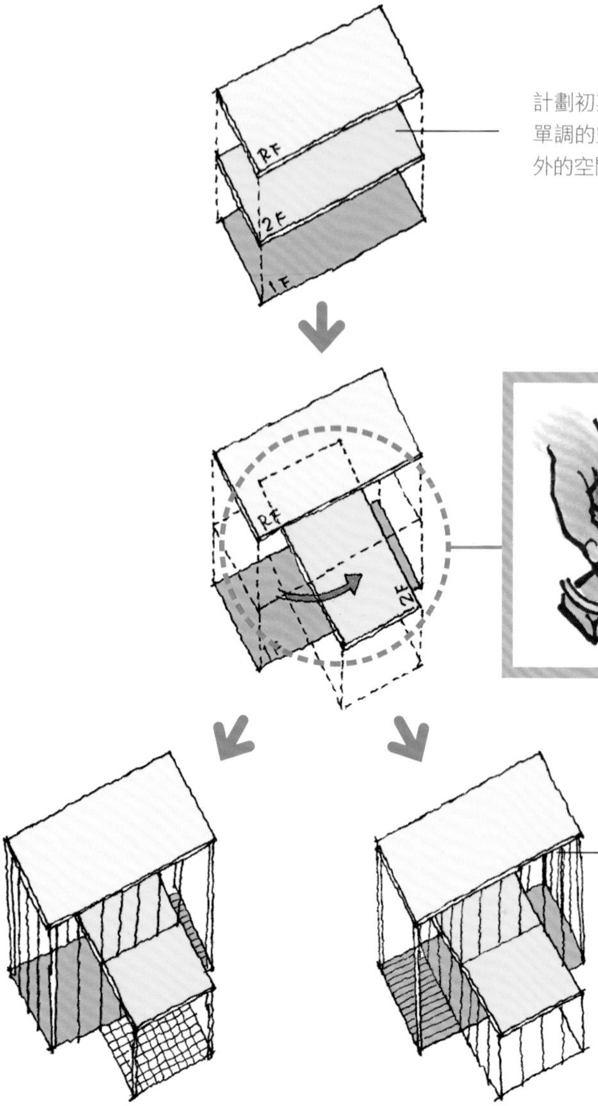


計劃初期的兩層式住宅。放棄單調的空間構成，想打造半戶外的空間……

只要加上窗框，即可打造出陽台或露臺等各種中間領域的空間。

**只要旋轉二樓**

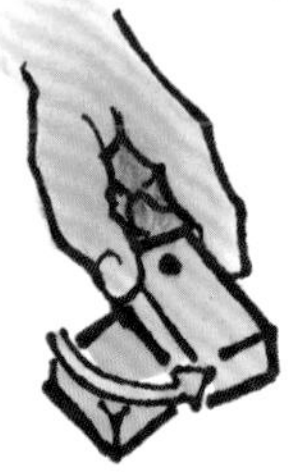

將上樓層旋轉90度。以樓梯間為中心旋轉，內部空間就會產生極大的變化，十分建議各位嘗試看看。

POINT

### 「曖昧」空間讓生活更加豐盈

在這邊所說的「曖昧空間」，是指既不屬於屋內，也不屬屋外的半戶外空間，又稱為「中間領域」。

在傳統的日本住宅中，外與內的界限十分曖昧，擁有許多「曖昧」空間，例如：沒有遮蔽的緣廊、屋內的土間等。在四季變化豐富的國度，如此獨特的空間，使得生活品質向上提升。坐在緣廊時，即使是下雨天也能感受外頭的空氣，在冬寒時期，室內的土間亦是十分有用的工作空間。

自古以來，「曖昧」空間的存在，使人們的日常生活更加開闊、豐盈，因此在現代住宅中也想積極地放入這項元素。計劃中的住宅，只需要一些巧思，就能營造出屋簷下的露臺、陽台、底層架空等「曖昧」空間。前文已描述過「錯位」（第16、18頁）手法，在這裡將介紹「旋轉」手法。

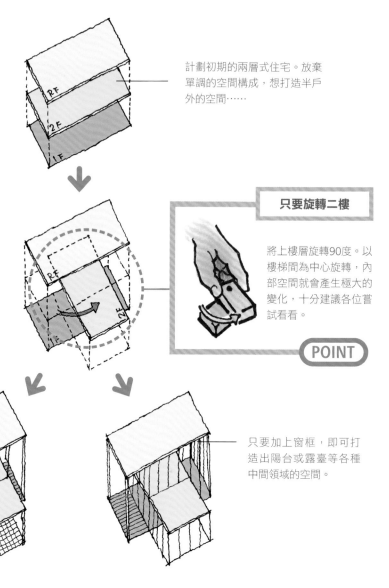

## 中間領域使空間更加豐富

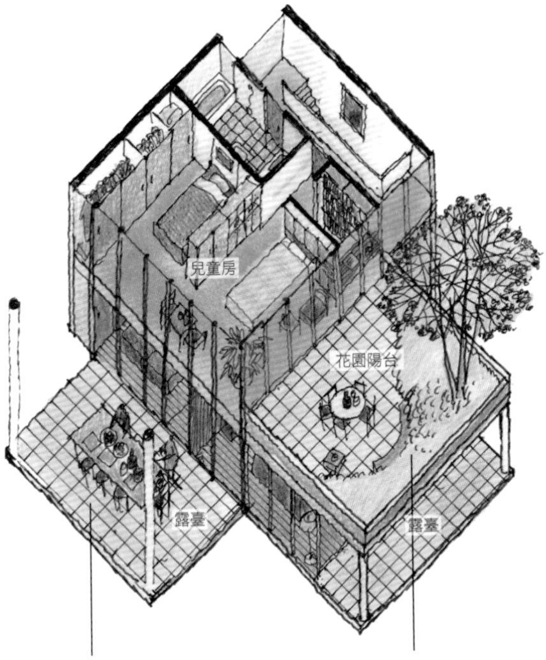


兩層樓高架空的開放式露臺。只要放置座椅，也可作為室內房間的延伸來使用。

能夠享受庭園樂趣的屋上花園陽台。優點在於同一個住宅中，能夠擁有多個各具氣氛的半戶外空間。不過，像這樣綠意盎然的陽台，只限制於鋼筋水泥式的建築物（木造建築雖然也可行，但防水工程相當浩大）。

● 平面等角透視圖

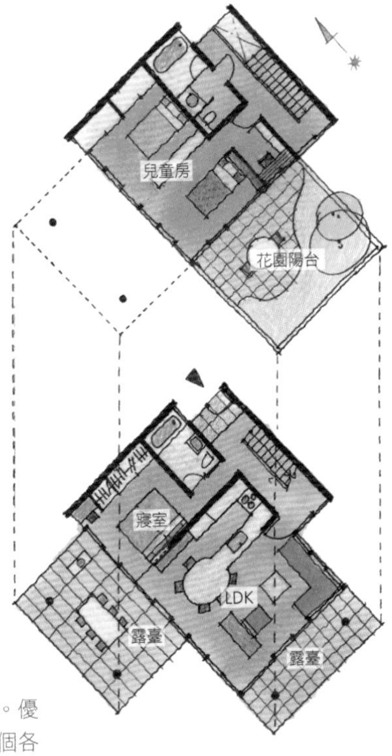


● 平面圖（下：一樓、上：二樓）

擁有各種斷面形式的建築，具備空間上的多樣性。擁有挑高空間的東西斷面，以及擁有花園陽台的南北斷面。

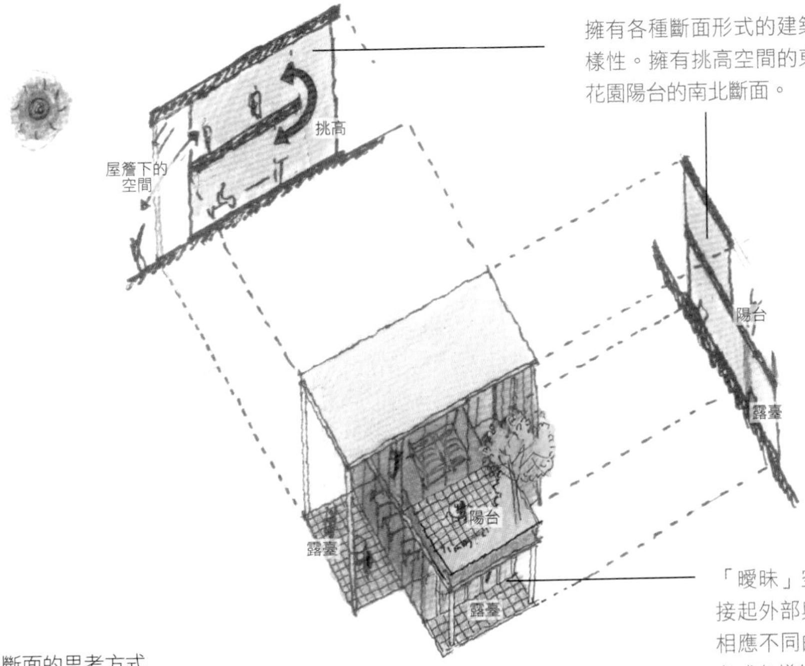


「曖昧」空間同樣也是溫和連接起外部與內部的接續空間。相應不同的季節或時間，享受各式各樣的生活樂趣。

● 斷面的思考方式

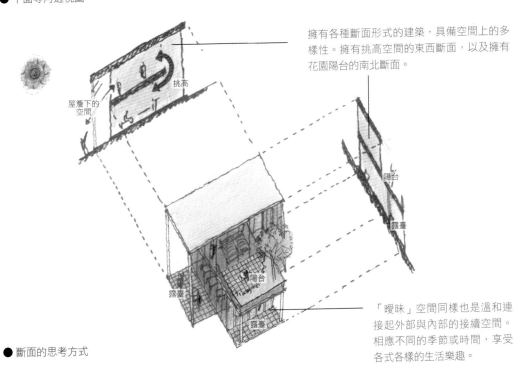

# 拆除地板，創造動態空間

## 以挑高聯繫起上下空間

挑高設計讓空間變得立體。上方的自然光線灑落，營造出明亮的起居室。

面對挑高空間的矮牆上設置日式拉窗。藉由打開與閉合，調整與外部空間的連接度。

● 斷面透視圖

### 只要拆除一部分地板

只要拆除一部分地板，就能打造挑高空間，連接起上下兩樓。

設置挑高空間時，必須事先檢視樑柱的位置和大小。

POINT

## 在住宅計劃中，不可欠缺「未來的視點」

規劃住宅計劃時，必須同步考量到家族成員及生活方式的未來變化情形。雖說如此，但未來是難以捉摸的未知數，將空間細微分割、增加房間的數量，雖然是面對無法預測的未來的對策之一，但是卻會降低住宅的舒適性與居住性。預先規劃的部分疏於使用，經常成為無謂浪費的空間。最重要的是，把家打造成可以自身營造變化的空間，這樣一來，就成為能夠長久舒適居住的住宅了。例如，細微分割出來的小房間，透過裝設可拆式牆壁，就能轉變為大空間。

在此將介紹的是夫婦住宅。在孩子成家立業之後，拆除一部分的二樓地板，就能打造出連接起居室的挑高空間；在上了年紀、家族成員減少之後，房間的寬敞度與舒適感變得更加重要。然而要注意的是，提升開放感與明亮度的挑高設計，雖然是相當推薦的項目，但是卻須從規劃住宅構造之際就事先考量在內。

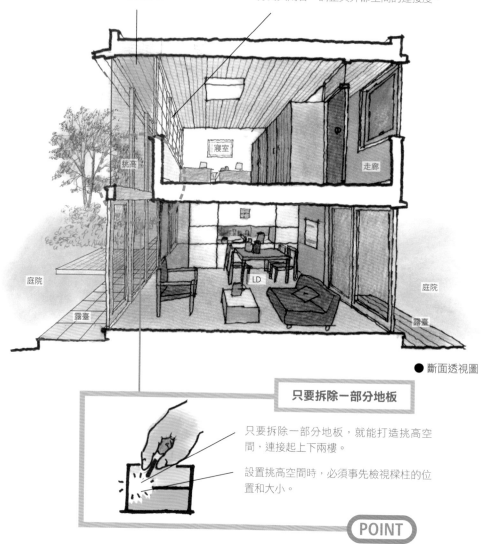

## 「拆除」地板，連結上下空間

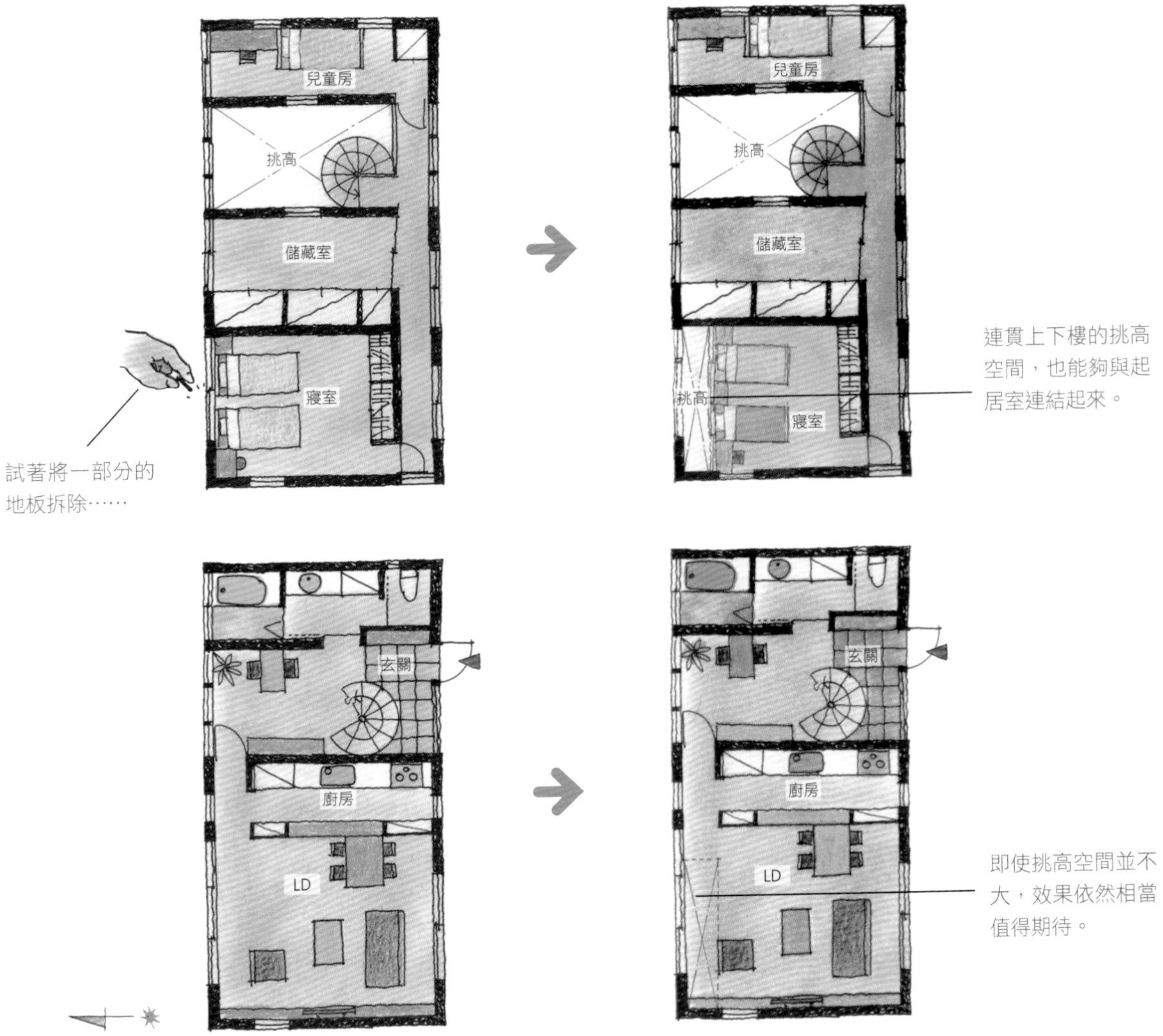
兒童房
挑高
儲藏室
寢室
試著將一部分的
地板拆除……
兒童房
挑高
儲藏室
挑高
寢室
連貫上下樓的挑高
空間，也能夠與起
居室連結起來。
玄關
廚房
LD
玄關
廚房
LD
即使挑高空間並不
大，效果依然相當
值得期待。

● 拆除前－平面圖（下：一樓、上：二樓）

● 拆除後－平面圖（下：一樓、上：二樓）

### NG 斬斷上下之緣的家

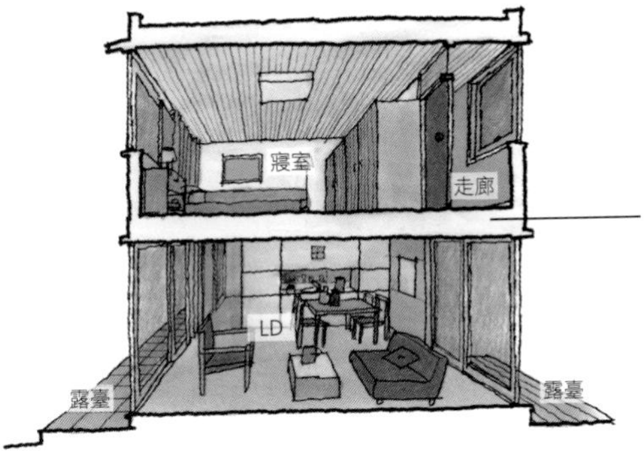
寢室
走廊
LD
露臺
露臺

地板將一樓與二樓的緣份完全斬斷。雖然有被安穩包覆的感覺，但是上下樓層的關係性變得淡薄。

● 沒有挑高的家－斷面透視圖

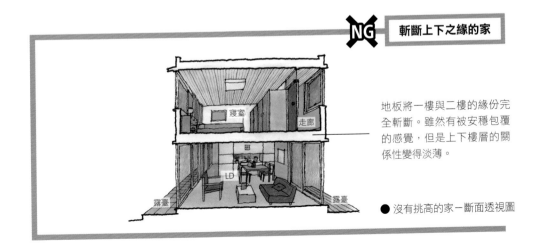

Chapter 1
基地
6

# 面向斜坡的階梯式住宅

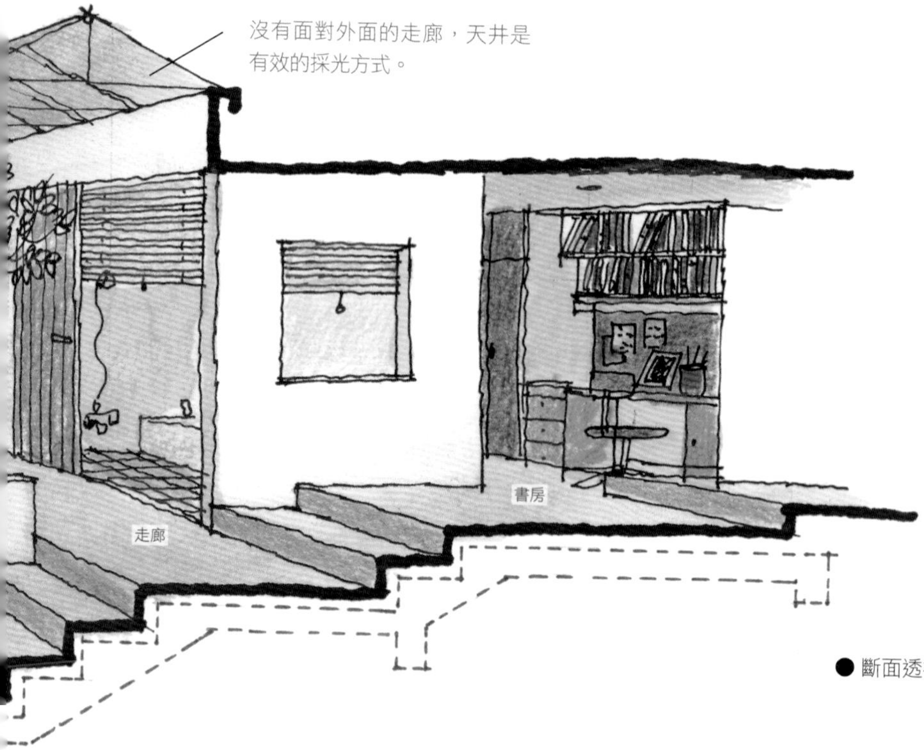

沒有面對外面的走廊，天井是
有效的採光方式。
書房
走廊

● 斷面透視圖

NG　將土地整平，設置高崖一般的擋土牆

面對擋土牆的一樓，
通風不良，濕氣也容
易囤積。

必須建置高聳的擋土牆，
成本甚高。

擋土牆導致出現陰暗潮濕的空間。

● 擋土牆之家－斷面透視圖

## 將地板賦予段差，以建築物來替代擋土牆

位於都市周邊的分讓住宅地，有許多是將山坡切開、加以開發之後的人造地。為了將土地整平而建造的許多擋土牆，像崖壁一樣高聳直立，看看那些建造在一旁的住宅，建築物與擋土牆之間的空間，顯得格外陰暗潮濕。而這些擋土牆不止建造費用高昂，與住宅的配置也息息相關。※

現在不一定要土地坡度整平，其實也有活用坡度的方法：打造一座賦予和緩段差的「階梯式住宅」。雖說價格會根據基地面積及坡度而異，但若不建造擋土牆即可省下一筆龐大支出挪至此使用。此外，這樣的「階梯式住宅」，也可輕鬆營造出具立體性、變化豐富的內部空間。透過上上下下的動線，居住者的視界也隨之改變，別具樂趣。若是沒有無障礙住宅的必須需求，建議務必將這個技巧納入考量選項中。

這是個讓居住者在日常生活之中適度運動的住宅，說是幫助打造健康身體的功臣也不為過啊！

※ 建築物與擋土牆之間必須相隔一定的距離來建造。

## 具段差的地板 × 平坦的天花板

雖然是平坦的天花板，但因為地板有高低落差，所以能感受到天花板的高度變化。

由於廚房與客廳之間有高低差，各自空間的不同景色令人玩味。

若是平屋頂的房子，可在位置最低的房間製造大片開口。

廚房
LD

### 巧妙利用土地原本的坡度

不把土挖除整平，而是配合土地特性，將住宅賦予和緩的段差，也可降低建造費用。

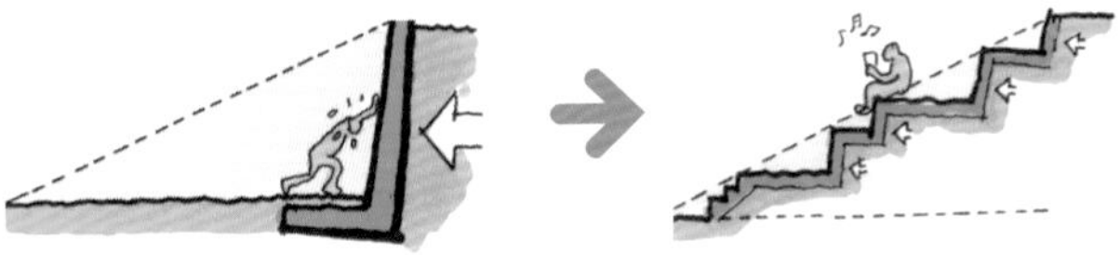

POINT

## 具段差的地板 × 傾斜的天花板

卸除一部分的屋頂，打造成中庭。這是營造自然採光與通風作用的空間。

配合土地斜度的傾斜式屋頂。沿著屋頂軌跡，自然風溫和地流動。

天花板的一部分為百葉窗式天窗設計。

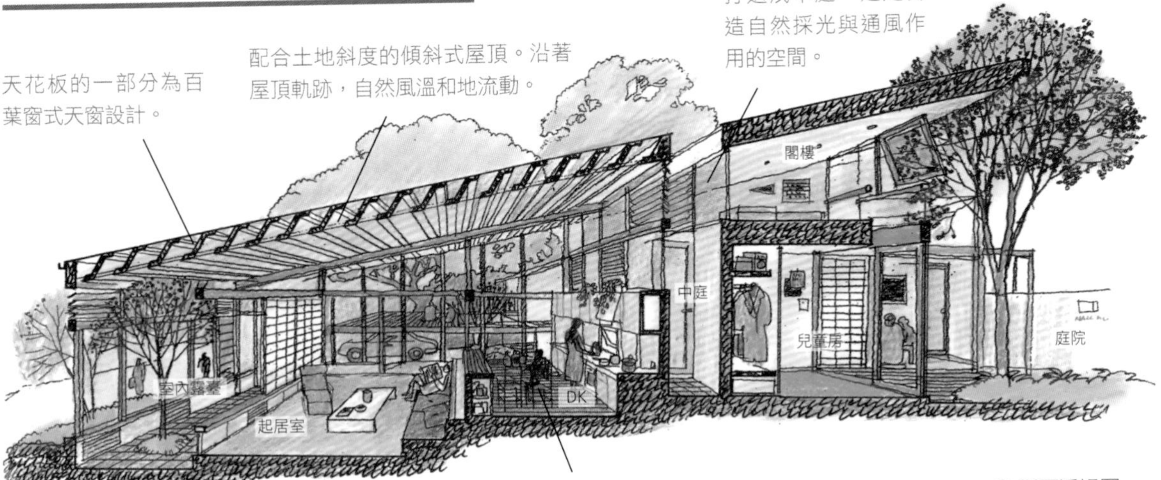
閣樓
中庭
兒童房
庭院
室內露臺
起居室
DK

雖然是一個大開放性空間，但因為地板具有段差，自然區別出空間使用的區域。

● 斷面透視圖

# 彬彬有禮的家，以正面朝向道路

## NG 房子內側才是迎賓區？傲慢不遜的家

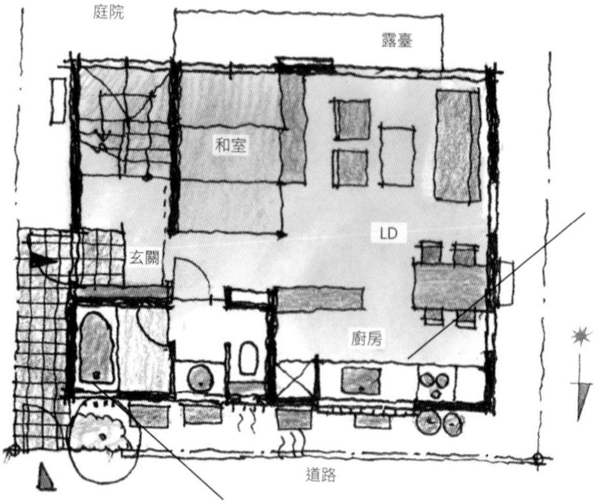


重視南方而來的自然採光，將廚房及衛浴空間設置於北側。

浴室的窗戶面向道路，無法安心享受窗外的景色。

● 平面圖

廁所的換氣扇及裝上格子的小窗戶。這是讓住宅正面變醜的原因之一。

在基地朝北的情況下，用水空間（廚房、衛浴等）集中於北邊，其窗戶或換氣扇變成朝向道路正面。為了隱藏住這幾個地方，蓋起高高的圍牆來遮掩，造成更加不美觀的住宅外貌。

● 北側立面圖

## 總是「北側=用水空間」，這麼做對嗎？

在一般的住宅規劃中，因為重視日照，而將起居室等空間配置在南側位置十分常見。結果就是，廁所或浴室等屬於住宅「內面隱私」的部分，大多會集中在北側區域。這一點，若是在建築基地屬於坐南朝北的情況時，將會造成問題。屬於居住者內面隱私的部分，卻變成朝向人來人往的道路面。為了阻隔，應該是家的外貌的北側牆壁，卻有許多防盜格子小窗不規則並列、還可以看見換氣扇，實在不甚美觀。就像是背對他人而坐一樣，令人感到傲慢不遜。

因此在基地屬於坐南朝北的情況時，不管是住宅的南側或北側，在設計時，都要將它們視為是住宅的正面來思考。例如，將起居室配置在連接南北兩側的位置。不只有南側設置具大片窗戶的庭院，如果北側同樣也有的話，不僅採光和通風的功能良好，面向道路的壁面也能完美地整備打理好。此外，透過將浴室或廚房配置在面向庭院的位置，就連入浴及做料理的時間，也會成為令人心曠神怡的美好時光。

## 家的北側是門面！ 坐南朝北而建的家

面向庭院的南側浴室。據開放感，簡直就像是露天風呂一般舒適。

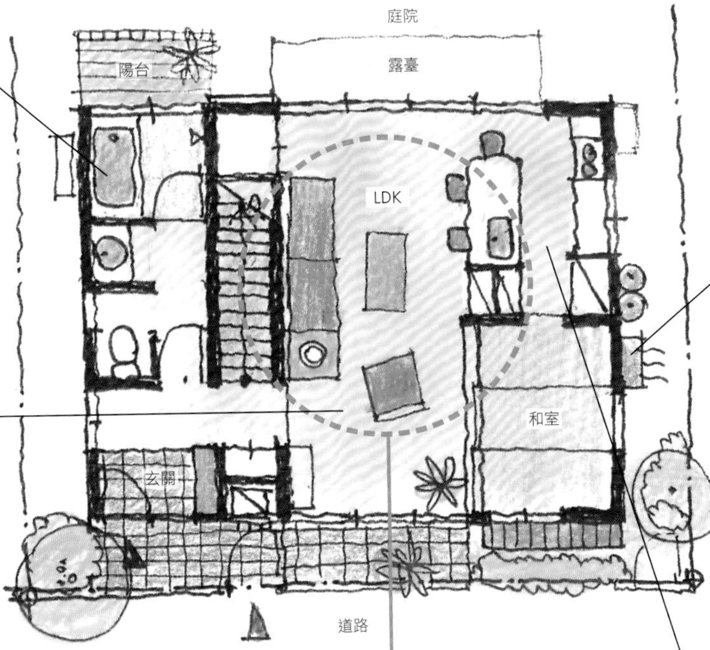


● 平面圖

室外機放置在不會打擾鄰居的位置

在南北側皆設置有窗戶的起居空間，自然通風良好。

使用時間比預期中還多的廚房。在充滿自然光的廚房裡，能夠心情愉悅地做料理。

**讓起居室也同時朝向北側**

在坐南朝北的基地，必須考量到面向道路的北側壁面。具有大開口的起居室以南北向配置，建議不要將用水空間（廚房、浴室、廁所）全部集中於北側。

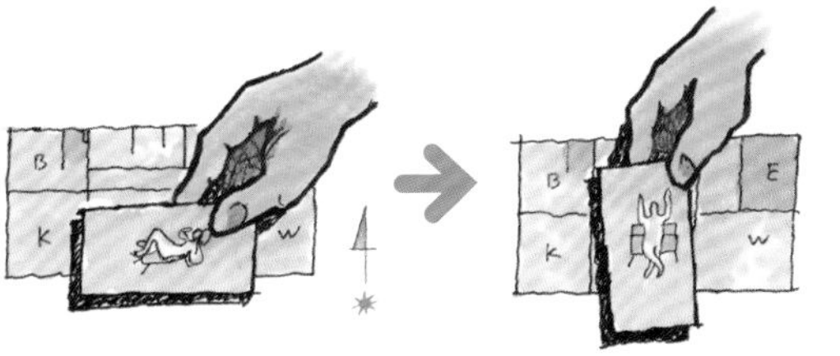


**POINT**

讓路上行人享受宜人的植栽、花園陽台上的花花草草。

起居室的大開口是美觀壁面的要素之一。面向道路的北側壁面也設置有大片窗戶，打理好住宅的漂亮「外貌」。當然，也能期待這些開口所具備的通風及採光功能。

以樹籬為北側壁面「化妝」，妝點住宅門面。

● 北側立面圖

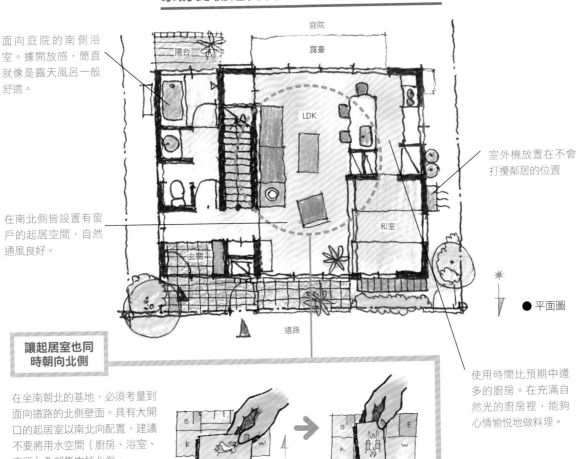

# 向北斜坡地，選用顛覆定論的採光方式

NG 由南側採光，其實非常高難度

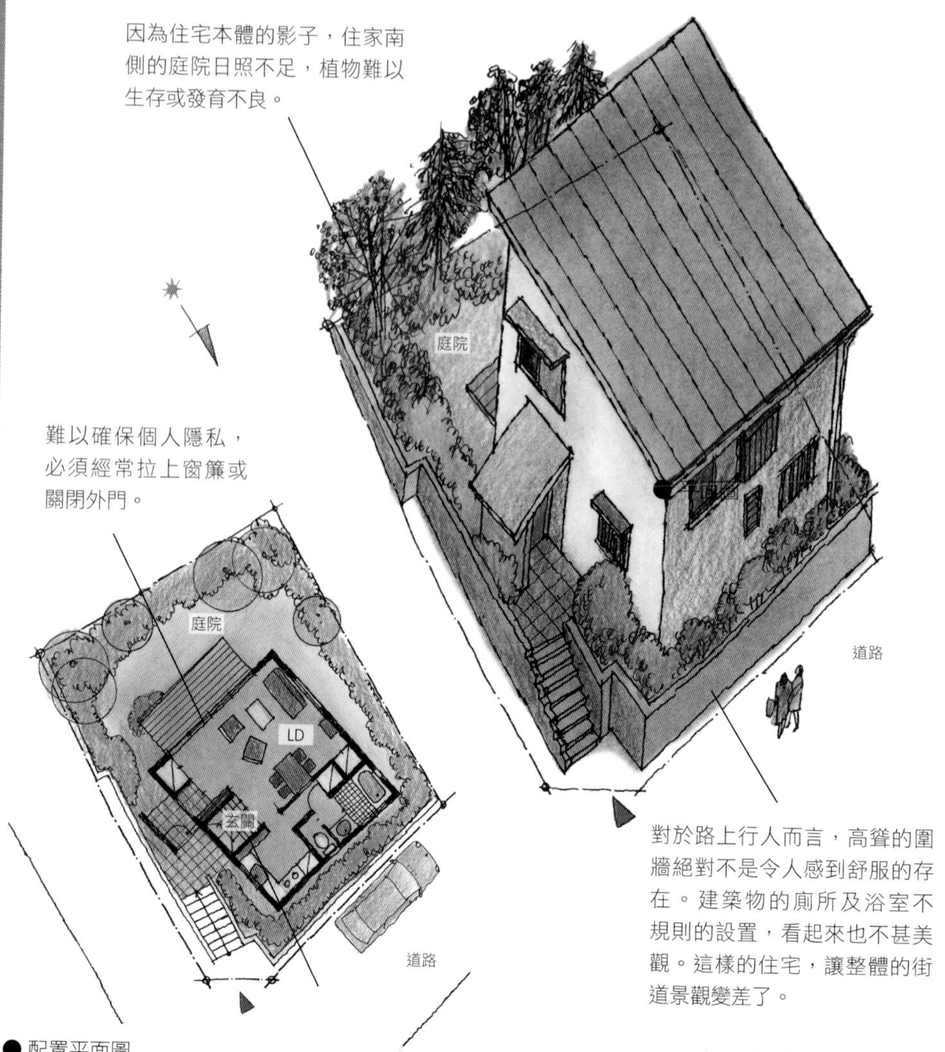
因為住宅本體的影子，住家南側的庭院日照不足，植物難以生存或發育不良。
難以確保個人隱私，必須經常拉上窗簾或關閉外門。
庭院
LD
玄關
道路
庭院
道路
對於路上行人而言，高聳的圍牆絕對不是令人感到舒服的存在。建築物的廁所及浴室不規則的設置，看起來也不甚美觀。這樣的住宅，讓整體的街道景觀變差了。

● 配置平面圖

● 建物外觀等角透視圖

## 巧妙利用由北側而來的間接光源

坐北朝南的土地，自古以來就受到人們的喜愛。因為以南側面向道路，日照條件良好的緣故。至於微微向南方傾斜的土地，更是熱門搶手。

相反地，面向北方的斜坡地，住宅計劃的進行就相對棘手許多。一般而言，把建築物盡量擠向北方道路側的圍牆，由南側的庭院來做採光，似乎是這類住宅最為常見的設計準則，然而，通常會因為太過接近對面的住宅而有壓迫感，這樣的設計方式效果並不好。此外，也很難確保住宅內的個人隱私，導致得長年緊閉門窗或拉上窗簾。建築物與圍牆太過於靠近，不僅對於住宅安全性造成威脅，就街道景觀而言也十分不美觀。

首先，請勇敢拋棄「由南方採光」的神話吧！在面向道路的住宅北側打造一個中庭，利用來自中庭的間接光源，就是一種採光技巧。以中庭為中心的格局規劃，也可有效避免個人隱私不保的問題。此外，放棄高聳的圍牆，以通往中庭的階梯狀通道來取代，能夠同時滿足入口空間與街道景觀的需求，營造出別具個性的住宅設計。

## 面朝北方的斜坡地，由中庭採光

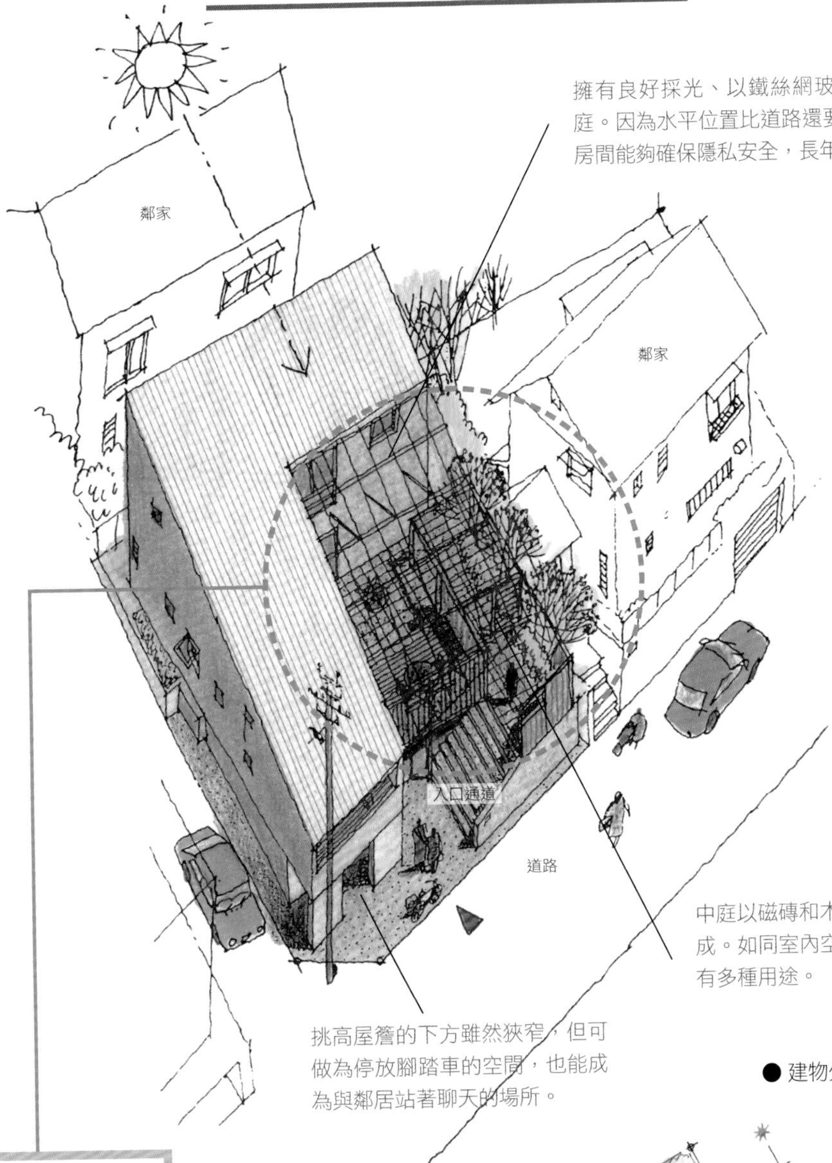
鄰家
鄰家
入口通道
道路

擁有良好採光、以鐵絲網玻璃製成屋頂的中庭。因為水平位置比道路還要高，面向中庭的房間能夠確保隱私安全，長年保持開放狀態。

中庭以磁磚和木製甲板打造而成。如同室內空間一般，可以有多種用途。

挑高屋簷的下方雖然狹窄，但可做為停放腳踏車的空間，也能成為與鄰居站著聊天的場所。

● 建物外觀等角透視圖

### 只要拆除一部分地板

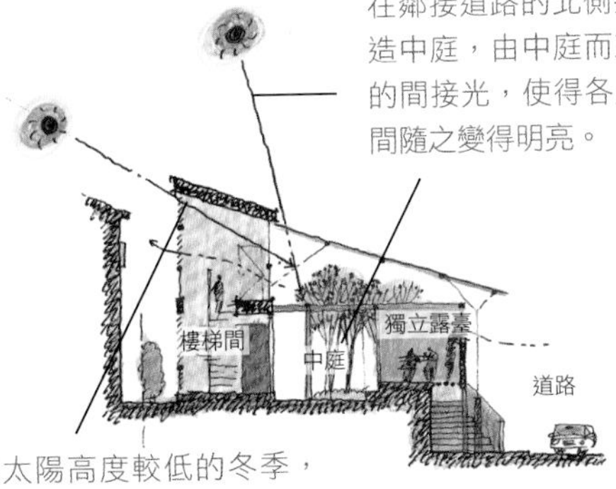
樓梯間
中庭
獨立露臺
道路

在鄰接道路的北側打造中庭，由中庭而來的間接光，使得各房間隨之變得明亮。

在太陽高度較低的冬季，陽光可以直射入室內。

● 建物外觀等角透視圖

POINT

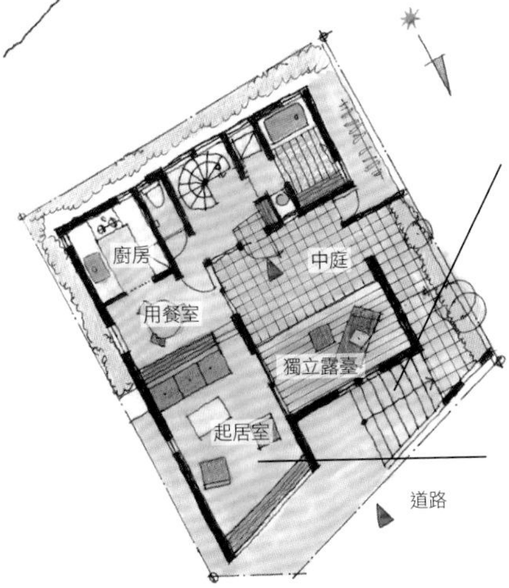
廚房
中庭
用餐室
獨立露臺
起居室
道路

走上樓梯，穿越格柵門之後，就會抵達具有玄關功能的中庭。透過設置長長的通道，為面積小巧的住宅打造出悠閒氛圍。

北側的起居室也因由中庭而來的間接光而顯得明亮。

● 配置平面圖

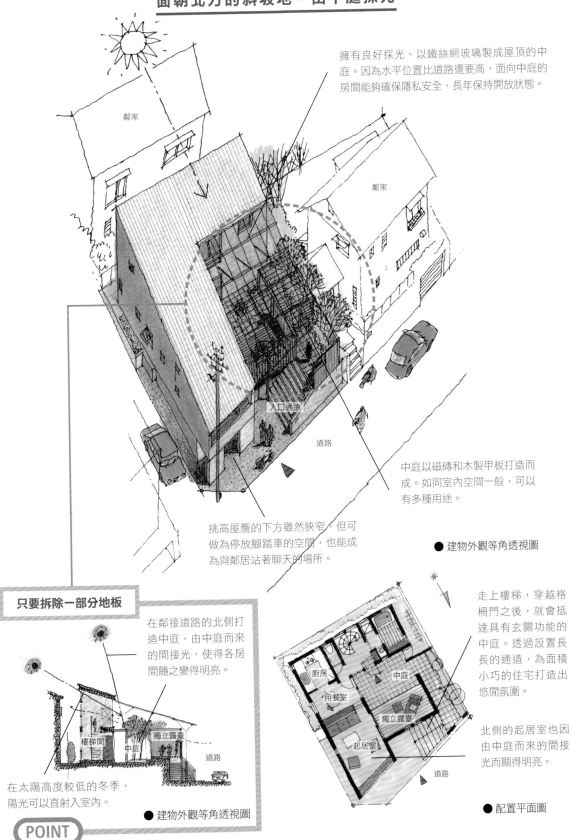

# 向北的斜坡地住宅，需要多個斷面

## 建於向北斜坡地上的住宅

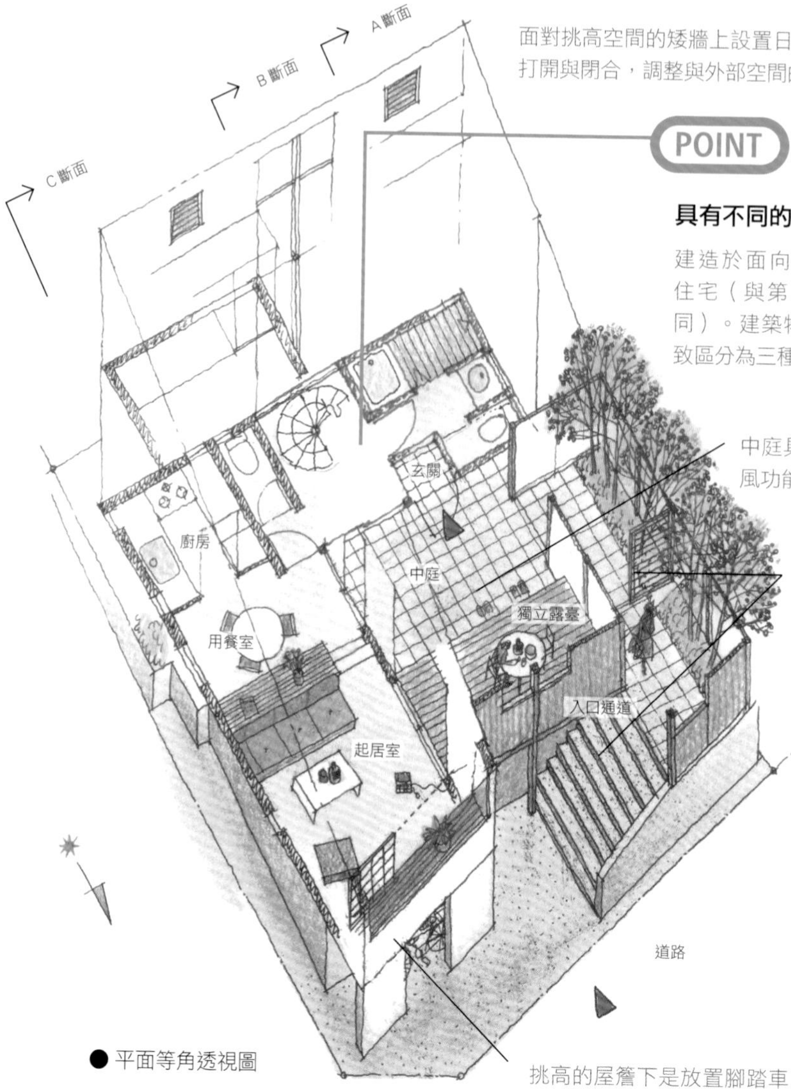
A斷面
B斷面
C斷面
玄關
廚房
中庭
獨立露臺
用餐室
入口通道
起居室
道路

面對挑高空間的矮牆上設置日式拉窗。藉由打開與閉合，調整與外部空間的連接度。

POINT

**具有不同的斷面形**

建造於面向北側道路的斜坡地住宅（與第28頁介紹的住宅相同）。建築物的南北斷面形可大致區分為三種（A～C斷面）。

中庭具備良好的採光及通風功能。

走上樓梯，穿越格柵門之後，就會抵達具有玄關功能的中庭。透過設置長長的通道，為面積小巧的住宅打造出悠閒氛圍。

挑高的屋簷下是放置腳踏車的地方，也可成為躲雨的空間。

● 平面等角透視圖

### 巧妙設計能夠配合各房間功能的斷面

建造在像是向北斜坡地（第28頁）這一類「先天環境條件不良的基地」時，比起平面設計，更需要多加重視的是斷面計劃。打造風及光的通道、操控人的視線等，都需要立體式的思考及規劃。

此外，在建築物的斷面上，也希望營造出抑揚頓挫的節奏。像金太郎飴（※）一樣，千篇一律的斷面不斷重複的住宅，空間缺乏躍動感，令人感到枯燥乏味。

想要讓斷面富有節奏感和韻律的變化，可以由想配置於該處之房間的用途或機能性來著手。例如，想讓起居室具有開放感，就賦予它寬廣的空間容量。至於用餐室，則是稍微降低天花板的高度，營造出沉穩的氛圍。寢室空間特別注重隱私度，可以採取對外封閉、對內開放的設計。

配合各房間的用途，一個一個思考斷面的形式。這麼一來，將能夠營造出具備機能性，又能享受豐富變化樂趣的住宅生活。

※ 金太郎飴是日本江戶時代的一種糖果，每個斷面圖案皆一樣，用來比喻千人一面，眾口一辭的社會現象。

## 富有節奏感的斷面、令人愉悅的空間

此為具有中庭的B斷面。對這個住宅而言，中庭可說是最為重要的空間。不只是光與風的通道，這個由透明玻璃屋頂所架起的空間，也可作為起居室或用餐室的延伸空間。

中庭的玻璃製大屋頂。考量到由下往上吹的風，屋頂支撐接合處必須堅固札實。

容易打造一個與中庭有所區隔的獨立空間。

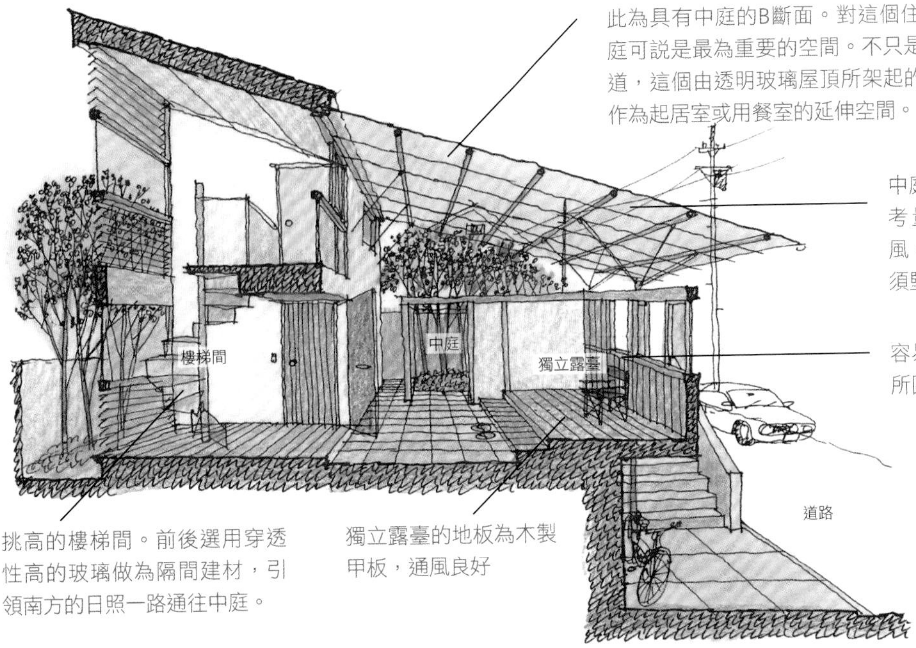


挑高的樓梯間。前後選用穿透性高的玻璃做為隔間建材，引領南方的日照一路通往中庭。

獨立露臺的地板為木製甲板，通風良好

● B斷面透視圖

這是包含入口通道的A斷面。具有一部分的屋脊，是屬於相對接近外部的空間。在狹窄土地上特別設計綿長的入口通道，營造出閒適高級的氣氛。

透過入口通道途中的觀景窗（picture window），欣賞窗外的迷人景致。

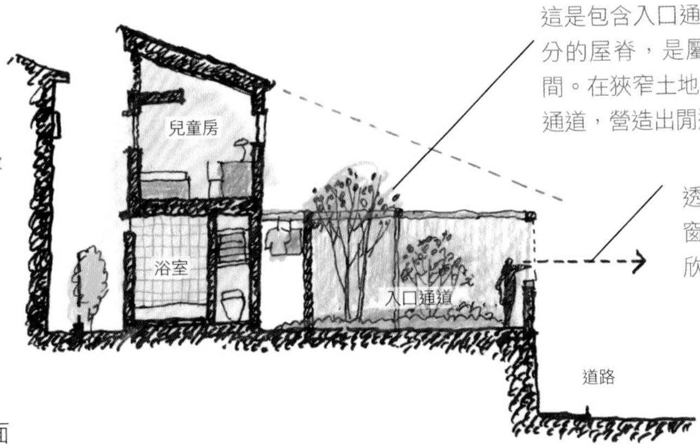


● A斷面

C斷面是有LDK（客廳、餐廳、廚房）與寢室的主屋部分。為了減低由道路側看向住宅時的壓迫感，屋頂採單邊傾斜設計，向道路側降低。

由於南側與鄰家接壤，將寢室配置在二樓，在最高處設置窗戶。確保隱私安全之餘，又能夠獲得自然光線。

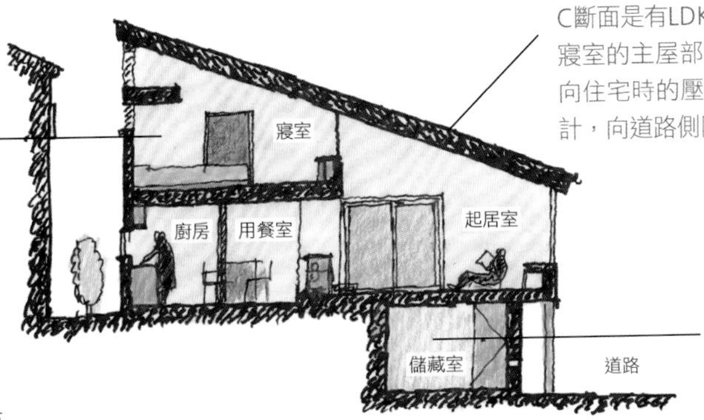


與道路同樣高度的儲藏空間。依照收納物品之不同，須注意除溼防潮。

● C斷面

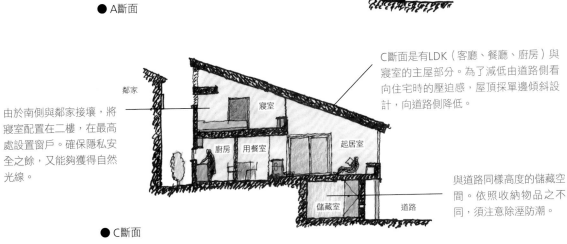

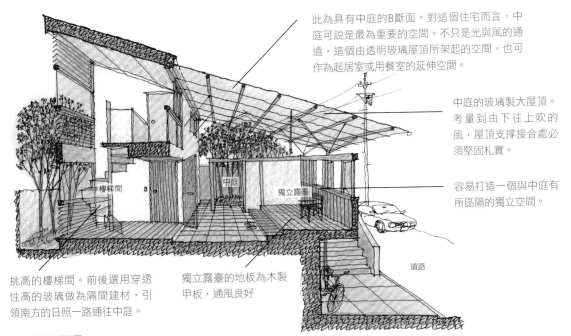

# 三角形的土地，切掉銳角來思考

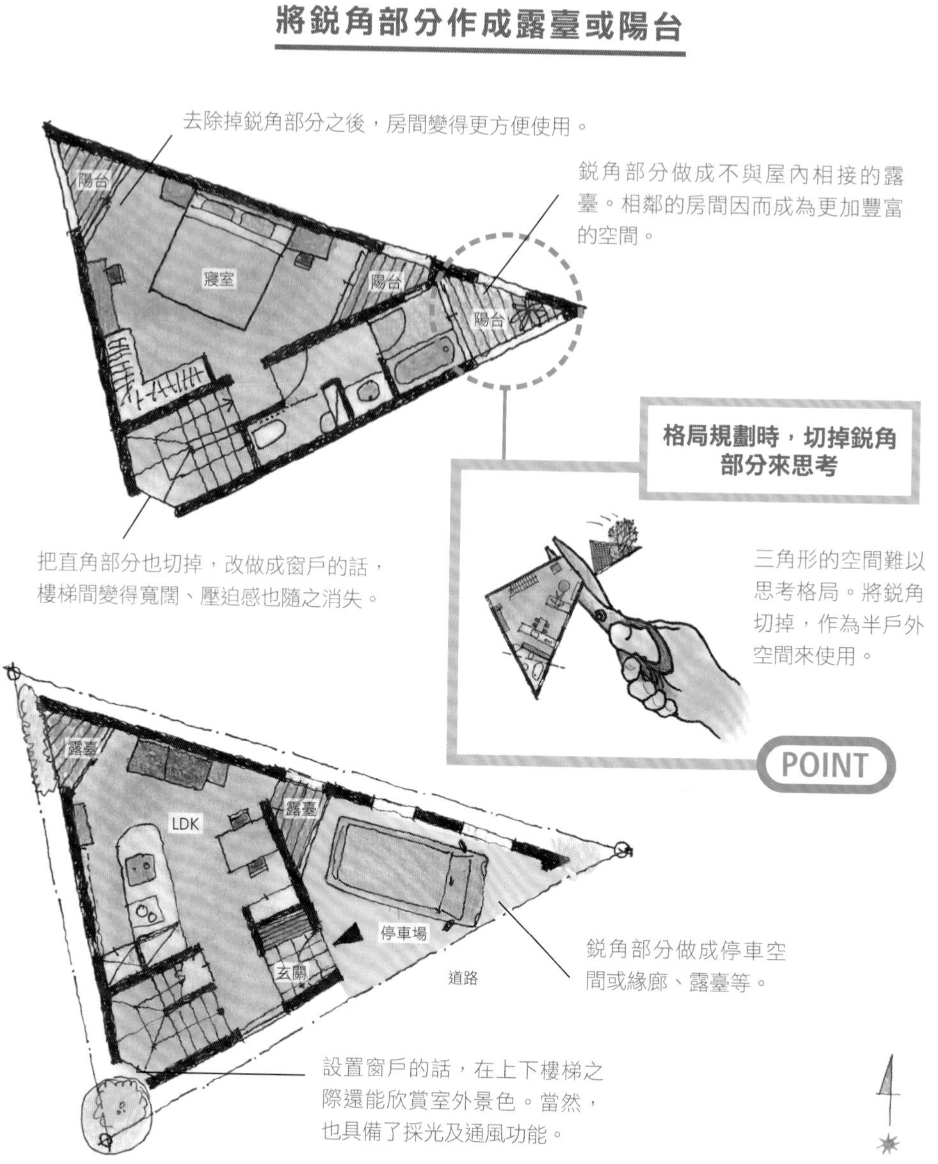
將銳角部分作成露臺或陽台
去除掉銳角部分之後，房間變得更方便使用。
陽台
寢室
陽台
陽台
銳角部分做成不與屋內相接的露臺。相鄰的房間因而成為更加豐富的空間。
把直角部分也切掉，改做成窗戶的話，樓梯間變得寬闊、壓迫感也隨之消失。
格局規劃時，切掉銳角部分來思考
三角形的空間難以思考格局。將銳角切掉，作為半戶外空間來使用。
POINT
露臺
LDK
露臺
停車場
玄關
道路
銳角部分做成停車空間或緣廊、露臺等。
設置窗戶的話，在上下樓梯之際還能欣賞室外景色。當然，也具備了採光及通風功能。

●平面圖（下：一樓、上：二樓）

## 不做出銳角空間

即使土地呈三角形，只要面積遼闊廣大，自然不是什麼問題。但如果是狹小土地的話，那就相當棘手了。

在三角形土地的使用上，想要套用一般的格局法則，是相當困難的。原因就在於，在三角形的家中，若想要對每一寸土地物盡其用，自然會出現具有銳角的房間。銳角部分是難以配置家具、不容易清掃的空間，通常在不知不覺之間就會成為被遺忘的「死角空間」。對於狹小住宅而言，是相當致命的狀況。

面對這種情況時，不如試著將三角形的銳角部分，打造成露臺或陽台等「半戶外空間」來利用。若以此來思考格局，房間內的銳角部分也隨之消失，變成方便使用的空間。透過窗戶，自然光線進入屋內、通風也良好。一向被視為棘手的銳角部分，搖身一變成為「讓家更為舒適的加分空間」。只要在格局上多花些工夫，原本不利的條件也能充滿魅力地變身。

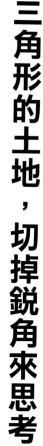

# 房間中不要有銳角空間

樓梯間的上方設置天窗。

將三角形的銳角部分做成陽台，陽光就由這裡進入房間中。

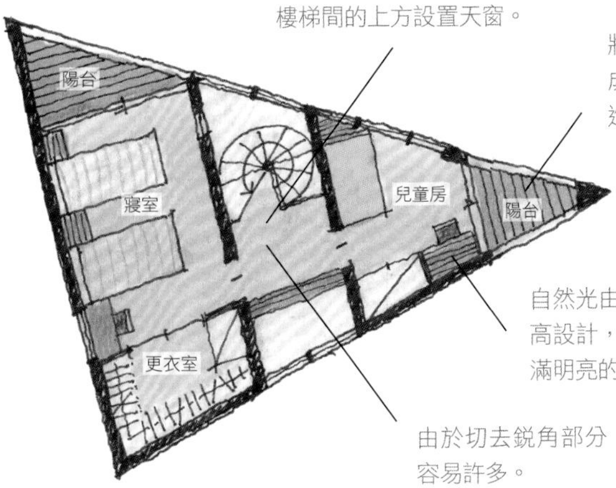


自然光由天窗進入，開放式的挑高設計，讓整個空間到玄關都充滿明亮的自然光。

由於切去銳角部分，家具的擺設安排變得容易許多。

三角形的銳角改造為小陽台，原本狹窄的浴室隨之變得寬敞起來。

起居室前的露臺，讓起居空間變得更加舒適。

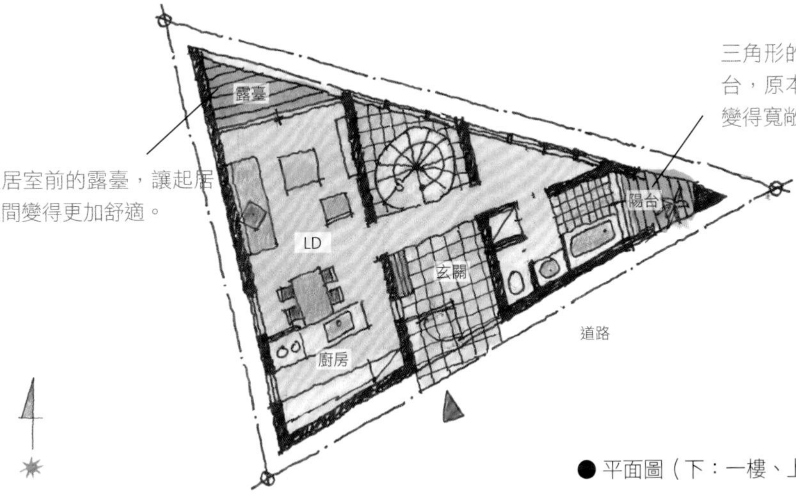


● 平面圖（下：一樓、上：二樓）

## NG 三角形平面反而最浪費空間

在三角形的浴室中，浴缸的設置也相當棘手。相當難以有效活用空間。

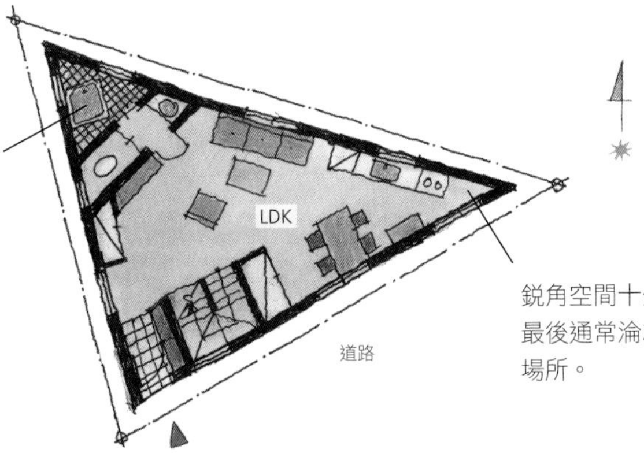


銳角空間十分難以清掃，最後通常淪為物品堆疊的場所。

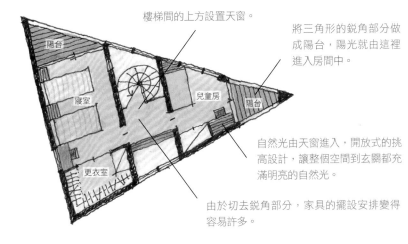

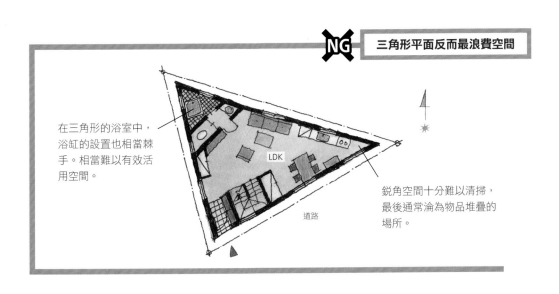

# 不易察覺深長動線的「鰻之寢床」

## 橫寬1.8公尺的細長住宅，夫妻也能住得下

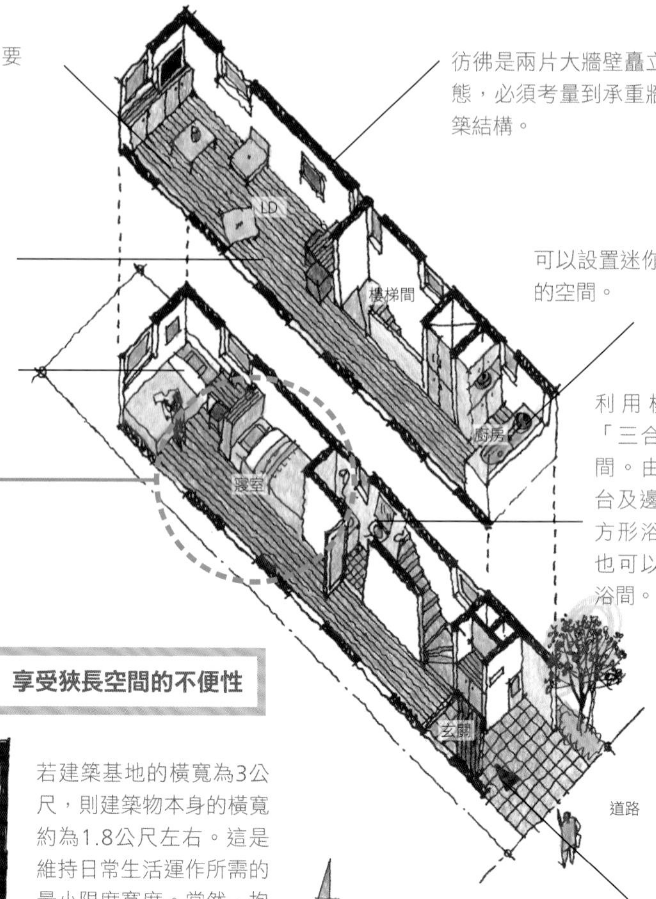
起居室盡量不要放置家具。
彷彿是兩片大牆壁矗立的型態，必須考量到承重牆等建築結構。
LD
長長的走廊是細長型基地的宿命。
可以設置迷你廚房的空間。
樓梯間
如右圖配置床鋪位置時，橫向床鋪為身材嬌小的女性使用。擺放上下雙層床組也是不錯的選擇。
利用樓梯下方的「三合一」衛浴空間。由廁所、洗手台及邊長75公分的方形浴缸所構成。也可以改設計為淋浴間。
廚房
寢室
玄關
道路
雖然是狹小住宅，但是玄關入口也能夠稍微挪出一些空間。

● 平面等角透視圖（下：一樓、上：二樓）

### 享受狹長空間的不便性

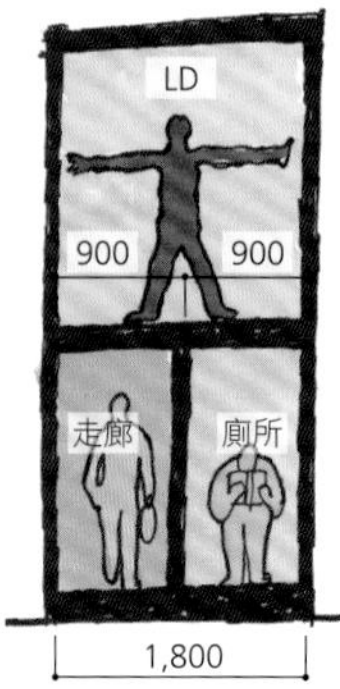
LD
900
900
走廊
廁所
1,800

若建築基地的橫寬為3公尺，則建築物本身的橫寬約為1.8公尺左右。這是維持日常生活運作所需的最小限度寬度。當然，抱持著享受狹窄住居生活的心情也是必要的。

● 斷面圖

POINT

## 深長動線是細長基地的必要項目

這是在日本被俗稱為「鰻之寢床」的基地。一提到這類型的基地，首先浮上心頭的，就是京都的傳統町家。之所以會出現這種橫向寬度窄小、縱向深長的土地，是因為在日本古代是以住宅的橫寬度作為課稅基準的緣故。住宅橫寬越小，越能夠避開被政府課以重稅。在今日，像這一類細長型的土地，大多被視為「難以規劃利用，不適合於建築新屋」。不過，真的是如此嗎？

在此，試著以橫寬三公尺、縱長十一公尺的細長型基地來思考看看。橫寬如此狹窄的房子，在今日應該非常少見，不過，如果連這種房子都能夠成功規劃格局的話，不管是怎麼樣細長型的住宅，都可以放心建造了吧。此外，在這一類的基地中，像是走廊等深入到內部的連續動線（通路）是必要的。雖然在狹窄空間中一般會想要盡量減短動線，但這是無可奈何的必要。首先做出動線，並賦予它兼具多種功能。並非單純只是通路的動線，為狹小的住居生活帶來盎然生趣。

Chapter 1
基地
12

# 窄淺細長型基地，選擇由中央進入

## 倉庫用基地也能建造住宅

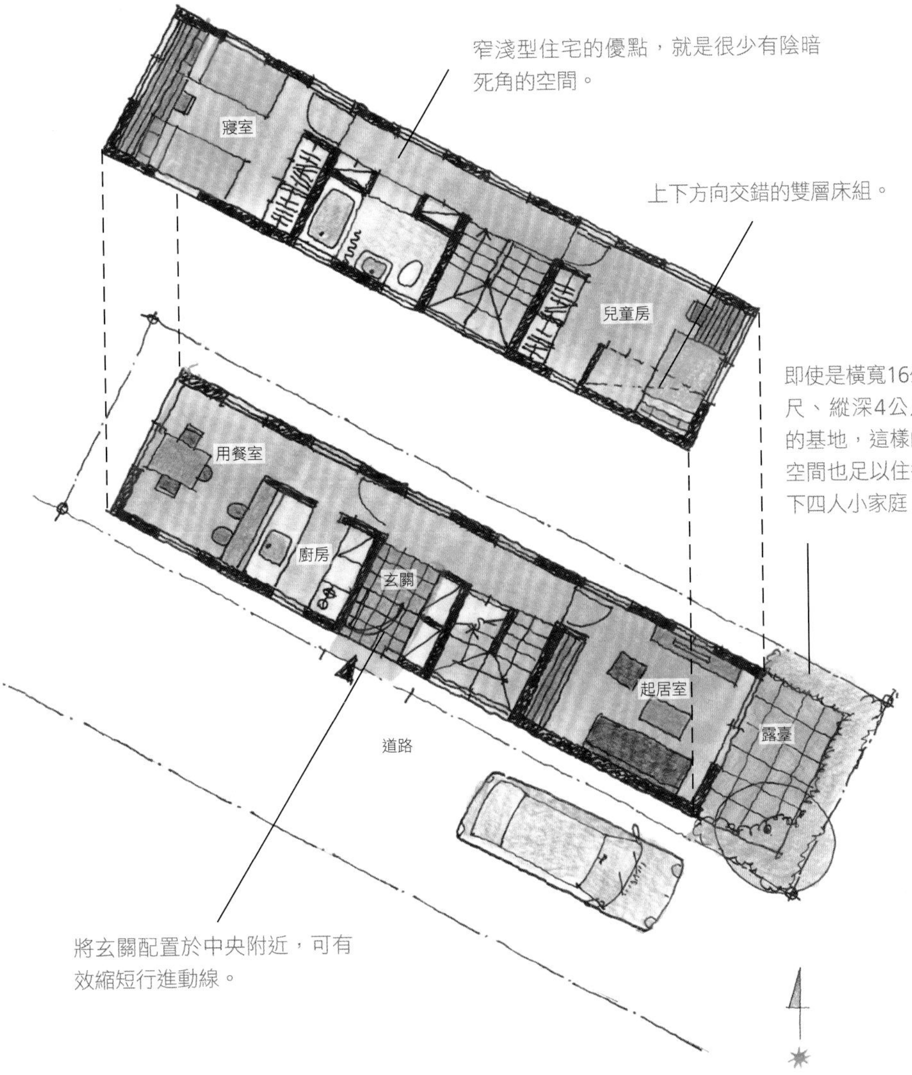
窄淺型住宅的優點，就是很少有陰暗死角的空間。
寢室
上下方向交錯的雙層床組。
兒童房
即使是橫寬16公尺、縱深4公尺的基地，這樣的空間也足以住得下四人小家庭。
用餐室
廚房
玄關
起居室
露臺
道路
將玄關配置於中央附近，可有效縮短行進動線。

● 平面圖（下：一樓、上：二樓）

## 將起居空間分成左右兩邊

這是面向道路張開，橫向寬敞，但是縱向極端窄淺的基地。深度僅有四公尺左右，想要做為店鋪來使用也相當不便。然而，即使是這樣類型的基地，只要透過設計巧思，就能面目一新，轉變成為夫婦加上一對兒女也住得下的住宅空間。為了讓動線更有效率，將玄關及樓梯設置於中央區域，於左右兩邊配置起居室或寢室等房間，就是規劃格局的箇中秘訣。

### NG 當成「廢地」不用，非常浪費

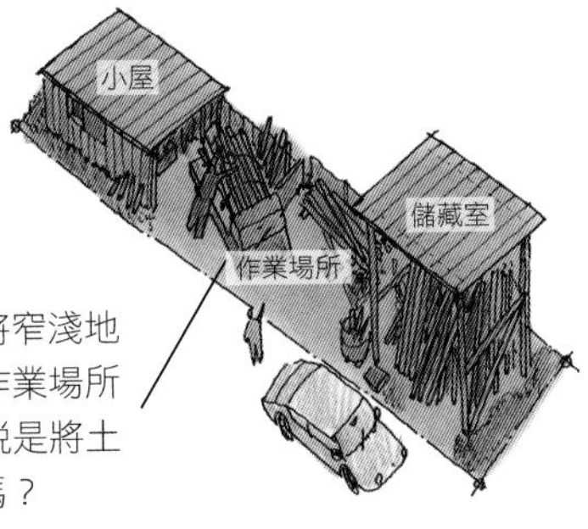
小屋
儲藏室
作業場所
無可奈何地將窄淺地當成倉庫及作業場所來使用，能說是將土地有效利用嗎？

● 等角透視圖

# 不規則的畸零地，採用悠閒式設計

## 若是相對寬敞的基地，選擇重整形狀方案也 OK

POINT

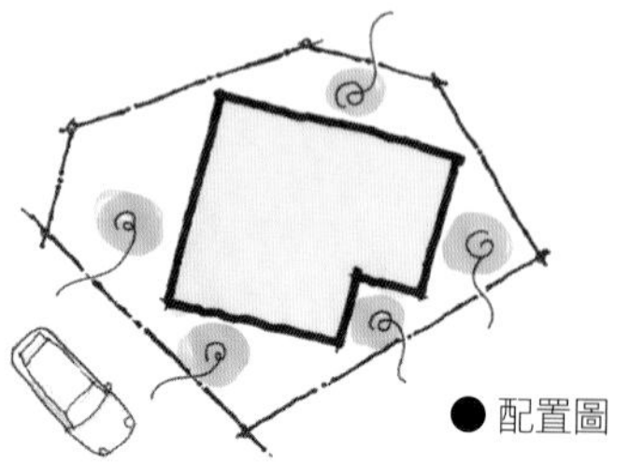

● 配置圖

將房間重整形狀為四角形，在使用上較為便利。

**剩餘畸零土地的外觀計劃**

若占地面積寬敞時，也可以重整土地的形狀。剩餘的畸零部分，就配置為露臺、庭園或停車空間等。

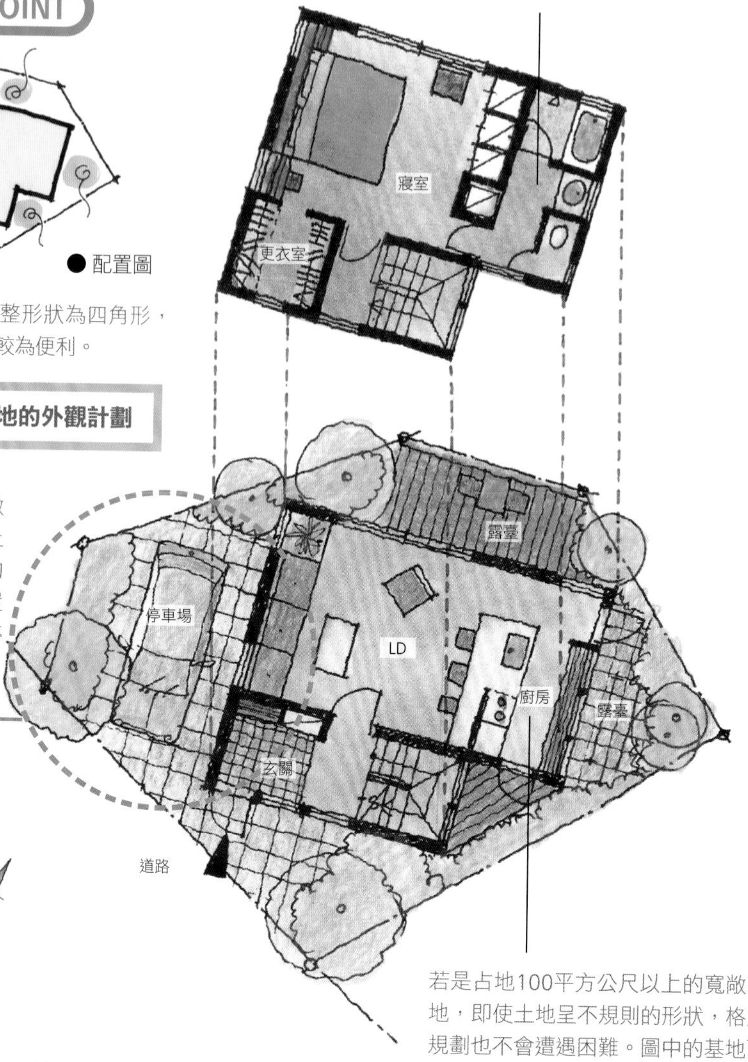
寢室
更衣室
露臺
停車場
LD
廚房
露臺
玄關
道路

若是占地100平方公尺以上的寬敞基地，即使土地呈不規則的形狀，格局規劃也不會遭遇困難。圖中的基地面積約為65平方公尺，但也能順利執行重整形狀的設計方案。

● 平面圖（下：一樓、上：二樓）

### 大方使用空間，追求寬敞的住居生活

形狀方正的基地，或是雖然形狀不規則、但是面積寬大的基地，在格局規劃上都相當有利於自由發揮。

當然，在現實生活中，「形狀不規則的狹小土地」也是經常會遇到的狀況。像這樣的土地，價格相對實惠好入手，不過在格局規劃上就十分困難。但如果能夠成功掩飾這個先天缺點，可說是神乎其技的證明，令設計師們躍躍欲試。

在狹小建地上，極力減少浪費空間的格局方式，可說是設計上的鐵則。建議盡可能減少房間數，尤其當建地形狀是五個邊以上的多角形時，更應該遵守此原則。若是配合建地的不規則形狀來配置四角形房間時，結果容易劃分出具有銳角的房間，最後反而會產生被廢置不用的死角空間。

在此種條件的土地上，不須特地劃分出小房間，大方地使用空間才是上上之策。若是窗戶配置得巧妙，由鈍角看出去的視野開闊，能夠創造比實際占地面積還要更寬敞的閒適感受。

## 在狹小建地上，別再細分房間

POINT

### 以一大房為主

不細分小房間，就可避免產生不方便使用的「鋭角空間」。

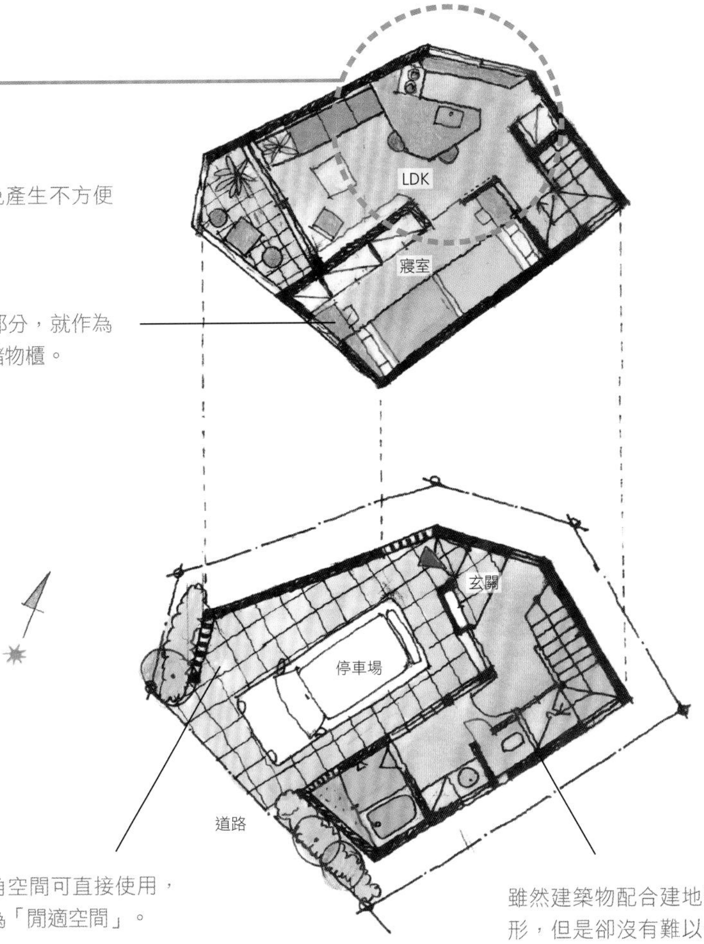

LDK
寢室
玄關
停車場
道路


無可避免的鋭角部分，就作為收納空間或擺設儲物櫃。

鈍角空間可直接使用，成為「閒適空間」。

雖然建築物配合建地形狀而變形，但是卻沒有難以使用的死角部分。這是因為在格局規劃上花費心思的緣故。

● 平面圖（下：一樓、上：二樓）

NG **細微分割小房間，產生浪費空間**

完全配合狹小建地變形的平面。細微分割各個小房間出來，反而產生許多鋭角空間。

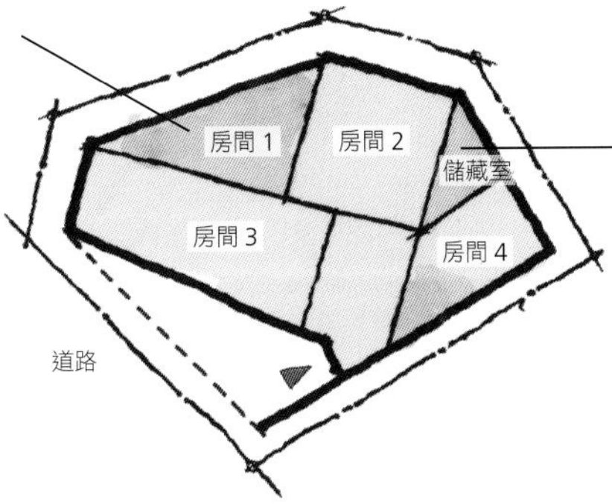

房間 1
房間 2
儲藏室
房間 3
房間 4
道路


配置數個重新劃分的小房間，產生三角形的小空間。就算想當成儲藏室來使用，也收納不了什麼東西，最終成為浪費的死角空間。

● 配置圖

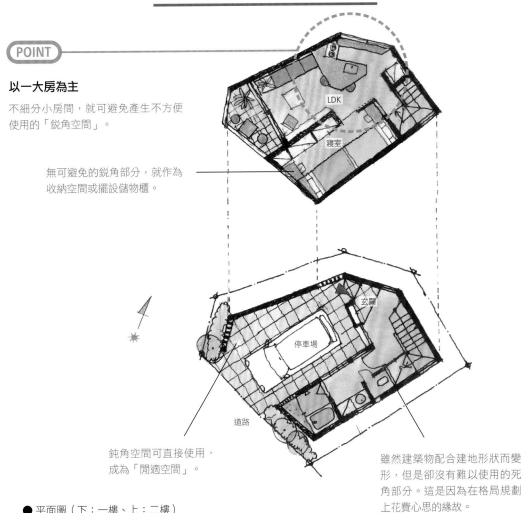

## 能享受「非日常生活」的山莊

建造於山林裡的別墅山莊，遠離都會，是一個能夠品味「與平常不同的生活方式」的空間場所。

只要在庭院鋪設上木製甲板，外部空間就會轉化成為內部房間的延長空間。在這裡，睡午覺也可以、悠閒吃飯也可以。

不必在一開始就想要一氣呵成打造完美建築物。在未完成的狀態中，再慢慢著手改造，也別有一番樂趣。尤其是在購買土地已經花費大半資金的情況下，更是建議慢慢來。

● 山莊－等角透視圖

COLUMN 01

# 不完美的別墅，更惹人喜愛

### 保留未完成的部分

建造別墅的理由各式各樣，例如為了避暑或避寒、接觸海洋或山林等自然環境以療癒身心等。與都會生活截然不同，在非日常的空間中，與家人或親友共度美好時光，彼此的羈絆也會變得更加深厚吧。

別墅與一般住宅不同，即使殘留有未完成的部分也沒關係。能夠依照入居者的需求、家人們一起動手改造的「留白空間」，讓入住別墅的樂趣也別有一番滋味。若以這樣的角度來看，「建造別墅」的門檻其實並不如想像中那麼昂貴。初期費用也不需要太多即可建成，等到有更多存款時，再一步步增建即可。

### 為了成為受人喜愛的別墅

明明是好不容易打造而成的別墅，日後卻漠然置之、任由別墅荒廢長灰塵的人並不是少見。像這樣別墅，大多都有一個共同點：外觀雖然長得很像別墅，但是內裝卻與一般住宅沒甚麼差別，格局規劃太過於合理和便利。如果與住在都市裡一樣，沒有什麼不方便之處的話，那麼也就失去了特別跑一趟到別墅去住的理由了。所謂別墅，就是讓人享受「非日常」的場所。因為沒有便利的大廚房，所以大家一起在露臺野餐烤肉；沒有個別小房間，家人們就躺成「川」字型一起睡大通鋪。享受因為不方便而帶來的樂趣，正是別墅生活的醍醐味。

在本次專欄中，將介紹令人暢遊於大自然之中、順應主人需求逐步增建的山林別墅。

## 配合需求，逐步增建的別墅

以木桶作為浴盆的簡易浴室。內裝一切從簡，不另外做粉刷裝潢。

建築結構在一開始就紮實打好基礎。另一方面，室內直接以夾板外露的粗糙狀態呈現，進一步的地板裝潢施工等下次再進行。

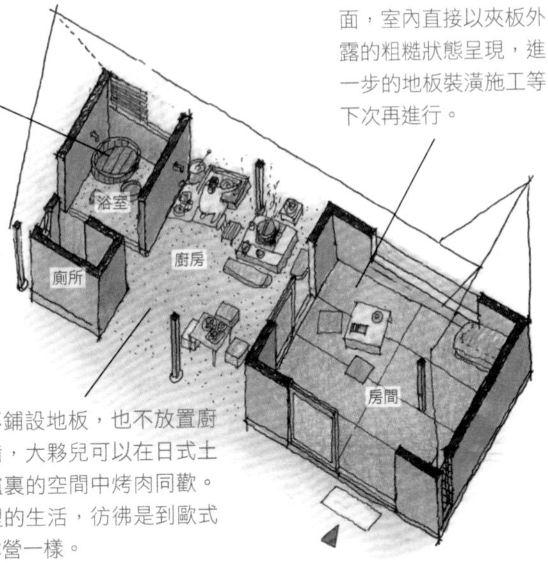


廚房不鋪設地板，也不放置廚具設備，大夥兒可以在日式土間圍爐裏的空間中烤肉同歡。在這裡的生活，彷彿是到歐式廊房露營一樣。

● 平面等角透視圖（第1期）

設置浴缸。

設置廚房設備。

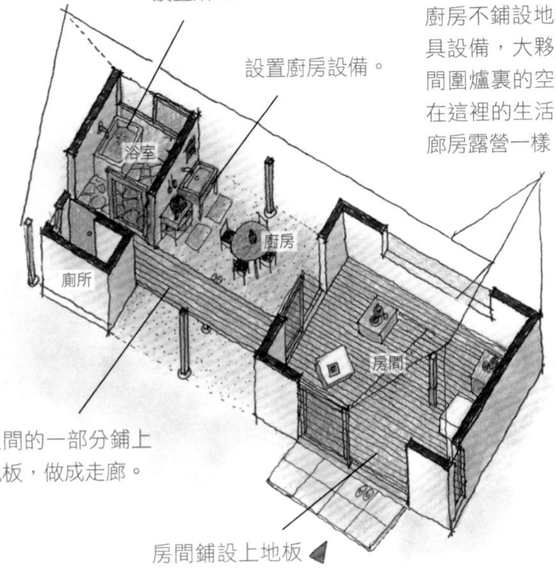


土間的一部分鋪上地板，做成走廊。

房間鋪設上地板裝潢。

● 平面等角透視圖（第2期）

牆壁或地板鋪設上檜木板，木頭香氣令浴室空間質感大升級。

設置中島型廚具設備。起居室上方為夾層設計，作為寢室空間之用。

原本是土間的區域和起居室前方鋪設上木製甲板，做成甲板露臺。半戶外的空間能夠作為多用途使用。

● 平面等角透視圖（第3期）

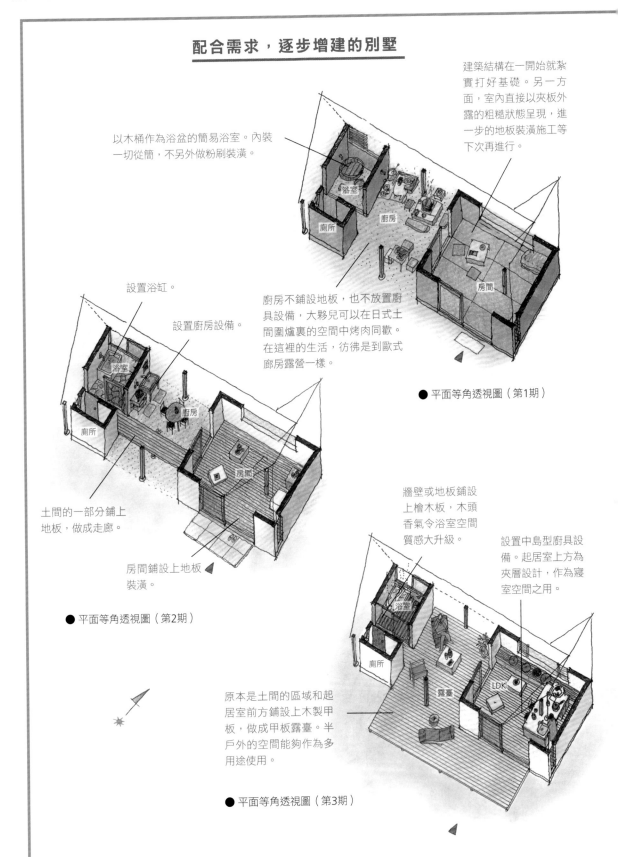

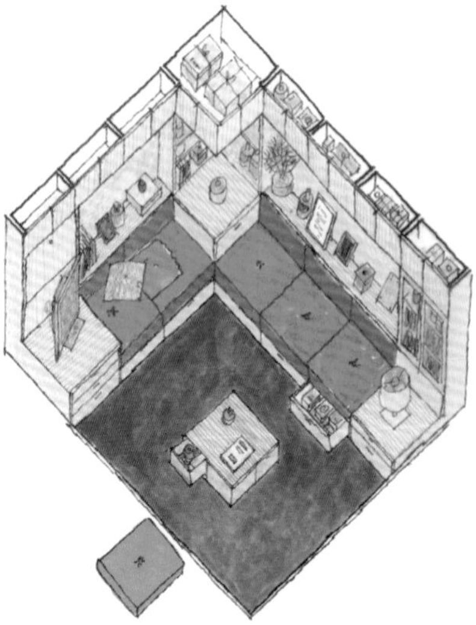

Chapter

2

# 空間的設計巧思，打造舒適安心感

若說不管什麼樣的房間，空間越大就越舒適，
實際上，絕對並非如此。
不只在現實上建地的面積有限，
即使真的打造了寬敞遼闊的房間，不只打掃和移動都是大工程，
家人分散在各自的房間中生活，彼此之間缺乏互動，
這樣令人遺憾的結果，也是不無可能。

因此，在本章中，將介紹能夠凝聚家人向心力、
共同享受生活的格局設計法則。

即使各自擁有獨立的空間，
但是相互依靠、能夠自然感受到彼此的存在。
這樣才是理想的家，對吧？

Chapter 2
玄關
1

## 兼顧隱私的明亮玄關門廊

沿著道路設置具有屋簷的牆面，遮掩路人視線，將玄關門隱藏起來。由此而生的玄關門廊，在雨天時更是便利。
玄關門的側面，是穿透性高的玻璃牆面。引入自然光線，視野開闊，成為明亮且具開放感的玄關空間。
若玄關門廊鋪設上石子或瓷磚，也可作為停放腳踏車或客人暫時停車的空間。
玄關
門廊
道路

● 玄關周邊－透視圖

# 玄關是家的門面，賦予明亮安心感

### 同時也能給予來訪者好印象

玄關門廊是決定這個家第一印象的關鍵場所。太過於重視隱密安全性、拒人於千里之外的玄關，會導致這個家給人陰暗不快的印象。對於主人而言，招致這樣誤解實在非常可惜。然而，話雖如此，玄關大門一打開馬上就是道路的設計，也實在不怎麼令人喜歡。因為不僅從道路側就能直接看入家中，也欠缺防盜上的安全性考量。此外，還有冷風容易直接吹入家中，室內的冷氣或暖氣也容易逸散到室外等缺點。

玄關設計的重點，在於希望保有隱私的同時，又能擁有開放感。例如，在玄關門前方設置上方帶有屋簷的牆面，其中一個側面則以玻璃牆封住。在遮掩由街道而來的路人視線或冷風之際，同時確保採光，成為舒適且明亮的玄關。另一方面，沒有門扉或是圍牆的設計，十分理想。不只不會讓住家周圍變得陰暗，也能兼顧防盜安全面向的需求。夜間時，玄關的照明請保持開啟狀態。讓明亮與溫暖的氛圍瀰漫到街道上，成為可疑份子敬而遠之的玄關。

## 半戶外、充滿開放感的玄關

具有屋簷的玄關空間，使用上相當便利。

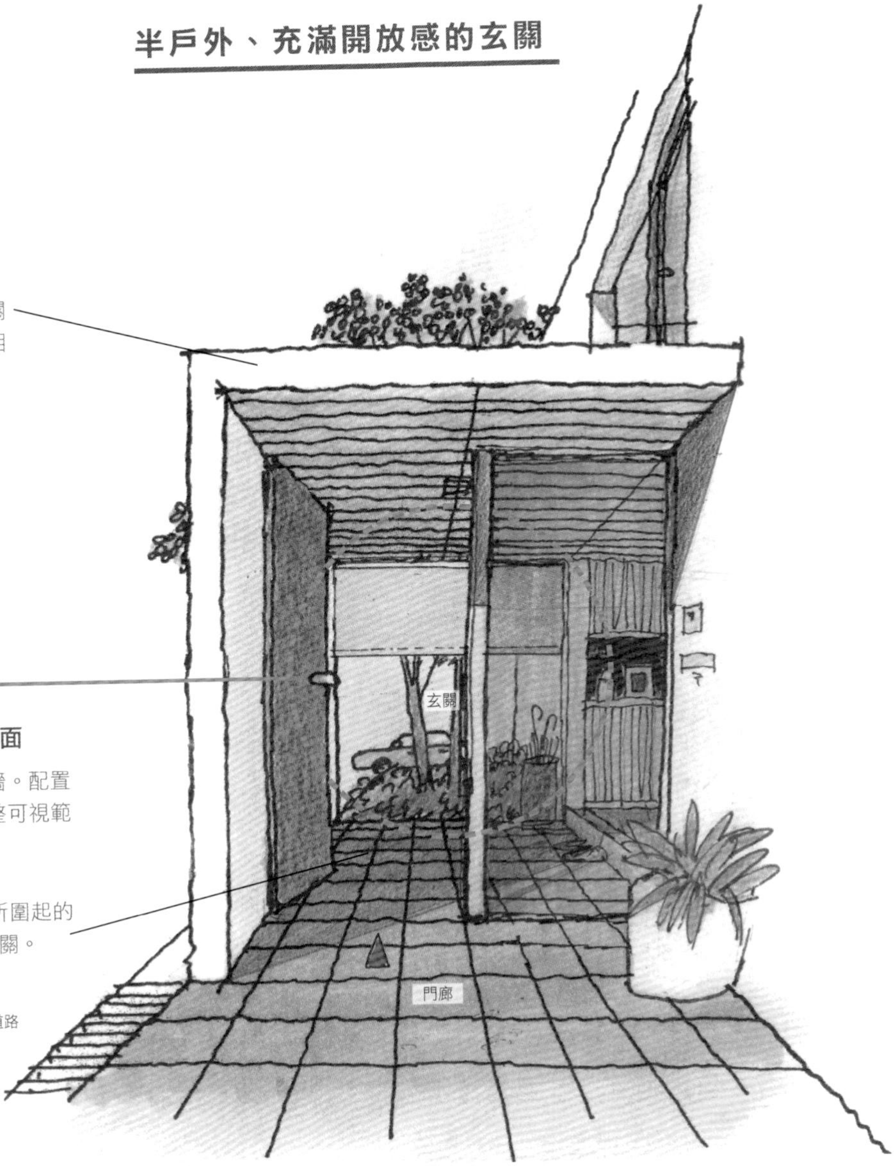


**POINT**

**可遮蔽視線的玻璃牆面**

玄關兩個側面是玻璃牆。配置上遮光捲簾，能夠調整可視範圍。

由玻璃牆面與遮蔽牆所圍起的空間，就是這個家的玄關。

● 玄關周邊－透視圖

### NG 門扉一打開就是玄關大門

玄關大門面向道路，把門打開的時候，外部視線很容易就能直視入屋內。難以確保個人隱私安全。

因為有門扉或圍牆，容易產生陰暗或死角區域，極可能成為小偷躲藏的地方

● 玄關周邊－透視圖

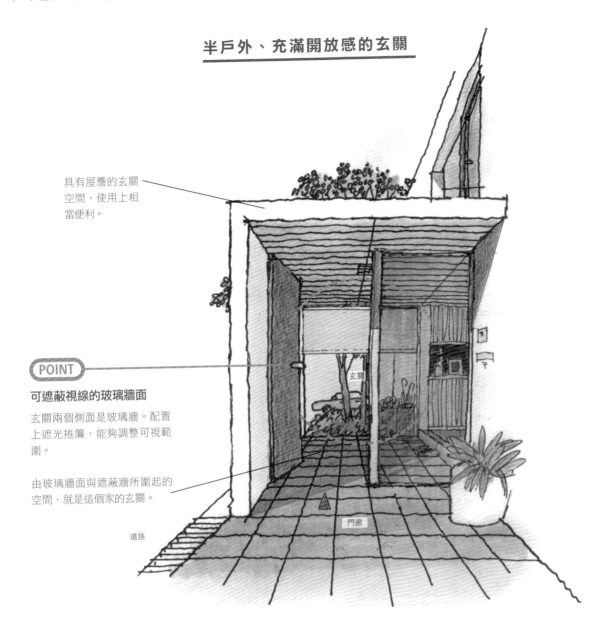

# 迎賓空間，分享質感生活

## 細膩精美的格柵玄關

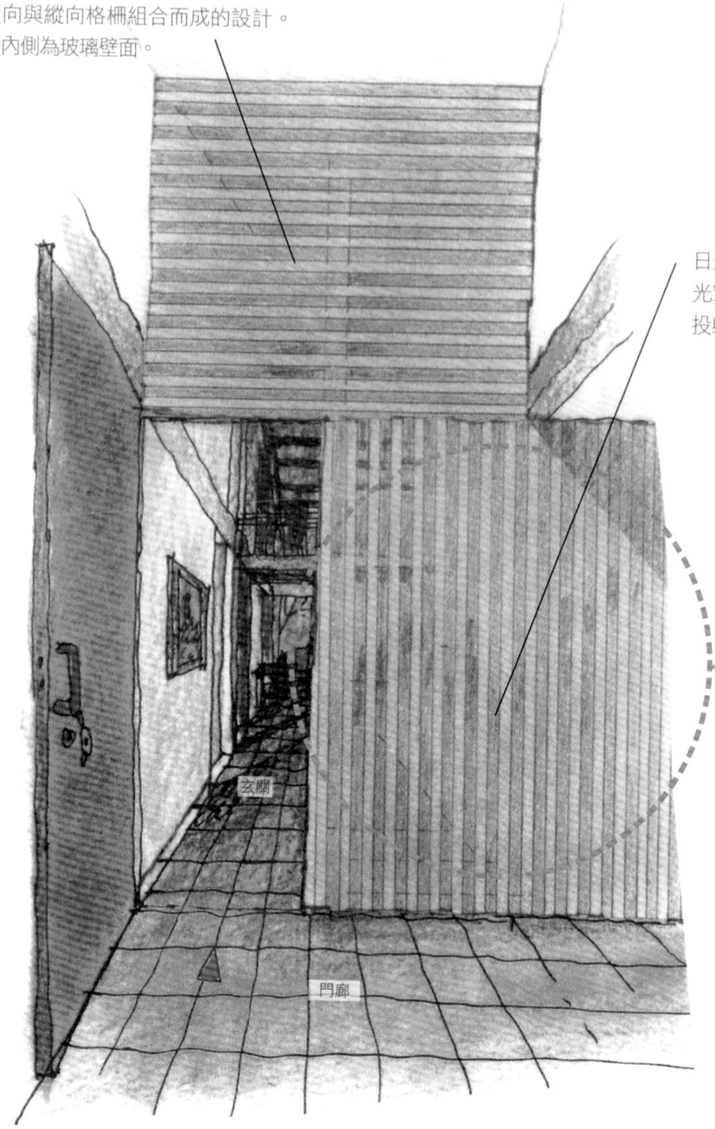
橫向與縱向格柵組合而成的設計。
室內側為玻璃壁面。
日落之後，內部的燈
光穿透過格柵，向外
投射出美麗的影子。
玄關
門廊

POINT

**賦予溫暖的玄關印象**

夜晚時，室內的光線流洩而出，溫暖的氣氛醞釀而生。木質素材給人溫柔的感受。

● 格柵玄關—透視圖

## 玄關是裝修的核心

玄關區域的裝修，具有令人意外的極佳效果。這是一個利用頻率高、利用人次多的空間。尤其從道路側可以看見玄關時，這個空間更為重要。陰暗封閉的玄關，會給人冷漠的印象。若想要轉變為明亮、開放的空間，撤除冷硬的牆壁、裝上玻璃牆面，是一個不錯的方法。然而，這樣一來住宅內部變得透明可視，家人的日常隱私恐怕不保，因此，必須再加裝遮光捲簾等設備，以適時遮蔽外人視線。

如果覺得手動控制捲簾上上下下很麻煩，可以考慮裝置木製格柵。維護隱私安全的同時，又具有細膩之美。格柵是一種日本傳統製作門窗的手法，也是界定住宅內外之別的寶貴工藝。白天，由內部可以清楚看向外面，然而從外頭卻很難看清楚內部的模樣。到了夜晚，室內的光線透過格柵流洩而出，向外傳達明亮感與人居其地的溫暖氣氛。穿透程度可依屋主的個人喜好做調整，格柵的間隔寬度可於製作時與師傅事先討論。

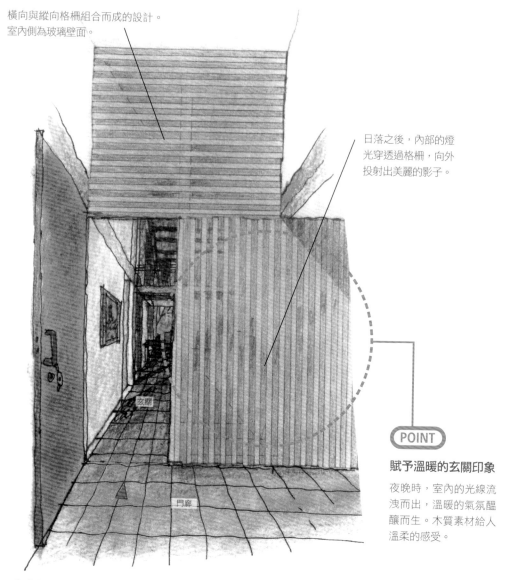

# 半戶外、充滿開放感的玄關

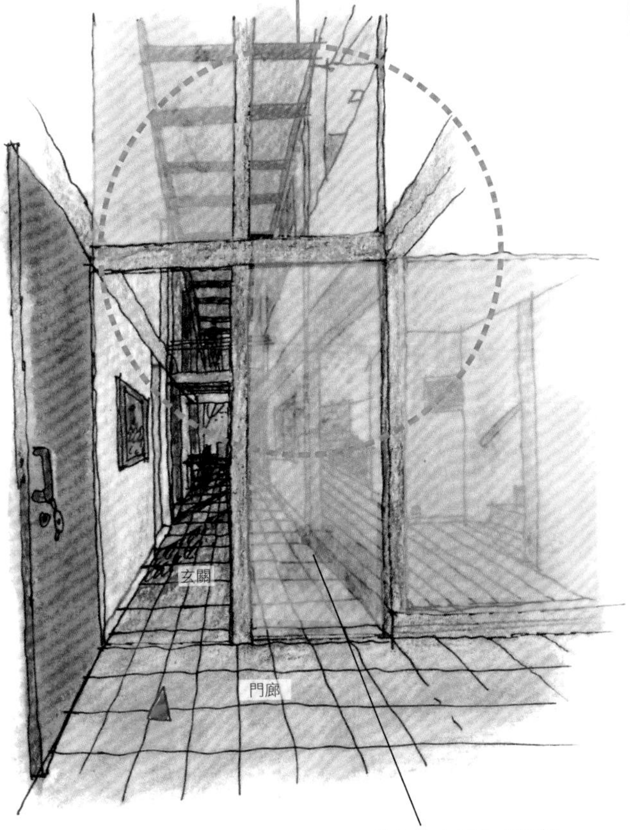


● 封閉玄關－透視圖

將原本封閉的玄關拆除牆壁，改裝置上玻璃牆面。

## 調整外人視線

當玄關牆面是透明玻璃時，多少會在意外部而來的視線。只要裝設上捲簾或布幕，就能夠控制外人的視線範圍。只要注意不要忘記拉下捲簾即可。

POINT

## NG 封閉陰暗的玄關

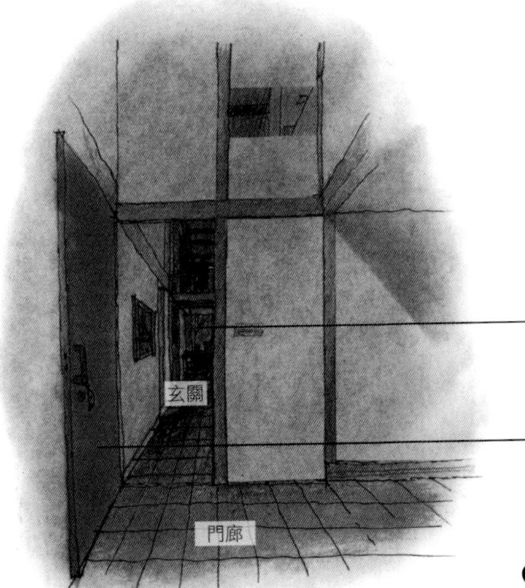


被高聳牆壁包圍起來的陰暗玄關，給予來訪者冷漠、拒人於千里之外的印象。

不開門的話，難以感受到住宅裡的人煙氣息，是十分殺風景的玄關。

● 封閉玄關－透視圖

## 也能當臥榻使用的多用途家具

# 起居室中不需擺放迎賓家具

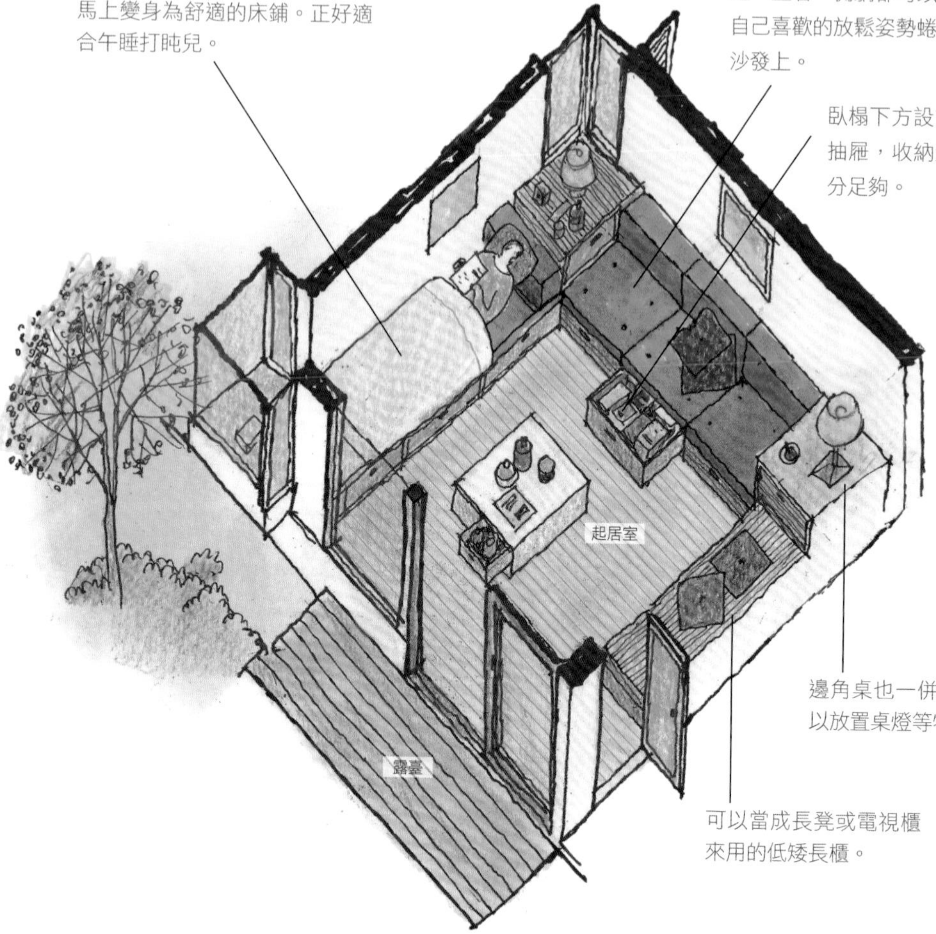
臥榻下方的收納抽屜中拿出毛毯，將背靠墊拿來當枕頭，沙發馬上變身為舒適的床鋪。正好適合午睡打盹兒。
以L字型嵌入空間中的臥榻組。坐著、側躺都可以，以自己喜歡的放鬆姿勢蜷曲在沙發上。
臥榻下方設計為抽屜，收納量十分足夠。
起居室
露臺
邊角桌也一併做好，可以放置桌燈等物品。
可以當成長凳或電視櫃來用的低矮長櫃。

● 有臥榻的起居室—等角透視圖

### 可坐、可躺的沙發長凳是聰明選擇

起居室是住居生活中，最重要的一個空間。雖然近年來家族的形式已經有些轉變，但是對於「家」的定義，還是希望它是一個能讓家人聚集交流的場所。起居室正是具有這樣的象徵意義，希望它是一個讓家庭成員們不受拘束、舒服互動的空間。

至於經常出現於起居室的接待沙發或扶手椅等，雖然被稱為是「迎賓家具」，但是如果長時間坐在上面，還是多少會感覺到不舒適。雖然日本人的生活已逐漸歐美化，但是坐在椅子上時，其實還是無法完全放鬆。雖然姿勢不太雅觀，但是放鬆橫躺、坐在地板上的時候，身心才能真正感到解放。

因此，在這裡推薦大家選用臥榻。沙發長凳的長寬可以自由選擇，能夠製作適合在上面橫躺放鬆的較大尺寸。此外，也有將空間整體規劃為一大沙發長凳的設計手法，地板也是沙發的一部分，坐下時沒有任何違和感。不管坐在哪裡、隨意躺在哪裡都沒有關係，簡直是如夢一般的美好空間。

## 房間整體規劃為一大家具

房間的地板全部規劃為臥榻。利用墊子、抱枕等道具，做為背靠墊之用。

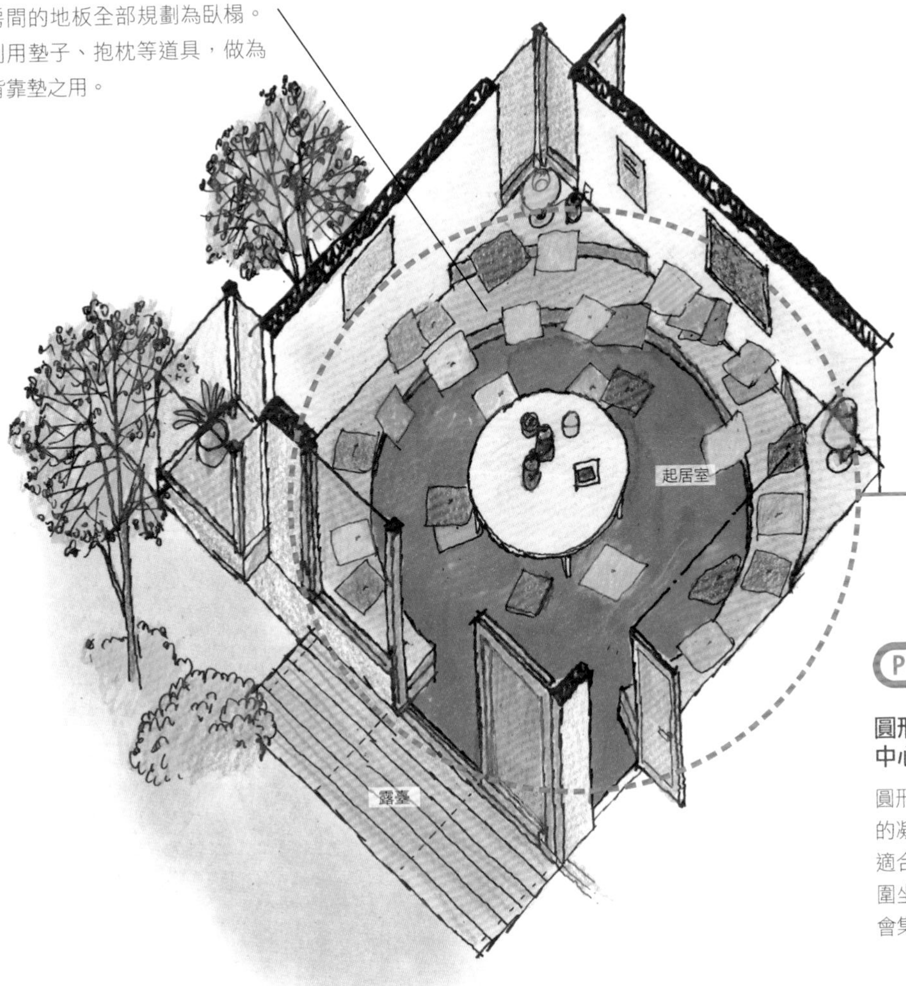


● 圓形沙發長凳起居室一等角透視圖

POINT

**圓形空間會自然出現中心點**

圓形的臥榻對於家庭成員的凝聚有正面效果，也很適合開派對。透過以圓形圍坐，視線及注意力自然會集中在中央區域。

**NG 制式死板的迎賓家具組**

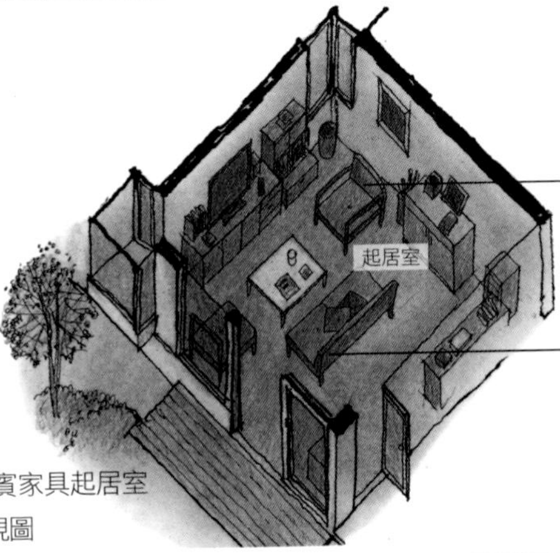


● 制式迎賓家具起居室等角透視圖

矮桌周圍擺放制式的扶手椅及沙發組。這種起居室中的「迎賓三家具組」，幾乎沒有例外，在一般家庭中相當常見。

在實際上，許多人反而多是坐在地板上，把椅子或沙發當成靠背墊來使用。比起椅子式生活，地板式生活更符合日本人的需求，這一點不言而喻。

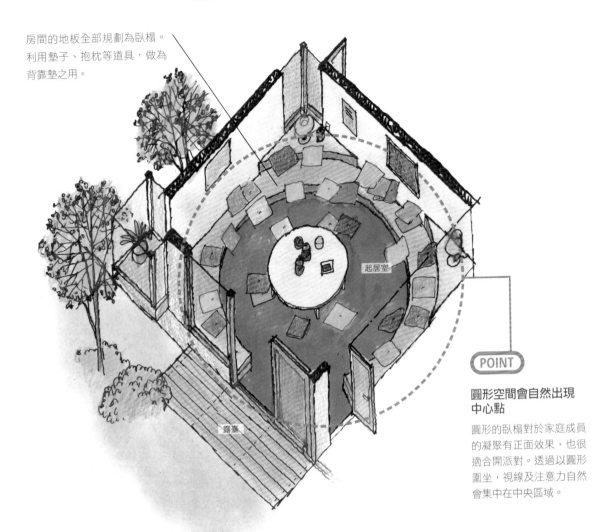

## 訂製臥榻加上壁面收納，大方俐落的起居室

降低的天花板也是收納空間。起居室的地板向下降低一階，因此降低天花板並不會帶來壓迫感。

若將天花板的中央部分設置為收納空間時，除了紮實固定之外，也會預留小空間設置為檢修口。

量身打造的臥榻下方附設有抽屜。驚人的收納力讓生活更加便利。

背靠墊的後方為壁面收納櫃。上方也設置有儲物櫃。

● 大方俐落的起居室—透視圖

● 斷面圖

巧妙利用牆壁、天花板、地板，創造出許多收納空間，自然不需要再多擺設收納型家具。減少家具，將物品隱藏式收納，整個房間清爽又俐落。

藉由把地板降低一階，營造起居室的沉穩內斂氛圍。可以坐在地板上、將臥榻當成靠背，坐在地板上放鬆橫臥也都OK。

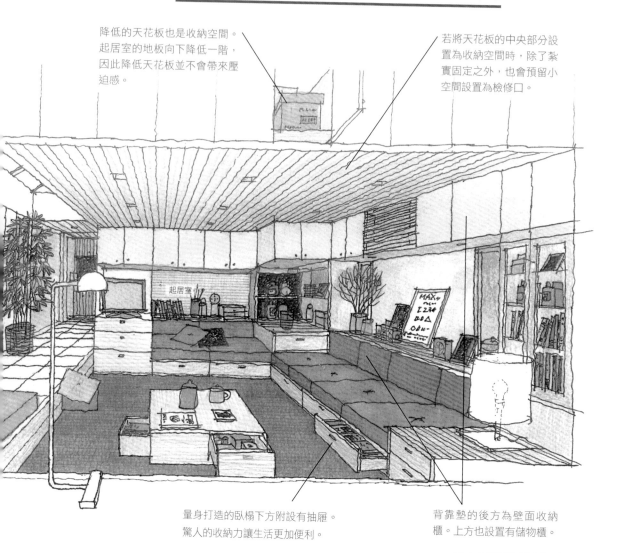

## NG 因塞滿家具而顯得狹窄

地震時，倒下的家具反而化身為傷人凶器。

塞滿各式家具的起居室，彷彿像儲藏室一樣擁擠，家人們也不喜歡待在這個空間裡。

桌子、沙發、收納家具等物品雜亂地擺放於起居室中。明明只有擺放家具，但整個空間卻顯得喧鬧狹窄。

● 雜亂的起居室—透視圖

壁面收納櫃與房間成為一體，牢牢地固定於牆面上。

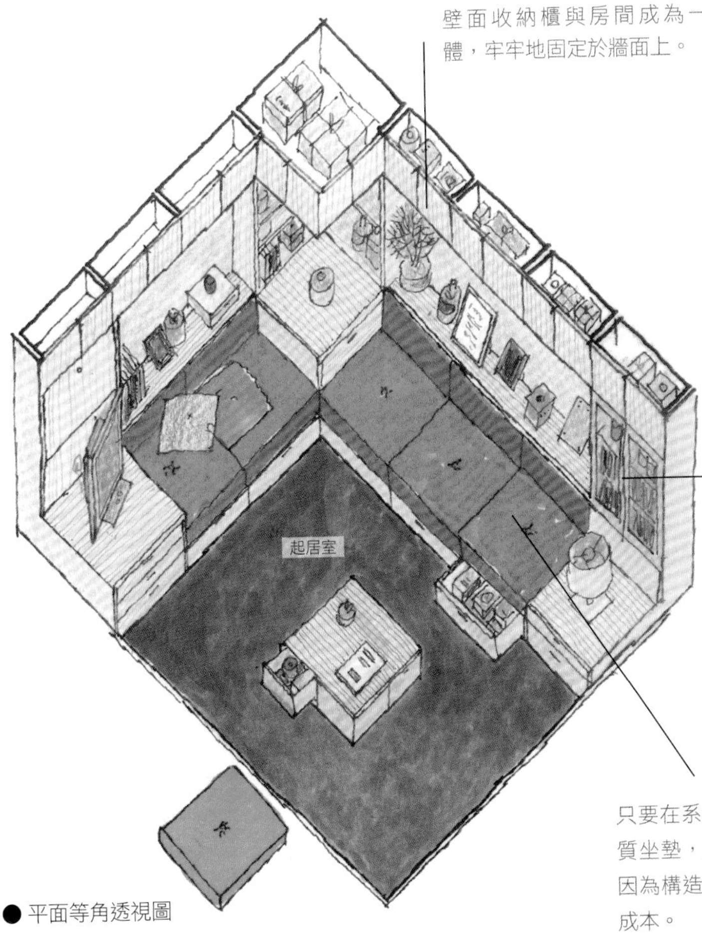


量身打造的系統家具，使臥榻與收納家具達到與空間一體化。

只要在系統家具上擺放泡棉材質坐墊，即可簡單完成臥榻。因為構造簡單，也能有效抑制成本。

● 平面等角透視圖

# 地板的高地差，為起居室帶來迷人變化

## 以下沉式設計打造日西合璧的舒適起居空間

所謂「下沉式設計」，是將部分地板向下降低一階的設計。有時候當我們置身於窄小間隙空間時，會不自覺感到安心，同樣地，下沉式設計的淺坑（pit）區域，因為營造出「被包圍感」，能夠令人舒適放鬆，人們也會自然地被牽引集中於此區。對於以聚集為主要功能的起居室，特別推薦這種下沉式設計手法。

下沉空間選用柔軟素材打造而成，可以坐著、也能夠隨意橫躺。可以把地板的高度差當成椅子來坐，也可以盤坐在下沉空間內，將較高的地板當成靠背使用。也就是說，只要有下沉式設計，起居室就不需要再擺置沙發或扶手椅。也因為如此，具有存在感的大型家具一旦消失，整個空間看起來也更加寬敞開闊。

具有下沉設計的起居室，就如同鋪有榻榻米的日式「和室」一般，都是能夠自由坐臥、家具很少的清爽空間。所謂「無家具極簡主義」、「床座生活」※等住居方式，正合適生活於現代社會中的我們，希望能將這樣的住居理念應用於住宅設計之中。

### 下沉式設計讓空間更靈活寬敞

**圓形型**

適合成員數多的家庭。也有將整個房間為一大下沉式設計的手法（請參考第47頁）。

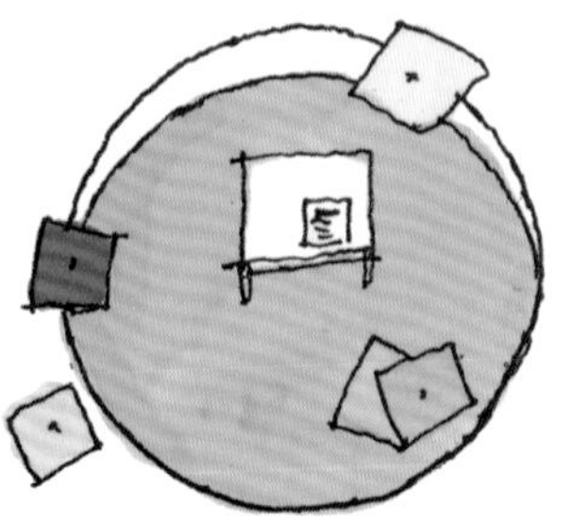

**四角型**

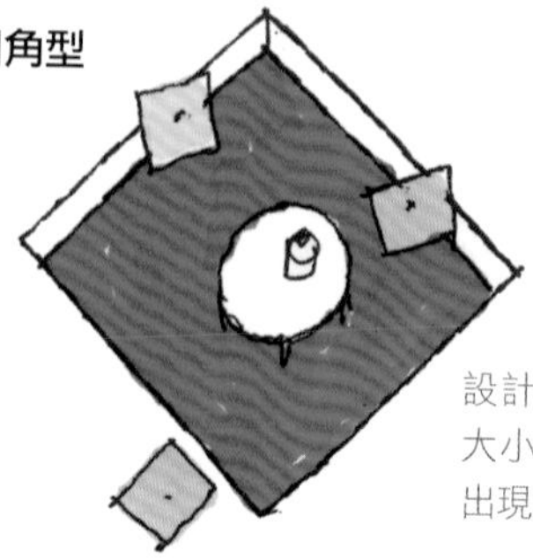

設計時能夠配合房間大小作調整，是最常出現的基本類型。

**複合型**

每一個下沉區域不會過於寬敞，相當方便使用。

**兩段型**

由兩個不同深度的下沉空間結合而成。能夠依照個人喜好，以各種放鬆姿勢坐臥於內。

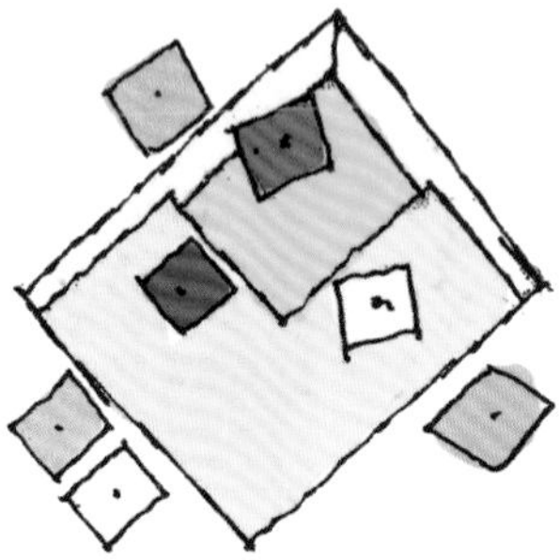

**葫蘆型**

能夠自然區分出屬於大人與小孩的空間場域。擁有了專屬自己的空間，更可以悠然自得於其中。

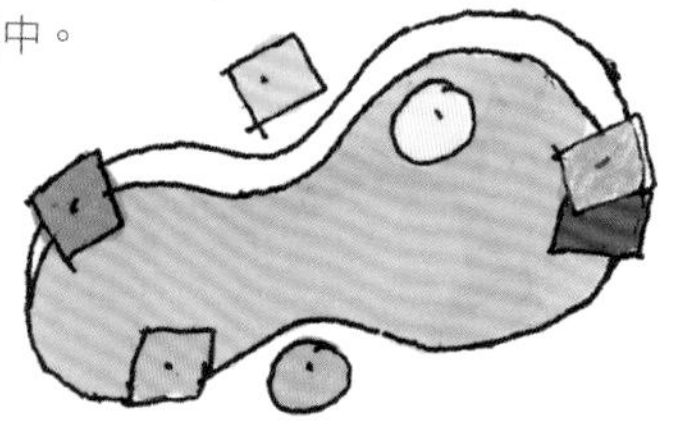

**下掘和式桌型**

並非將桌子放置在下沉區域中，而是組架於上方。這樣一來，也可作為吃飯或讀書的場所之用。

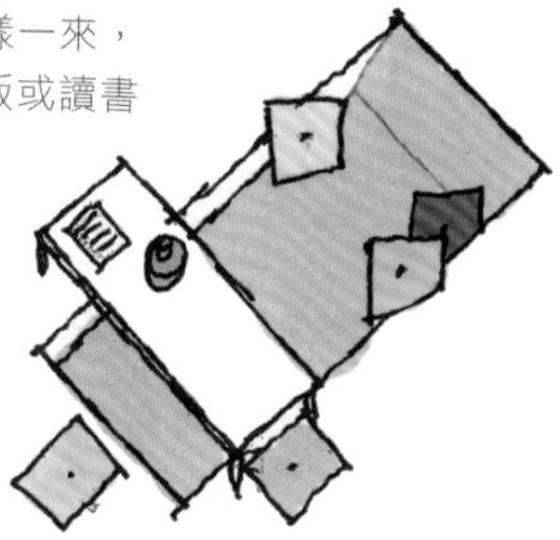

※「無家具極簡主義」（non-furniture）是指不使用家具，或是盡量使家具存在感消失的生活方式。「床座」意指類似生活於榻榻米上一樣，直接以地板為日常生活的場域。

## 把地板降低，自然省去家具擺設

只要有下沉空間及坐墊、靠枕，就不再需要沙發或扶手椅等家具了。整個起居室看起來乾淨俐落，可用空間變得更加寬闊。

盡量不要讓房間內顯得凹凸不平，將電視及冷氣機收納於一體成型的系統櫃中。

地板比露臺還要低一階，營造出強烈被保護感的安心空間。

因為預先規劃好壁面收納櫃，因此沒有添置新家具的必要。也不會因擺放上各式各樣的家具，讓空間變得雜亂無章。

● 具有下沉設計的起居室－透視圖

NG 被家具占領的起居室，令人靜不下心

各種擺放型的成品家具，在設計風格上難以統一。這是導致空間變得凌亂雜沓的主因之一。

● 塞滿家具的起居室－透視圖

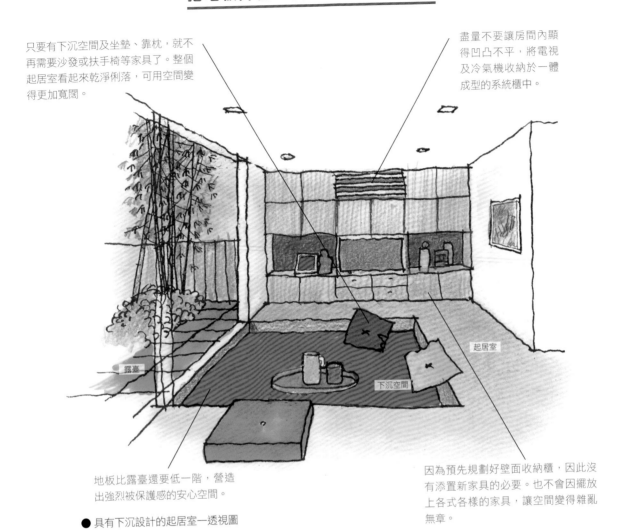

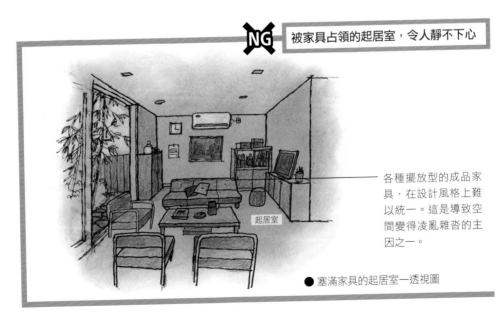

# 以個人喜好來決定下沉設計的類型

## 30～40公分深度為標準型

地板降低的程度大約為30～40公分左右。坐在地板高低差的邊緣處，只要鋪上座墊，就能取代沙發的角色。

把坐墊當成背靠墊也可以。如果有地暖設備的話，這裡立刻就能變身為暖爐桌來使用。

## 最適合躺臥的淺坑型

15公分的淺坑型設計，把地板高低差處當成枕頭來使用也OK。

### 器皿型也是不錯的選擇

器皿型的下沉式設計，在地板高地落差處賦予和緩的斜面，營造出令人放鬆打滾的悠然空間。

POINT

## 兒童也喜愛的兩段型

若將座面規劃為60公分，在這裡也可橫躺下來。

兩段式的下沉設計，不管是大人或小孩都很方便使用。

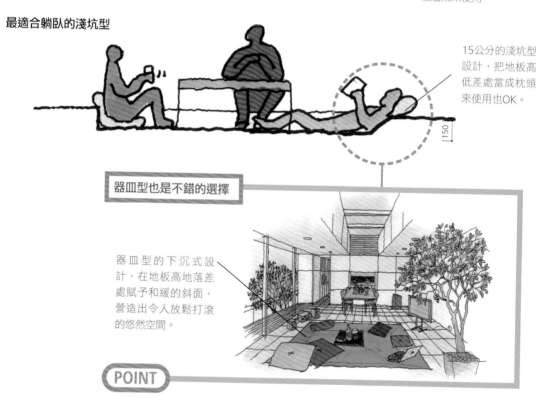

# 大人小孩都愛不釋手的起居室

## 以百葉簾簡單界分空間

用餐室與起居室合為一體的空間。一眼望去視野開闊，具備高度開放感。

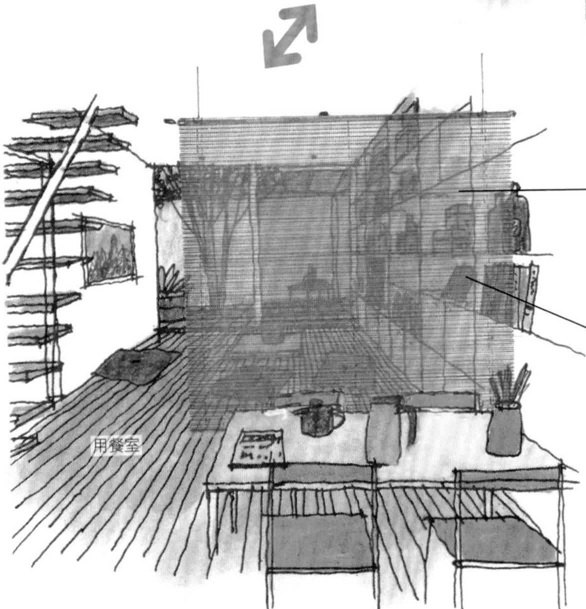


為了界定空間，使用百葉簾。客人來訪時十分便利。通常百葉簾多用於門窗等住宅開口處，拿來作為室內界定空間之用，效果也相當出色。

如果室內設計走和風路線，改使用「竹簾」也OK。百葉簾可以藉由調整葉片的角度，轉換空間區隔的程度，十分推薦。

● LD透視圖（上：沒有區隔、下：有區隔）

## 配合景色，調整變化

在家裡有年幼子女的家庭，當大人一邊做家事時，還可以一邊專注孩子的狀況，這才是他們需要的格局設計。打造開放式的廚房設計，可以由廚房看到用餐室及起居室的狀況，也是一個選擇方案。不過，用餐室與起居室終究還是兩個不同的空間，如果能夠隨著不同的生活風景，輕鬆將空間做出界分的話就太棒了。想要界定空間，不一定非得施工加上門窗，只要裝置百葉簾等小道具，就能輕鬆達成目的。

此外，在視線可及的範圍內打造孩子的遊戲場所，這點十分令人安心。如果在大人準備餐點的時候，小孩跑到看不到的地方調皮搗蛋，一定非常困擾吧。在起居室的一角規劃孩子的小遊戲區也好，或是直接將整個起居室當成孩子的遊戲室當然也可以。例如，將聚氨酯泡棉坐墊鋪在下沉區域，堆疊許多坐墊的起居室柔軟安全，自然會成為孩子喜愛的空間。等孩子睡著後，再將坐墊改回沙發長凳的樣式，幻化為令大人優游其中的放鬆場域。

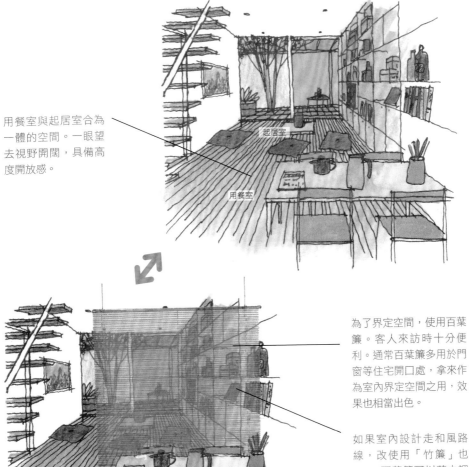

## NG 被家人拋棄的起居室

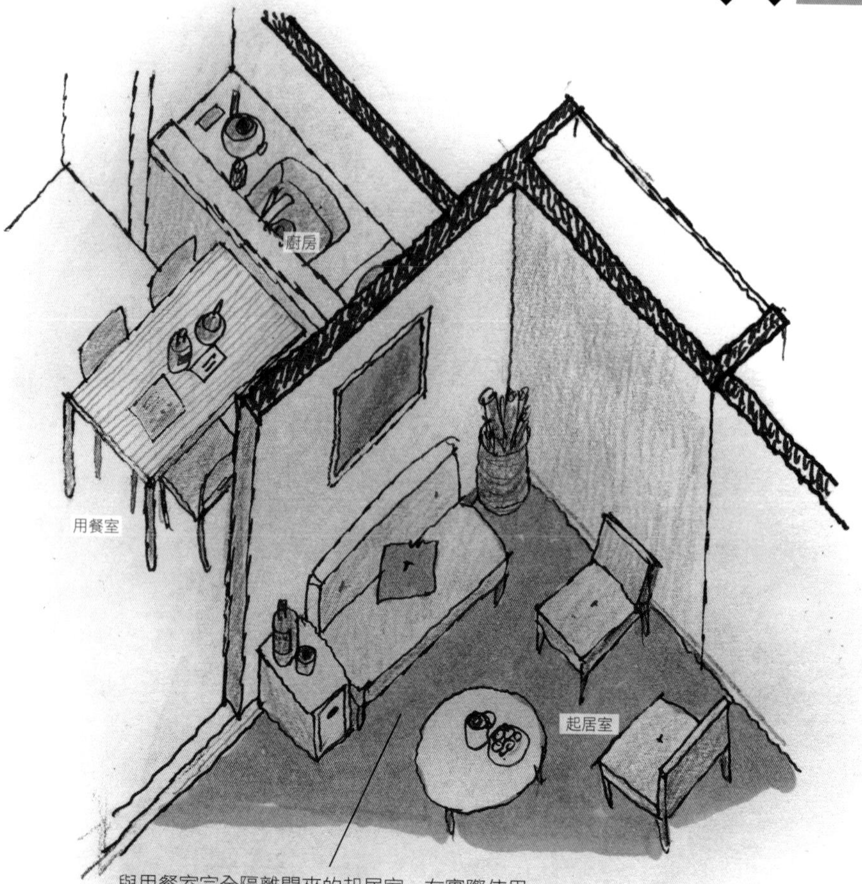


與用餐室完全隔離開來的起居室，在實際使用上相當不便。沒有人聚集的起居室等同於被主人拋棄，變成「難以使用」的浪費空間。

● 以牆壁區隔開來的用餐室與起居室一等角透視圖

## 讓起居室擁有兩種面貌

### 白天面貌—孩子的遊樂場

白天時，將坐墊鋪排於地面，成為孩子們的遊樂場。當然，大人也可以在上面自在打滾。

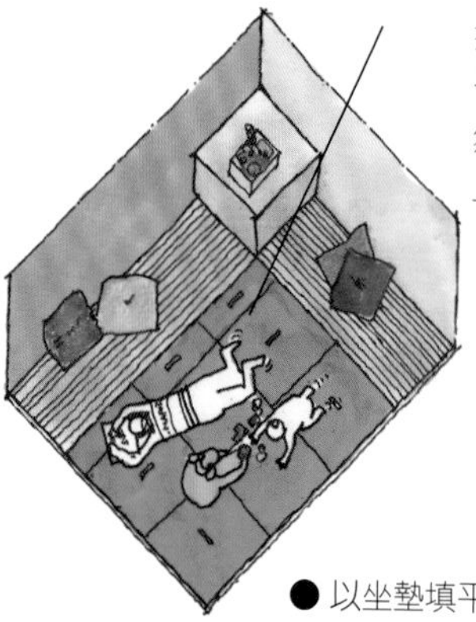

● 以坐墊填平地板下沉處

### 夜晚面貌—大人的休憩場

將坐墊重新排列，即可變回臥榻的模樣，成為大人放鬆的空間。能夠以自己喜歡的姿勢或坐或躺於上，就是臥榻的優點。

以坐墊填平地板下沉處。雖然地板選用木質素材也不錯，不過如果安裝地暖設備、鋪上長毛地毯※的話，直接坐在地板上也很舒適。

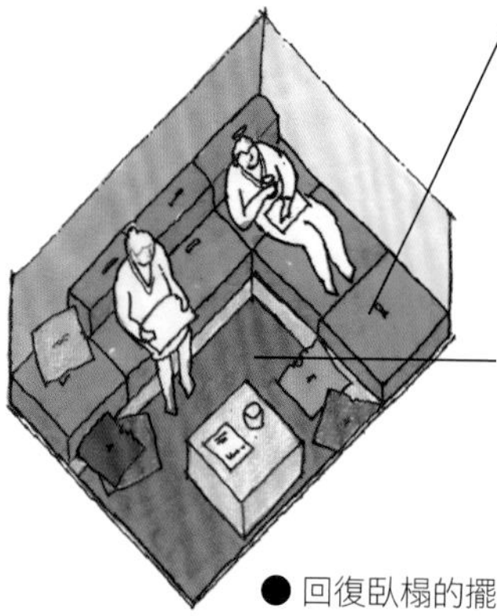

● 回復臥榻的擺設

POINT

※ 長毛地毯是以長絨毛為材質製作而成的地毯。

## 遊樂場搖身一變為休憩場

具有面對面開放式廚房的用餐室，與起居室之間並非砌起牆壁作區隔，而是以及腰高度的收納櫃連結起來。想要界分各自獨立空間時，只要拉上小拉門即可。

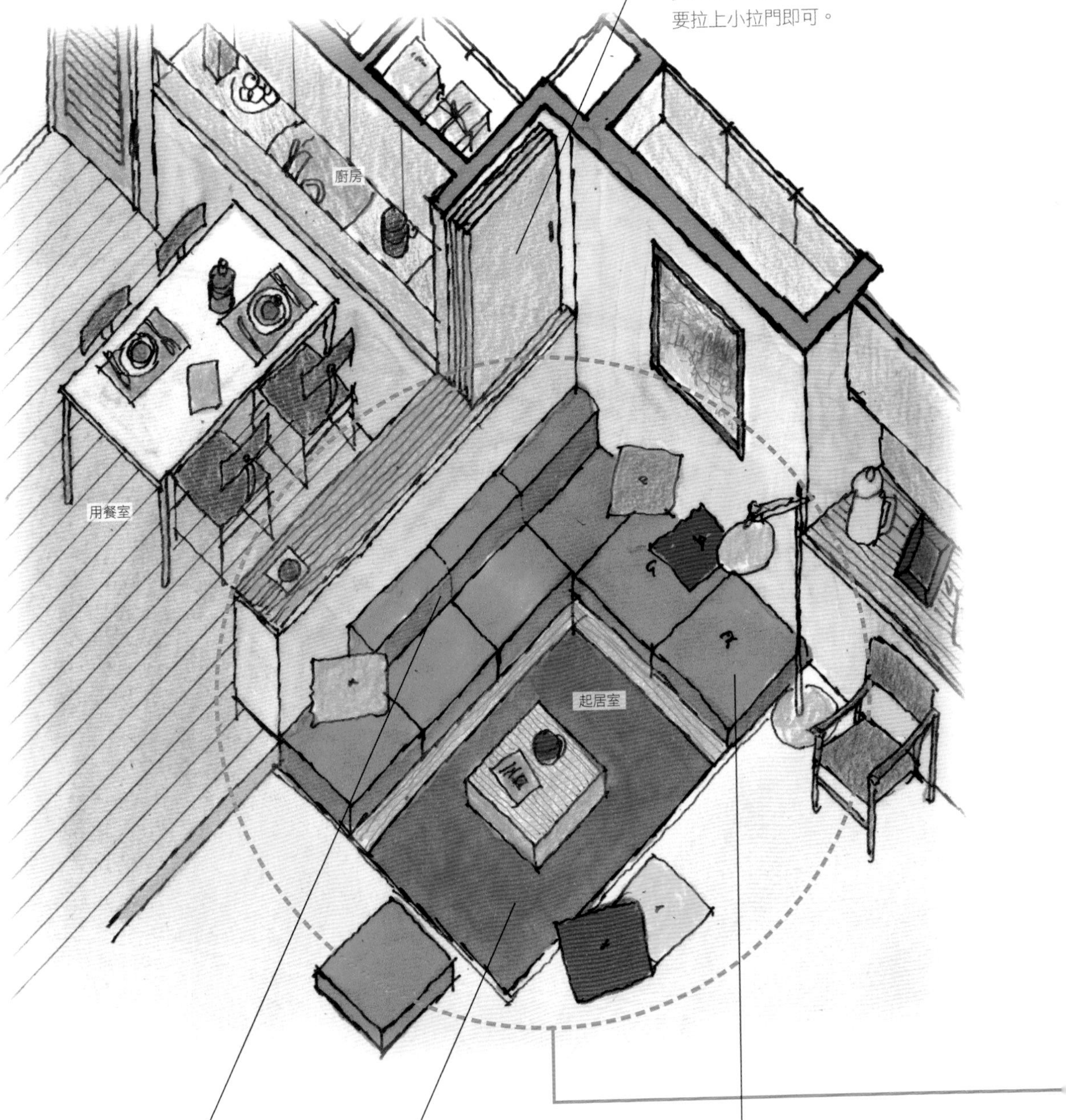


沙發長凳以聚氨酯泡棉材質坐墊排列而成。如果把坐墊改鋪排在地板上，這裡就成為孩子們的遊戲場。

起居室中有一部分為地板降低的下沉式設計，深度大約為15公分。

坐墊為邊長60～90公分的正方形，厚度為10~15公分程度。將柔軟的坐墊鋪排在地板上，就成為孩子們可以安全遊戲的場所。

● 以矮牆區連結用餐室及起居室

# 符合生活型態的廚房空間

## 一字型廚房，與牆壁的關係是關鍵

如果有在洗碗時還能眺望外頭風景的窗戶，會讓做家事變得有趣多了。

機器配置十分單純，便於使用的類型。

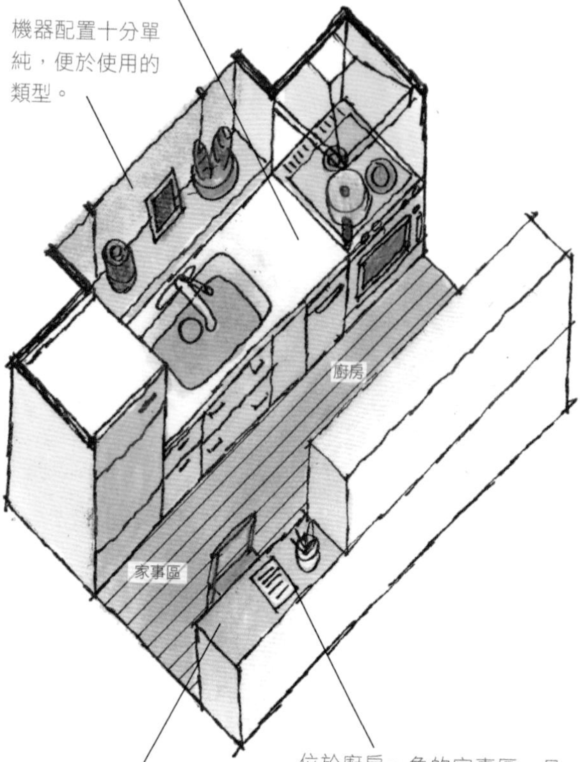


對於必須經常一邊上網查食譜一邊做料理的新手主婦而言，能夠放置電腦或平板的區域是不可或缺的。

位於廚房一角的家事區，是忙碌主婦的好幫手。一邊留意燉煮料理的火候時，還能同時做別的家事，例如燙衣服等。規劃家中的格局設時，建議將這個貼心設計納入考量中。

● 一字型廚房一等角透視圖

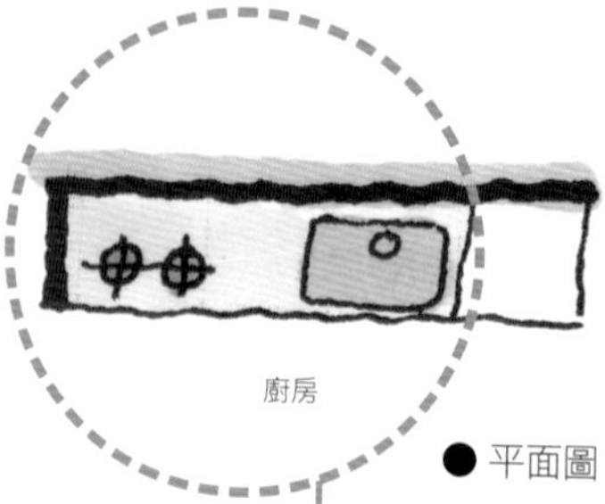


● 平面圖

### 變化豐富的設計

同樣都是一字型的配置，沒有與牆壁相接的屬於「中島型」，從牆壁以半島狀突出的為「半島型」。這些都可以作為面對面開放式廚房來使用。

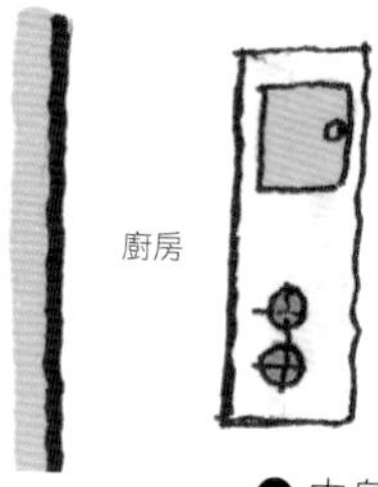


● 中島型 平面圖

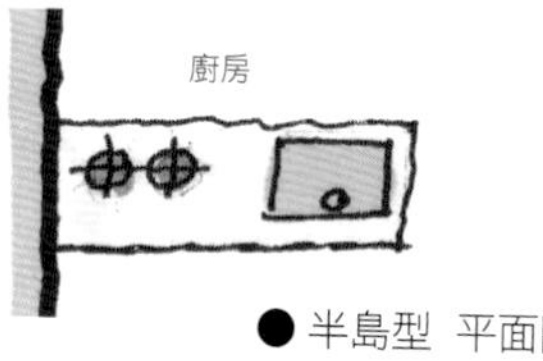


● 半島型 平面圖

POINT

## 具有附加機能性更好

廚房過去被稱為是「主婦城堡」，不過最近男性進入廚房的機會已經增加許多。例如，以做料理為興趣的爸爸在假日時大展身手，像這類以料理為情感交流媒介的家庭也不在少數。廚房的款式應該配合各個家庭不同的生活型態來設計，基本款式如以下三種類型，可以再客製化增添各種附加機能。

①一字型：將各種廚具盡可能緊密地集中在一起，適合人數較少且廚房狹窄的小家庭。

②L字型：將水槽與爐具以直角配置，在料理時可減少動線上的移動。較適合一個人單獨下廚、重視效率的人。

③ㄇ字型：能夠有許多人一起下廚的寬敞廚房。推薦給喜歡共同下廚、分享料理的家庭。

此外，想要完成一道料理，需要用上很多的物品，例如食材、餐具當然不可少，還有各種烹調器具及道具等。烹調過程也相當複雜，因此廚房最為重視的就是收納力與機能性，規劃出簡單俐落的動線是必要前提。

## L字型廚房的動線效率最佳

雖然動線較短、作業效率高，但是轉角區域有可能成為不好利用的死角空間（ㄇ字型廚房也有同樣的情況）。

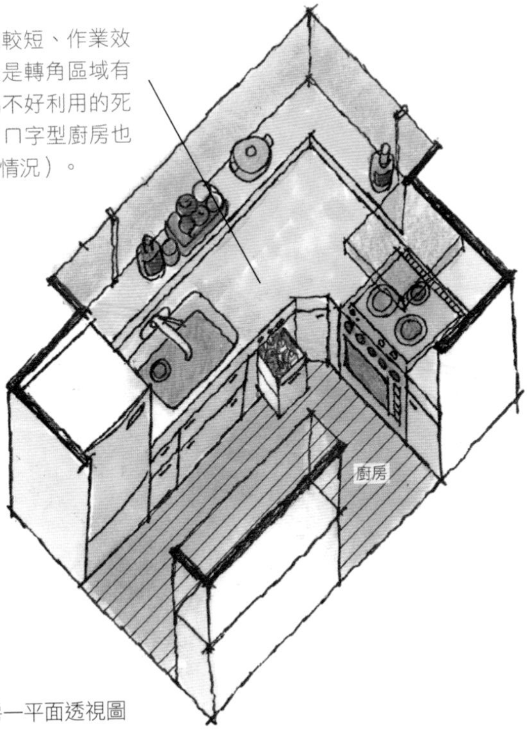


● L字型廚房－平面透視圖

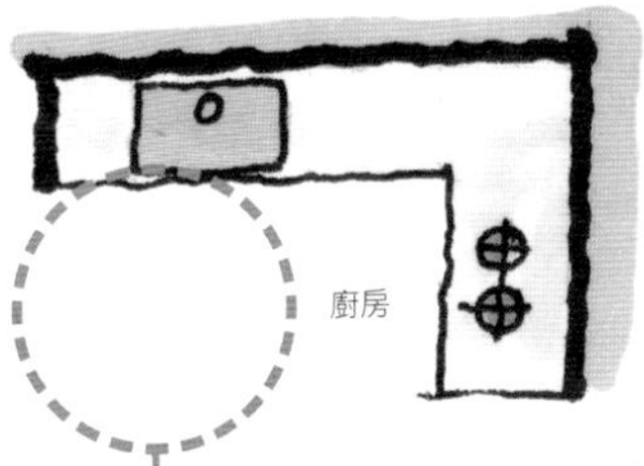


● 平面圖

**配置上小型中島就很足夠**

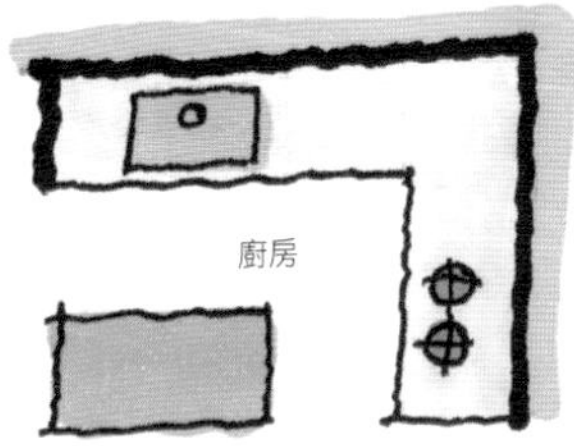


透過設置一個小型中島，讓廚房空間變化出各式各樣的應用方式。許多人一起下廚也沒問題。

● 平面圖

POINT

## 在ㄇ字型廚房中享受料理時光

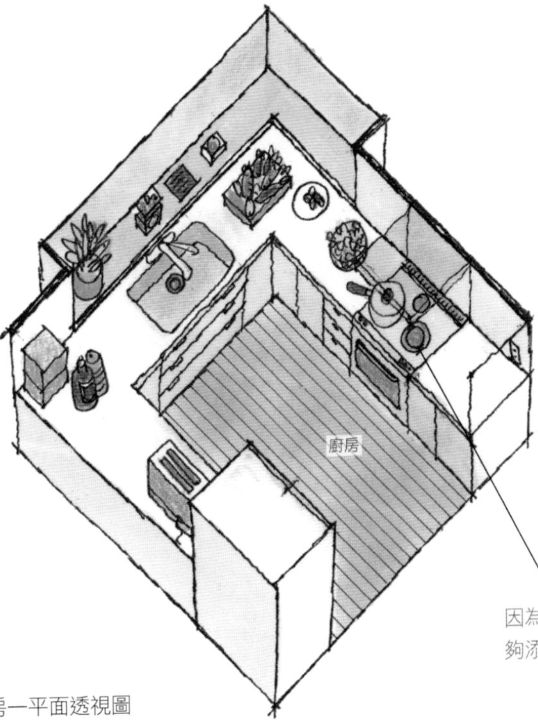


因為廚房流理檯面較長，能夠添置較完整的烹調爐具。

● ㄇ字型廚房－平面透視圖

● 平面圖

這樣的配置方式，需要較寬敞的空間。

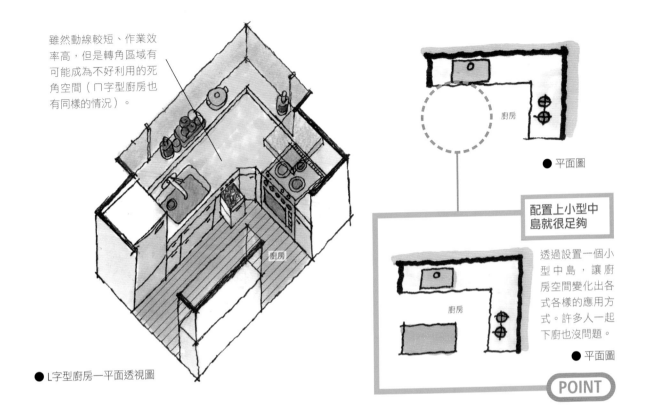

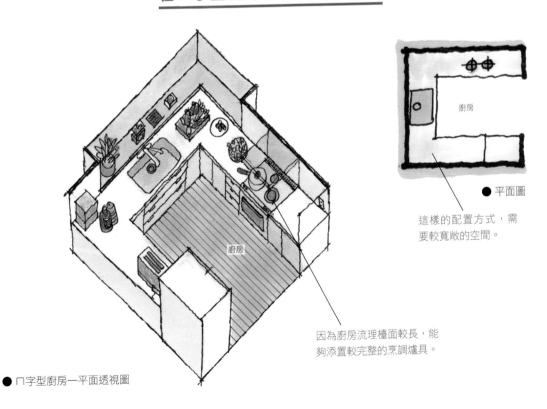

# 擷取各式優點的廚房設計

## 融合封閉式 × 開放式廚房的設計優點

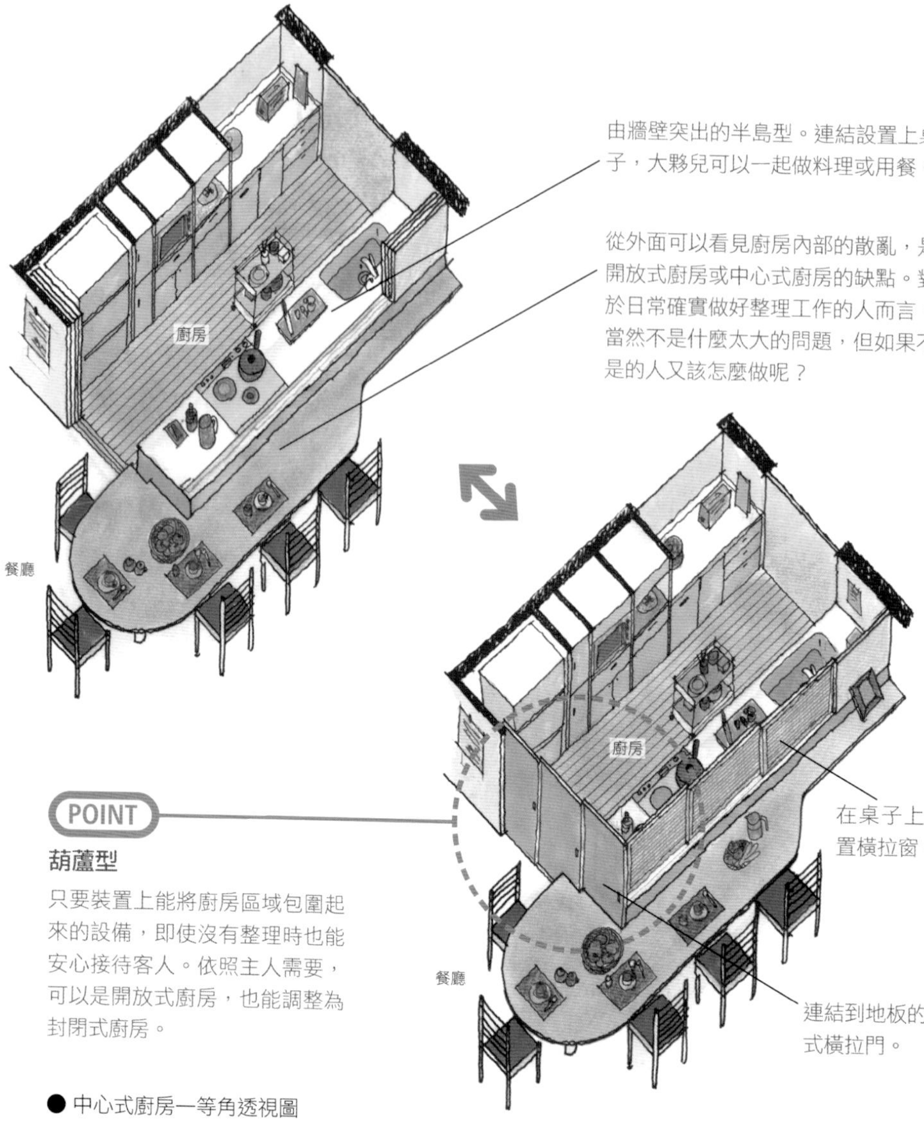
由牆壁突出的半島型。連結設置上桌子，大夥兒可以一起做料理或用餐。
從外面可以看見廚房內部的散亂，是開放式廚房或中心式廚房的缺點。對於日常確實做好整理工作的人而言，當然不是什麼太大的問題，但如果不是的人又該怎麼做呢？
廚房
餐廳
廚房
餐廳
在桌子上方設置橫拉窗。
連結到地板的落地式橫拉門。

**POINT**

**葫蘆型**

只要裝置上能將廚房區域包圍起來的設備，即使沒有整理時也能安心接待客人。依照主人需要，可以是開放式廚房，也能調整為封閉式廚房。

● 中心式廚房—等角透視圖

## 根據生活型態，廚房與用餐室的關係各有不同

「做菜的時候，不希望被別人打擾」、「假日時想要夫妻一起邊品嚐美酒，邊烹調美食」……若是想滿足這些關於做料理的要求，只考慮廚房的形式是不夠的。應該如何將廚房與餐廳這兩個空間連結起來，也是一個重要的關鍵點。依照不同的廚房設計，兩個空間的「連結程度」也有所差異，主要可大致區分為以下三種類型。

①封閉式廚房：以牆壁等隔間圍起廚房空間，獨立性高。

②開放式廚房：沒有界分區隔，直接與餐廳連結在一起的空間。

③中心式廚房：例如中島型或半島型（第56頁），藉由廚房的格局設計，與用餐空間和緩地連結在一起。

①類型的缺點是與外部完全區隔開來的封閉狀態，而②和③類型則是容易被外人直接看到廚房的雜亂狀態，不過，只要透過在牆壁上設置開口、裝置容易操作的橫式拉窗等，就能夠解決上述的問題。配合居住者的生活方式，試著創造出獨特原創的廚房設計吧！

## 以百葉簾來調整也 OK

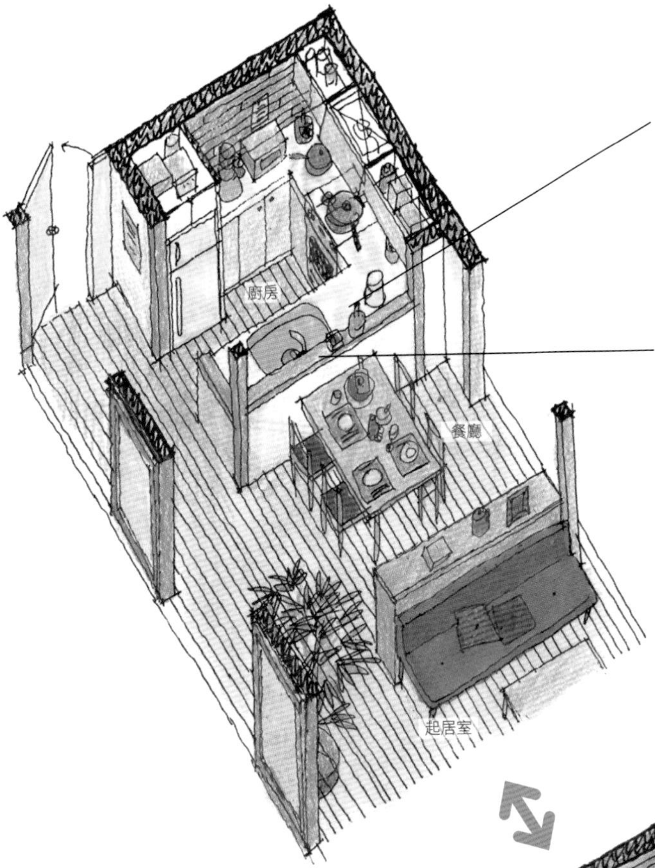


即使是不擅長打掃清潔的主婦，也有許多人不喜歡與外部隔絕的封閉式廚房。若將封閉式廚房的一面牆開口，改成雙邊型廚房，也能與餐廳相連結。

隨著不同的開口大小，廚房與餐廳之間的關係也有所變化。若是開口距離水槽上方30公分以上，可以隱藏廚房的各式小雜物；距離水槽越近，則可以營造出更開闊的開放感。

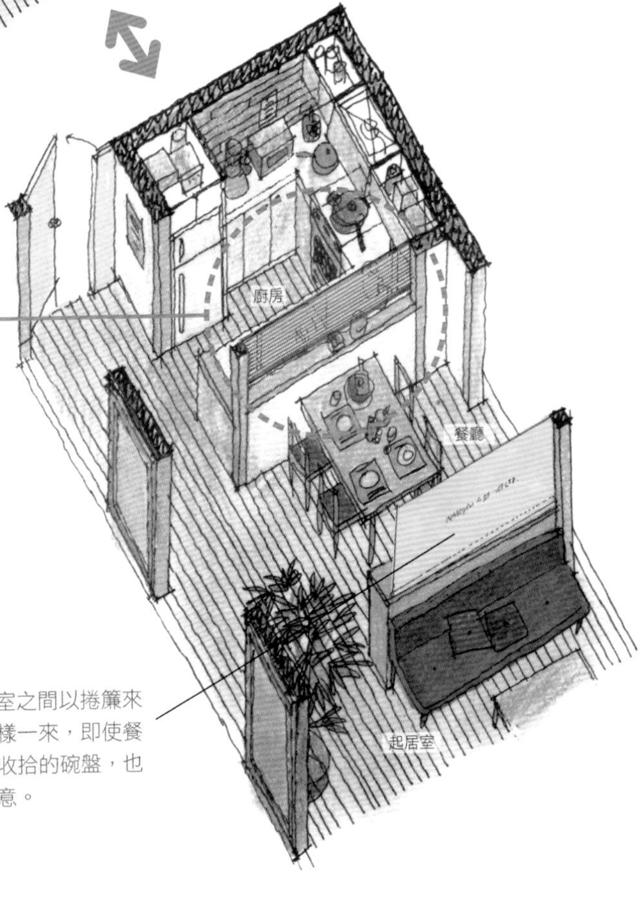


**POINT**

### 百葉簾可以之後再裝設

如果要在牆面上做開口是個負擔的話，裝設百葉簾也是一種選擇。市售的百葉簾色彩樣式豐富，配合居家風格為空間妝點顏色，別有一番樂趣。

餐廳與起居室之間以捲簾來做界定，這樣一來，即使餐桌上有尚未收拾的碗盤，也不會令人在意。

● 有封閉式廚房的LDK 一等角透視圖

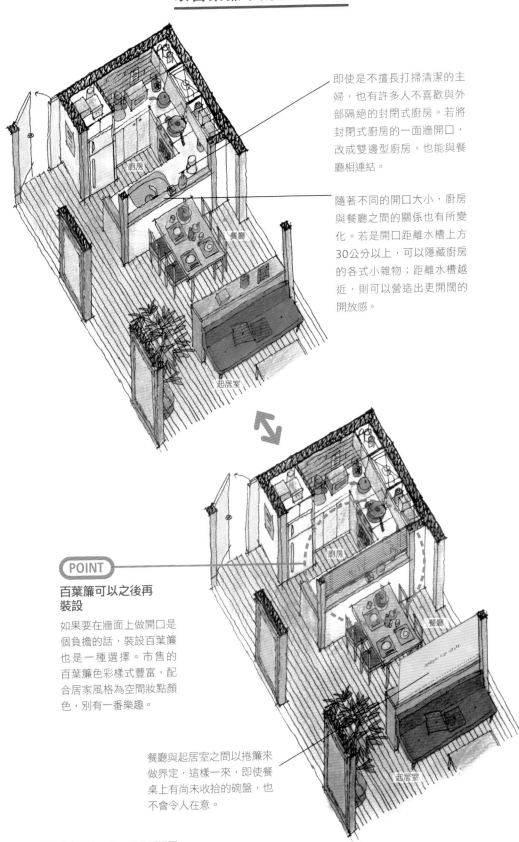

# 中島型廚房帶來至高無上的快樂

## 小別墅也相當適用

在週末度假時，更是想要好好享受別墅生活。打造中島型廚房，讓大夥兒可以一同分享料理與用餐的樂趣。

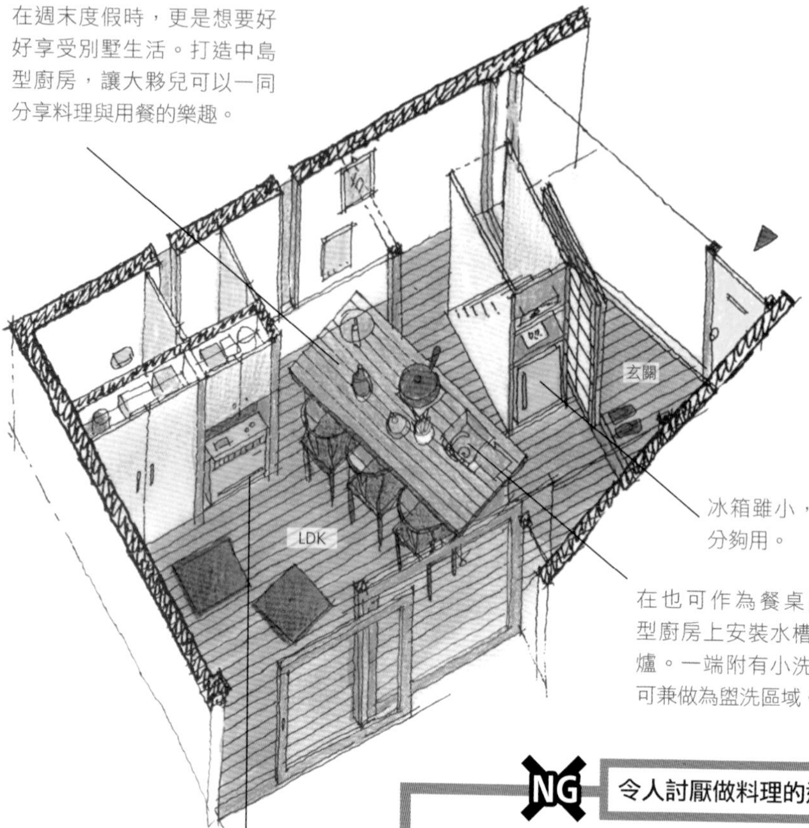


冰箱雖小，但是已十分夠用。

在也可作為餐桌用的中島型廚房上安裝水槽與IH調理爐。一端附有小洗臉盆，也可兼做為盥洗區域。

在凹槽處配置暖房設備，即使是小坪數空間也不會顯得雜亂無章。

● 有中島型廚房的LDK－等角透視圖

NG 令人討厭做料理的迷你廚房

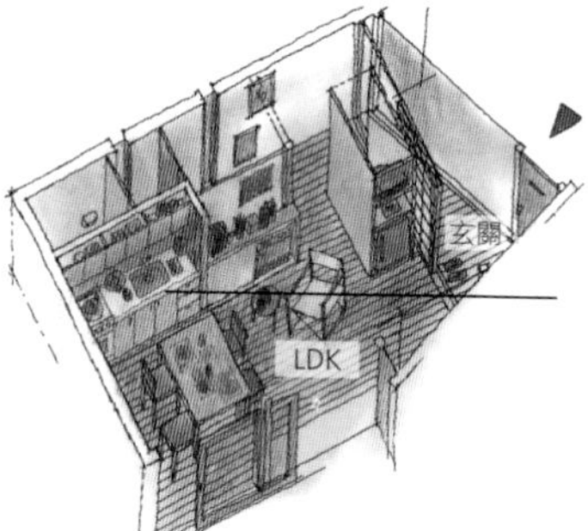


迷你廚房不只狹窄，也很無趣。不方便使用，令人提不起勁兒動手做料理。

● 只有迷你廚房的週末別墅－等角透視圖

## 獻給討厭下廚者的魔法廚房

本來，動手做料理就是一件快樂的事情。然而，一個人下廚時「被排斥的孤獨感」或是麻煩的後續整理工作，讓做料理變成令人不快的事情。對於每日因準備三餐感到辛苦疲倦的人，特別推薦使用中島型廚房（第56頁）。

中島型廚房經常也可兼作為餐桌，因此必然會成為家人聚集之地。看見炒菜、盛裝料理的忙碌身影在眼前，很自然地會想要加入幫忙。他人的協助，有時會礙於廚房形式而成為一種妨礙，然而對於沒有牆壁區隔的中島型廚房而言，因為能夠容納許多人，因此大家可以一起幫忙料理、端盤子、收拾善後等，令人樂在其中。

配合整體空間的大小及生活型態，決定廚房的樣式。將水槽設置在中島上也可以，或是在L型廚房中多加入中島也可以（第57頁）。不僅為空間設計製造出靈活層次，容易配合格局做調整也是其魅力之一。

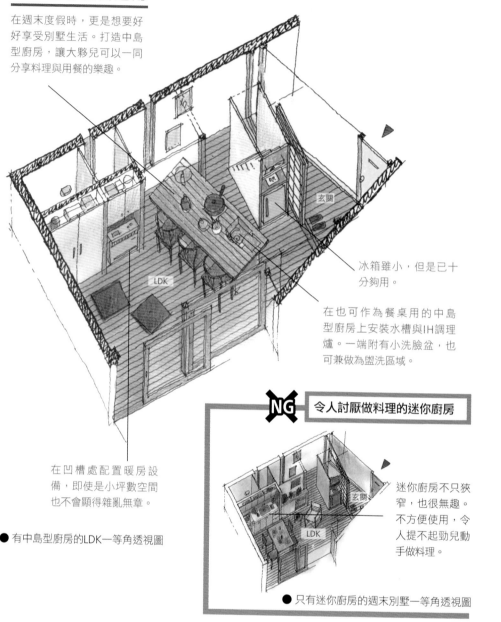

# 拯救孤單主婦的中島型廚房

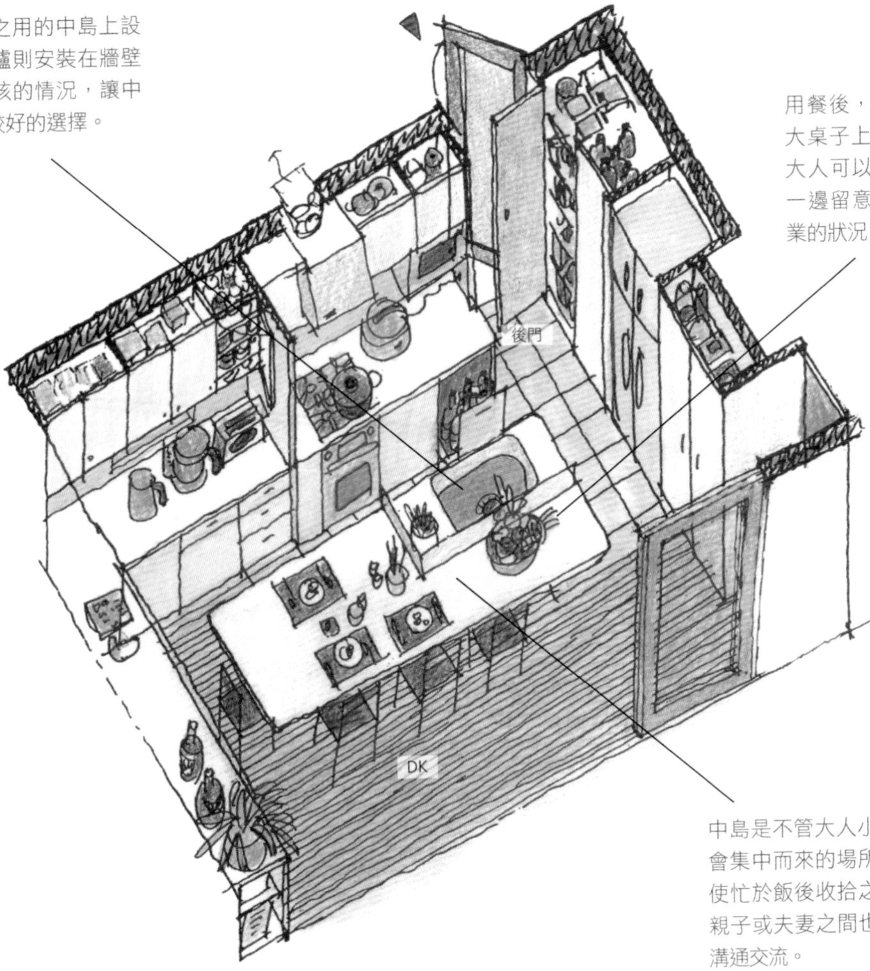
在兼作為餐桌之用的中島上設置水槽，瓦斯爐則安裝在牆壁側。家中有小孩的情況，讓中島遠離火源是較好的選擇。
用餐後，孩子可以在大桌子上準備功課。大人可以一邊收拾，一邊留意孩子的寫作業的狀況。
後門
DK
中島是不管大人小孩都會集中而來的場所。即使忙於飯後收拾之際，親子或夫妻之間也能夠溝通交流。

● 有中島型廚房的DK一等角透視圖

## NG 狹窄的封閉式廚房就是兇手

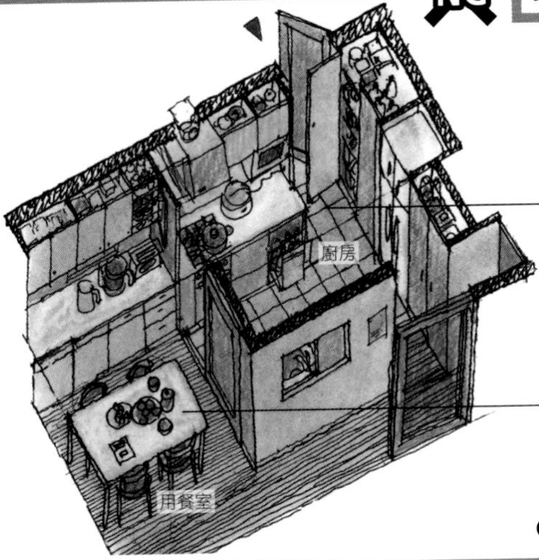
主婦站在廚房前忙碌的時間很長。在封閉式廚房中獨自收拾殘局，很難加入家人們用餐後的相聚時光，令人格外感到孤單。
廚房
將空間細微劃分開來，感到擁擠狹窄。
用餐室

● 封閉式廚房與用餐室一等角透視圖

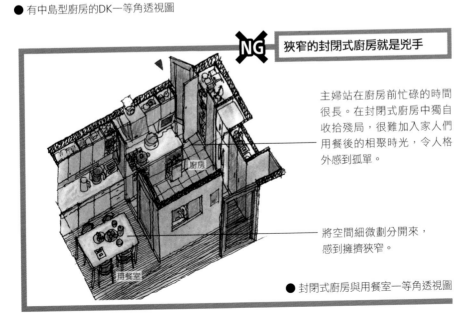

# 向幽暗無光的廚房說再見

## 甲板露臺讓廚房既明亮又寬敞

POINT

只要改變原本面向牆壁的廚房的位置及方向，外牆就能開設大開口。不過，必須再加上水管管線遷移的施工費用，預算稍微較高。

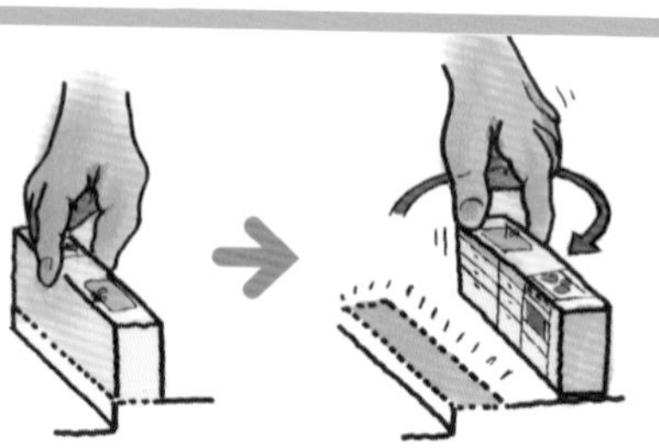

只要將廚房移動2公尺並轉向

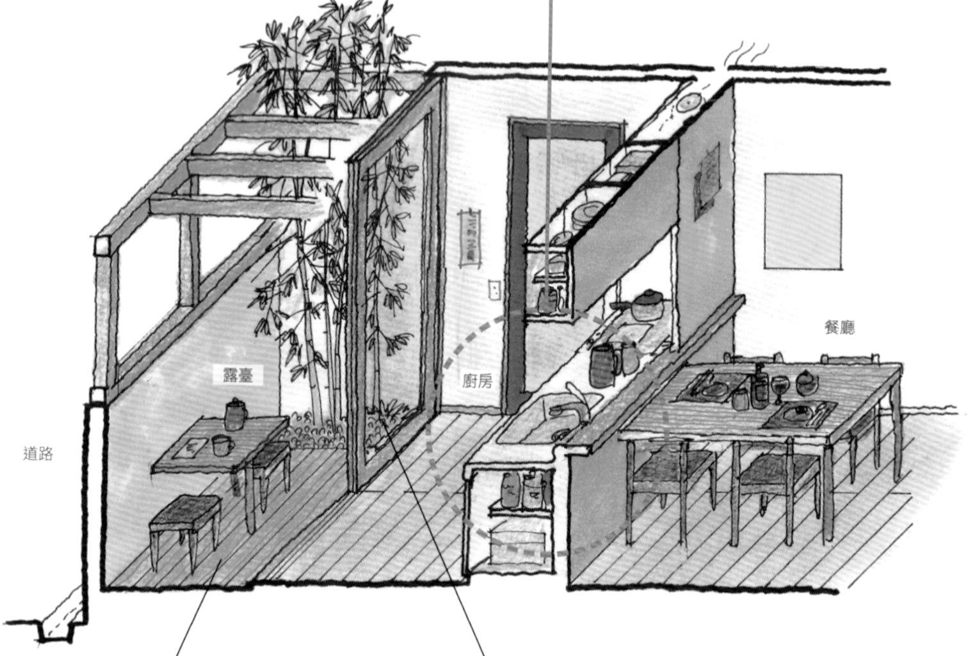


與外圍牆之間的小空間規劃為露臺。地板採與室內幾乎同高度的木質甲板設計，也可以作為室內擴展的空間。能夠放置椅子或桌子最為理想，但如果狹窄一點也沒關係。

落地窗式的大開口，讓廚房灑滿明亮的自然光線。

● 有露臺的廚房—透視圖

### 只要挪動廚房，就能創造廣闊明亮的空間

廚房是最容易被擠壓到北側的房間之一。雖然像是想贖罪一般，在廚房前方多會開設一個外推窗，但是通常外頭就面對著外圍牆，很難解決廚房採光不足的陰暗問題。

在這裡想介紹給各位的是，透過活用與外圍牆之間的狹窄空間，打造出明亮且具開放感的廚房的方法。首先，請大膽移動緊緊黏在北側牆壁上的廚房。把牆壁空出來之後，就可以開設大片窗戶，廚房空間也隨之豁然開朗。牆壁與外圍牆之間的小空間，就裝修為甲板露臺，也能作為室內空間的延長使用。不管是再怎麼狹窄的露臺，都能夠有效增加廚房的開闊感。另外，如果是能夠增建的情況，則建議直接擴大廚房空間，將靠外圍牆處設置為家事區。

透過移動廚房的位置，不僅能夠活用過去被疏忽閒置的外部空間，北側廚房的明亮開闊感也油然而生，真是一石二鳥之計。

## 增建的廚房一角作為家事區

拆除牆壁，將廚房空間增建擴大，只要選用穿透性高的玻璃屋頂，就能打造明亮的空間。

設置於廚房一角的家事區，位於餐具收納櫃的背面，是一個令人安心的沉穩空間。也可以是夫婦小酌談心的大人秘密基地。

兼作為桌子使用的半島型廚房。由家事區上方引入的自然光，讓整個空間開朗明亮起來。

● 規劃有家事區的廚房 透視圖

### NG 位於北側的廚房昏暗失色

被配置於北側的廚房。流理檯前方雖然是外推窗，但是光線微弱、難以進入室內。

受迫於外圍牆，淪為無法有效利用的陰暗閒置空間。

● 開設有外推窗的廚房一透視圖

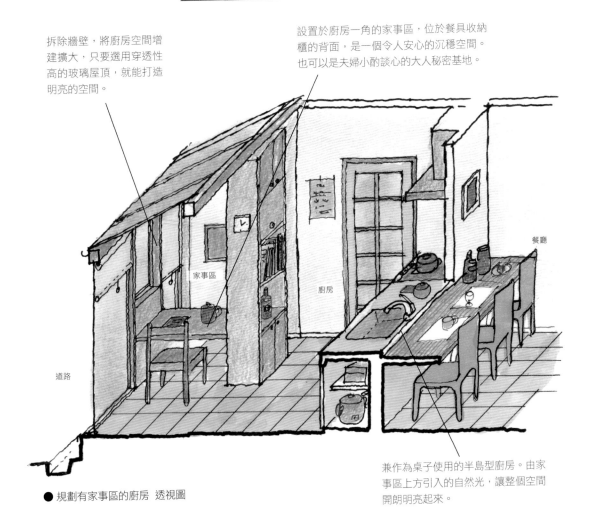

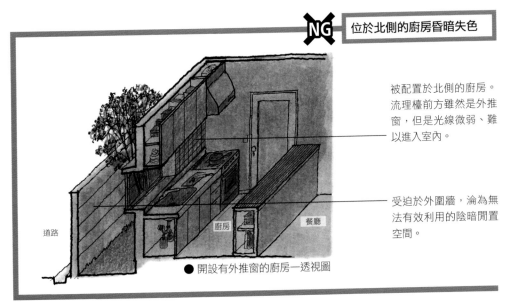

# 只用來睡覺，太浪費了！

## 狹窄的寢室也OK！書桌長櫃

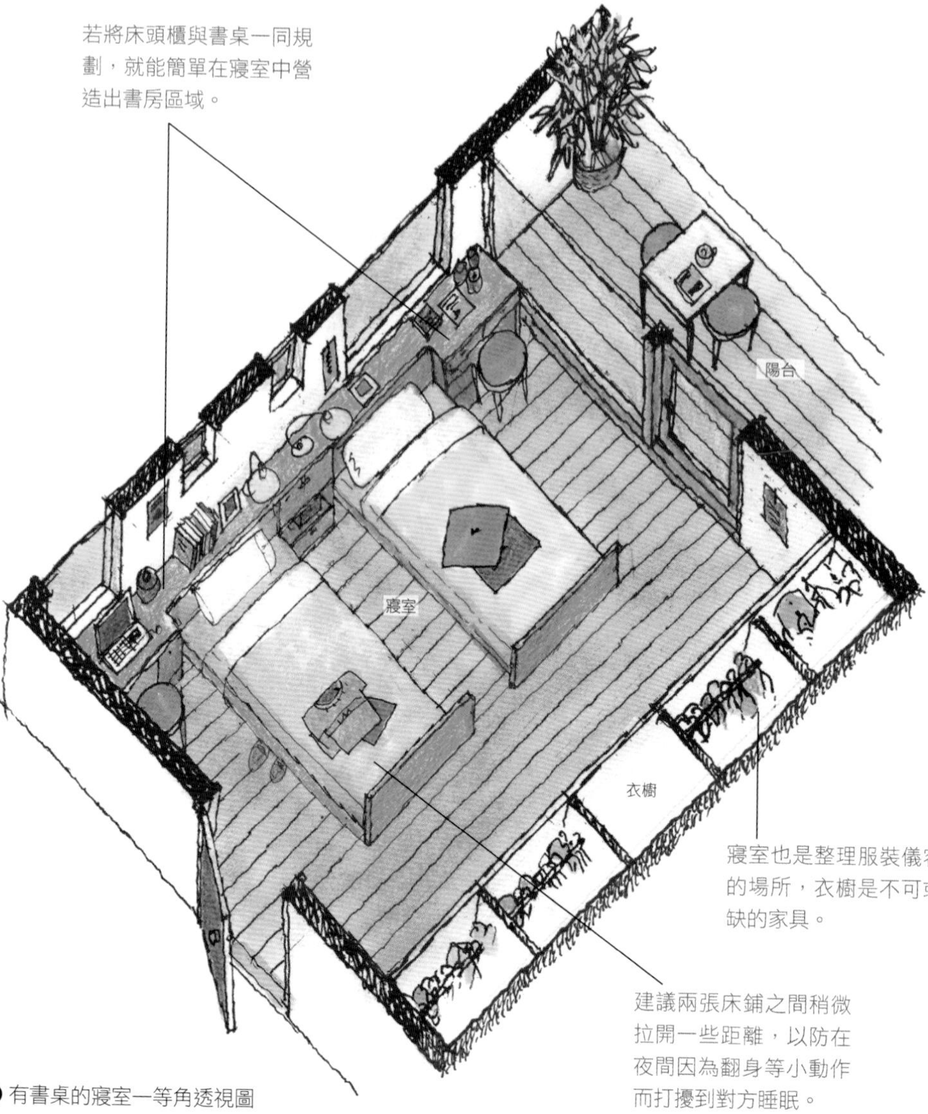
若將床頭櫃與書桌一同規劃，就能簡單在寢室中營造出書房區域。
陽台
寢室
衣櫥
寢室也是整理服裝儀容的場所，衣櫥是不可或缺的家具。
建議兩張床鋪之間稍微拉開一些距離，以防在夜間因為翻身等小動作而打擾到對方睡眠。

● 有書桌的寢室—等角透視圖

## 每個大人都擁有自己的書房

書房是世界上的男人們所嚮往的場所，對女人而言，當然也不例外。不管是誰，都希望能夠擁有專屬於自己的空間。然而，在現實生活中住宅的大小受到限制，有時候連只要一個書房的願望都很難達成。

對於這樣的家庭，推薦應用在寢室中打造「書房區」的方法。事實上，寢室本來就不是「只為了睡覺而打造的房間」，而是例如躺臥在床上閱讀或睡前小酌、進行呵護肌膚的保養程序等，是一個能夠令人沉浸在自我世界中的房間。若是在寢室中增加夫妻各自的「書房區」，應該有助於享受更為充實的「一人時間」吧。

利用床頭櫃延伸設計的書桌長櫃（如本頁上圖），即便在較為狹窄的寢室中也能辦到。若是就寢時間迥異的夫婦，將書房（書桌）與寢室（床鋪）區隔開來，就不用擔心打擾到彼此（如左頁上圖）。此外，像是書房區這一類小空間，必須注意不要以連結到天花板的牆壁或門窗完全隔絕開來，否則容易令人感到太過狹窄而透不過氣。

## 矮牆的另一面是書房區

選以矮牆作為區域界分的書房區。適度的「包圍感」營造安心舒適氛圍，令人專心沉浸在個人世界中。

界分書房區的矮牆可以開設小開口。書房區與寢室空間之間保持適當的連結關係，也不會妨礙睡眠。

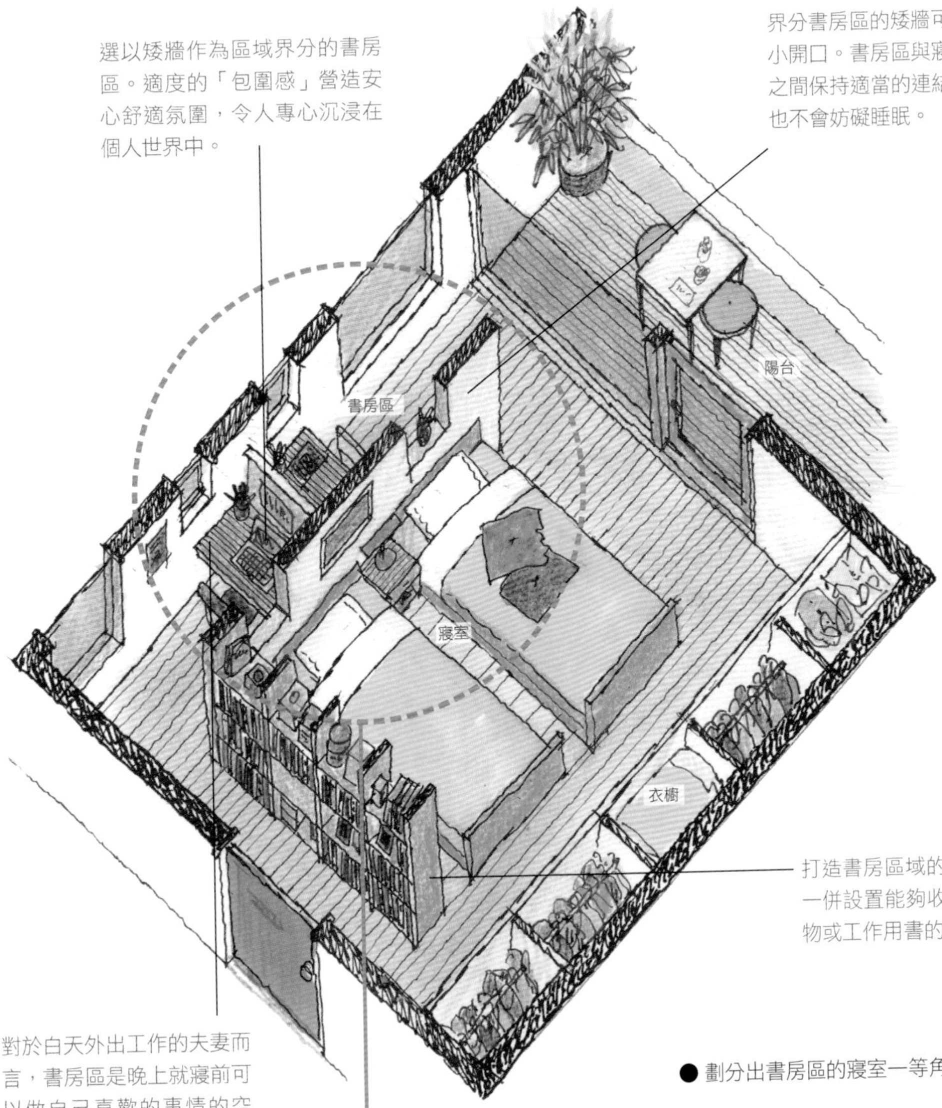


打造書房區域的話，也可一併設置能夠收納休閒讀物或工作用書的書架。

對於白天外出工作的夫妻而言，書房區是晚上就寢前可以做自己喜歡的事情的空間。整理工作資料、閱讀小說等，做什麼事情都可以。

● 劃分出書房區的寢室一等角透視圖

### 只要插入矮牆，即可創造兩個空間

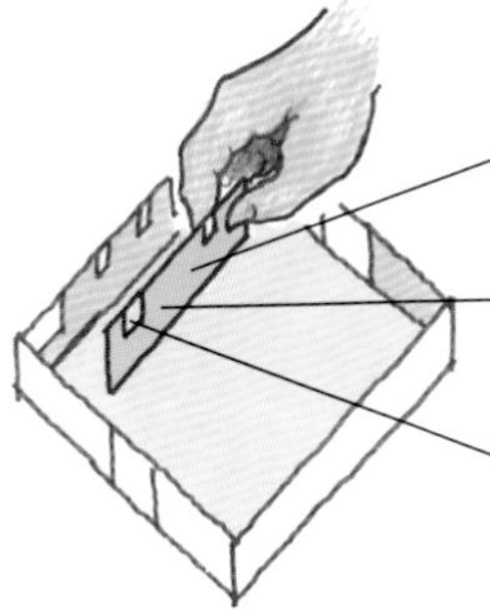

只要插入一片高度約2公尺的矮牆，房間就被劃分出兩個空間。牆壁的另一邊，即可規劃為書房空間。

除了插入牆壁，透過設置時髦美觀的書架或收納櫃等方式，也可以將空間劃分為兩個區域。

在牆壁面上開設小開口，可有效減低壓迫感。

POINT

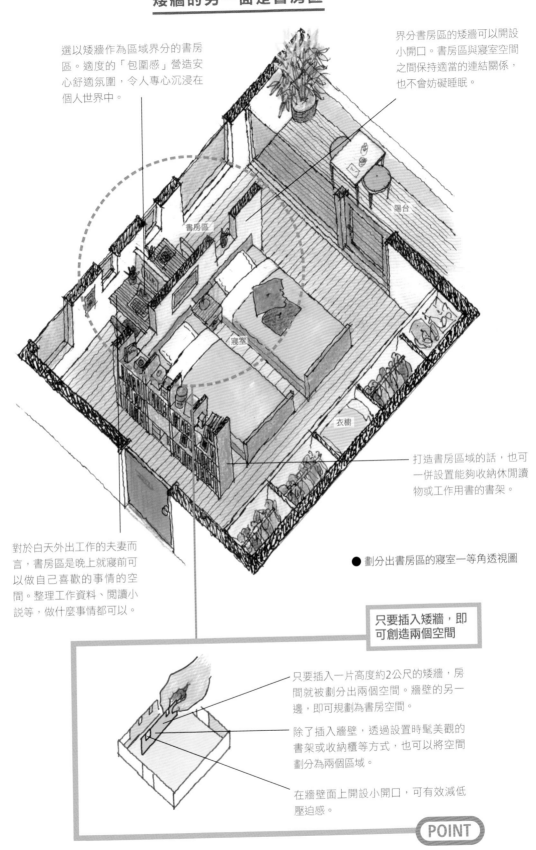

# 寢室設計加入衛浴及收納空間組合

## 私人空間也能以格局拼圖來規劃

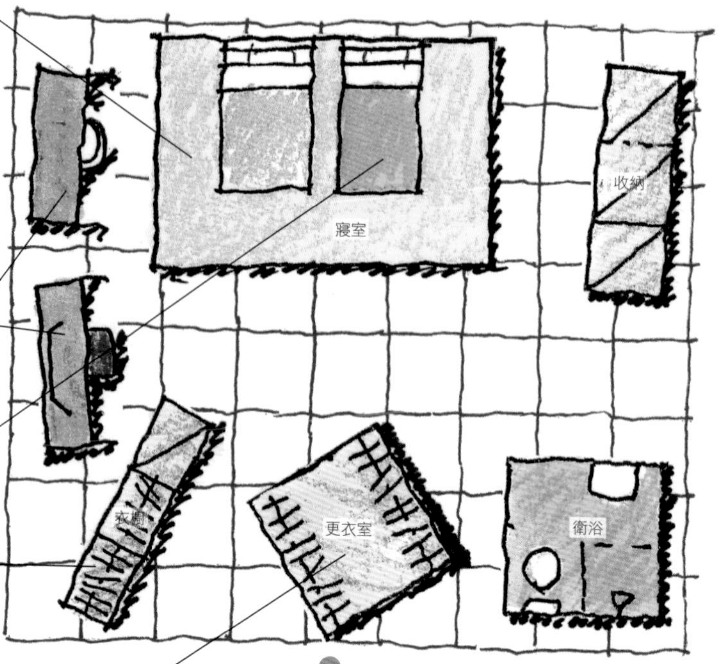
以夫婦兩人的寢室為中心的「私人空間」。將方格紙上每一小格視為91平方公分（住宅的基本單位之一），以寢室區域最少為6疊（3×4小格）、衛浴為2疊（2×2小格）的大小來裁切，接著將各空間擺放在方格紙上來思考配置方式。
夫妻個別擁有自己的書桌。
每張單人床約為1×2公尺大，周邊需要保留30公分以上的通道空間。
衣櫥有靠牆型獨立衣櫥，以及步入式衣櫃兩種。
寢室
收納
更衣室
衛浴
建造成本比衣櫥還便宜，不過需要較大的空間。

### 以格局拼圖靈活變化

以格局拼圖來思考格局規劃的方法，不只適合屋主，也很適合專業的設計者變化利用。動手拼看看，也許會激發出之前未曾想過的格局方式。

POINT

## 寢室是由各個區域組合而成

在夫婦的寢室中，若想擺放兩張床，空間必須有一定程度的寬敞。既然如此，更是希望能夠打造出讓人放心長時間休憩、處理重要事務的舒適空間。書房區域（第64頁）當然不用說，還包括打理服裝儀容必需的衣櫥、化妝台、衛浴室等區域；從營造出愜意安適的「私人空間」的角度來思考，其中的主角，就是寢室區域。

這個私人空間的配置規劃，如同前文第12頁所介紹過的，也能夠以格局拼圖的方式來進行。若想並列兩張單人床，寢室區至少需要6疊左右的空間，至於廁所及盥洗等衛浴空間則約占2疊左右，其他部分就適當地填補上衣櫥或書房等區域。

衣櫥也有步入式衣櫥的類型，不過其內部需要預留走道空間。如果是占地寬敞的住宅，「浪費」的空間還可轉化為「悠閒」氛圍，然而，對於沒有空間餘裕的狹窄住宅而言，可就另當別論了。選擇靠牆的獨立型衣櫥，能夠更有效率地收納衣服。

# 馬上就能發想各種設計方案

## 省略衛浴空間方案

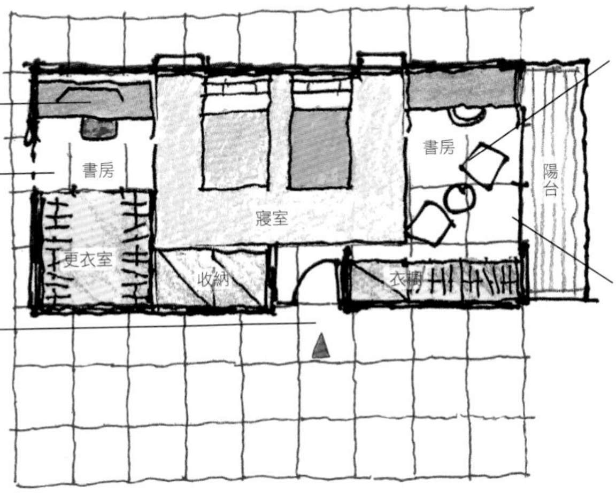


妻子的書桌也兼作為化妝台。

本圖的私人空間整體約為17疊大。扣除更衣室，其餘區域共占15疊左右。

不特別設置夫妻專用的衛浴空間也OK。在寢室門口的走廊邊設有家人共用的衛浴室。

衣服較少的男性可減少衣櫥空間，改成放置茶几也OK，有別於書桌的沉穩空間，自成一格。

在拼格局拼圖時，要連同窗戶的位置一起思考。在落地窗前方，不要擺放桌子等大型物品。

## 標準配備方案

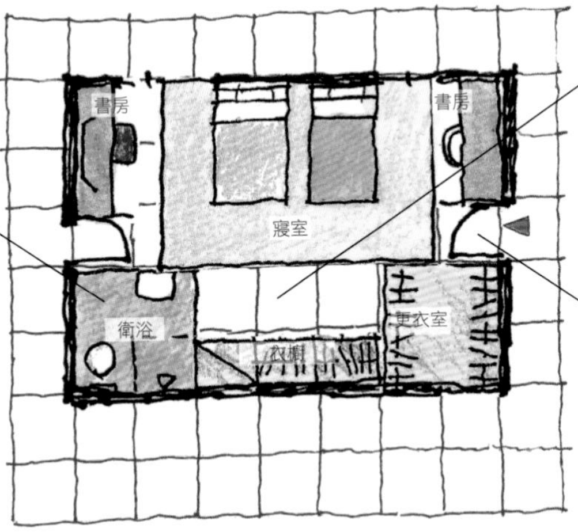


寢室區的旁邊就是為廁所及盥洗的衛浴空間，十分便利。也是適合高齡者入住的方案。面對衛浴空間的牆壁必需加強隔音。

沒有擺放家具的留白空間，讓寢室感覺更加寬敞。

本圖的私人空間整體約為17.5疊大小。扣除衛浴室及更衣室，其餘的寢室區域共占13.5疊左右，比上圖稍微狹窄。

## 舒適寬敞方案

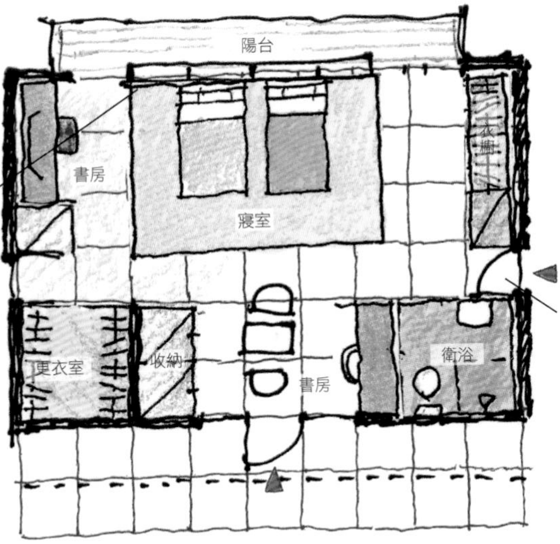


在規劃格局拼圖時，必需加入房間位於住宅中哪個位置、方向，以及與鄰居的關係等因素一起思考。窗戶應該如何開口？注重採光及通風之餘，確保私人隱私安全也相當重要。

本圖的私人空間整體約為27疊。扣除衛浴室及更衣室，其餘的寢室區域共占23疊，是能夠愜意生活的寬敞度。

## 不同的衣櫥形式，收納量也有所差別

### 收納力△：兩列型更衣室

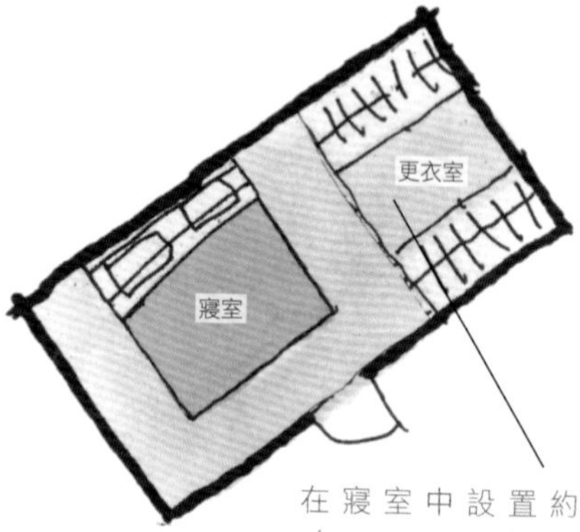


在寢室中設置約3疊（2.7×1.8公尺）大小的更衣室。將吊衣桿規劃為兩列，中間需要約1疊寬的通道空間。

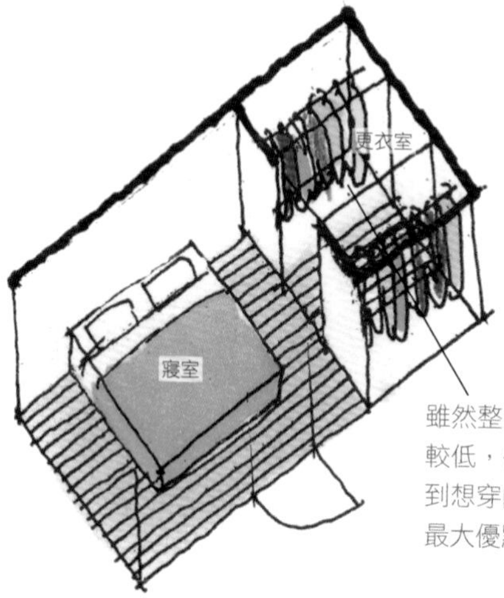


雖然整體的收納量較低，但是容易找到想穿的衣服是其最大優點。

● 有更衣室（兩列式）的寢室—左：平面圖、右：等角透視圖

### 收納力○：ㄇ字型更衣室

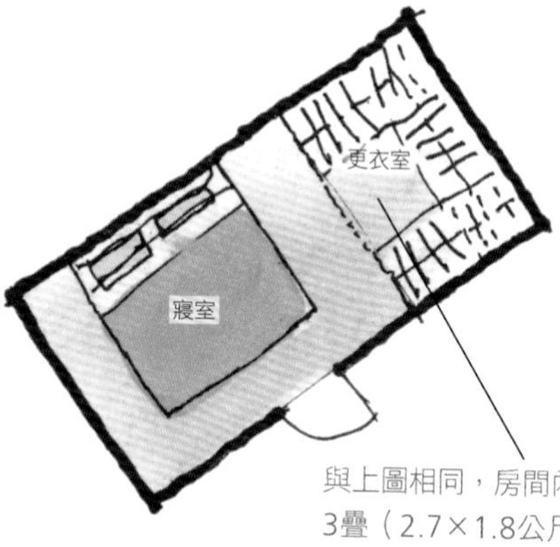


與上圖相同，房間內設置約3疊（2.7×1.8公尺）大小的更衣室。將吊衣桿規劃為ㄇ字型，通道只需要0.5疊即可。不過，角落部分較不方便使用。

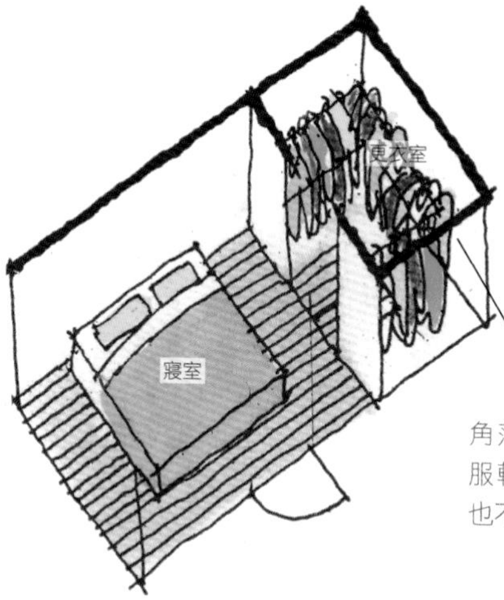


角落部分的衣服較難取出，也不好收納。

● 有更衣室（ㄇ字型）的寢室—左：平面圖、右：等角透視圖

### 收納力◎：靠牆型衣櫥

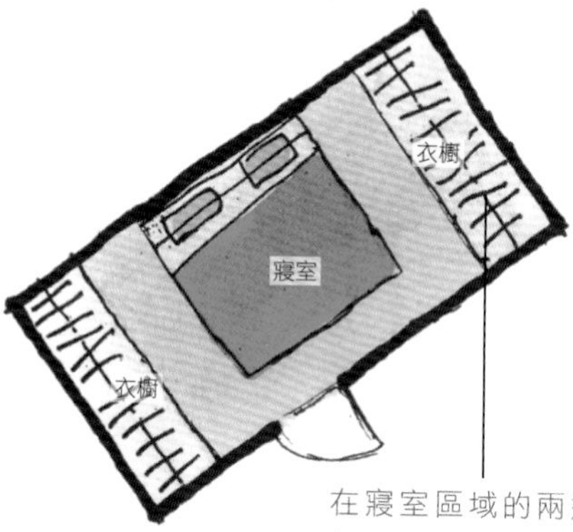


在寢室區域的兩邊設置衣櫥，總共約3疊大小。因為不需要另外保留通道空間，因此這3疊可完全作為收納之用，相當節省空間。

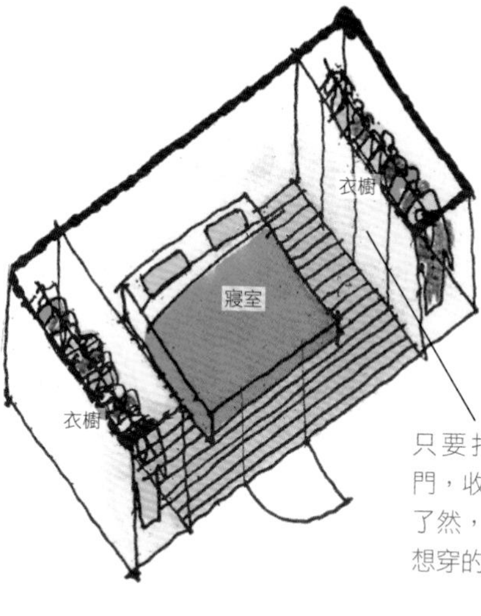


只要打開衣櫥的門，收納物品一目了然，很容易尋找想穿的衣服。

● 有衣櫥的寢室—左：平面圖、右：等角透視圖

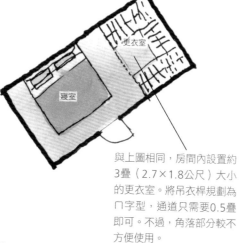

Chapter 2
寢室
12

# 偶爾改變床鋪的配置方式

## 打造愜意舒適的寢室

寢室設計以確保個人隱私最為重要。考慮由外部而來的視線，細心規劃開口的位置及大小。在本圖中，外推窗的正面面對圍牆，兩側為通風窗，上方則設置為玻璃天窗。

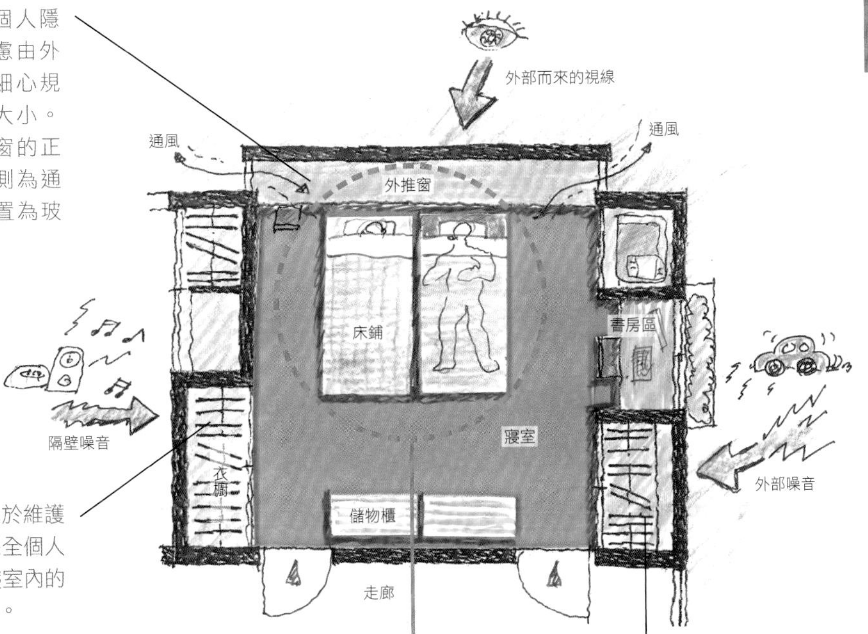
外部而來的視線
通風
通風
外推窗
床鋪
書房區
寢室
隔壁噪音
衣櫃
儲物櫃
外部噪音
走廊

加強隔音不僅有助於維護睡眠品質，也能保全個人隱私。不必擔心寢室內的悄悄話會流傳出去。

將外側牆壁規劃為收納區域，也附帶加強了隔音功能。

● 寢室平面圖

**改變房內配置，心情煥然一新**

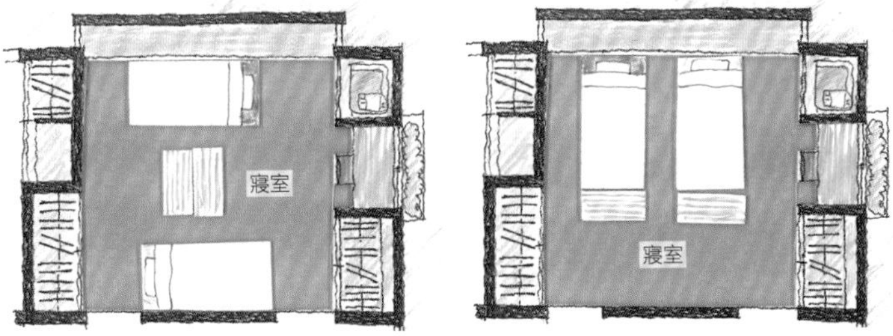
寢室
寢室

利用移動床鋪和儲物櫃，就能簡單「改頭換面」。只是改變位置，整個房間內的氣氛也截然不同。晚上可能因此睡得更香甜也說不定。

POINT

## 一夜好眠的寢室設計

雖然寢室並非只有「睡眠」功能，但是一定要打造成最適合休息入眠的空間，這點當然不用多說。為了達到高品質的睡眠，不能太過於明亮、隔音效果也非常重要。照明開關也要設置在床鋪附近，夜間時預先設定為只打開地腳燈。由隔壁傳來的噪音，藉由衣櫃等家具的阻隔，能增加一定程度的隔音效果。

## 氣氛變換，睡眠品質再提升

床鋪是一旦決定好位置之後，就很少會再移動換位的家具。話雖如此，但是只要透過變換房內配置，就能帶來煥然一新的氣氛，那麼就沒有理由不嘗試看看。

如果夫婦的寢室是採兩張單人床並列的配置，試著改成將儲物櫃夾在中間的配置方式也很OK。一旦擁有「屬於自己的領域」，就不必再擔心是否會打擾到對方，能夠放心地休憩。改變床鋪的方向、拉開距離的話，更能夠營造出清楚的領域之分。這個方法，或許比大工程重新張貼新壁紙的效果還要更好呢。

## 設計小孩房比起寬廣更需要有趣

# 讓孩子自由成長的快樂房間

即使各自躺在床鋪上，聊天時也可以看見對方的臉。

只有4.5疊大的小房間，若在床鋪配置上稍微花一些心思，就能挪空出讀書的空間。

兄弟的兩個床鋪是選擇上下鋪形式的組合。只要將其中一個床鋪旋轉90度角，兒童房就成為充滿動感的樂趣房間。

天花板降低一階或是可以登高的地方，都深受孩子們的喜愛。

將兩張床鋪以垂直方向配置，地板區域可以使用的範圍變得更寬廣。

通往上方床鋪的階梯。

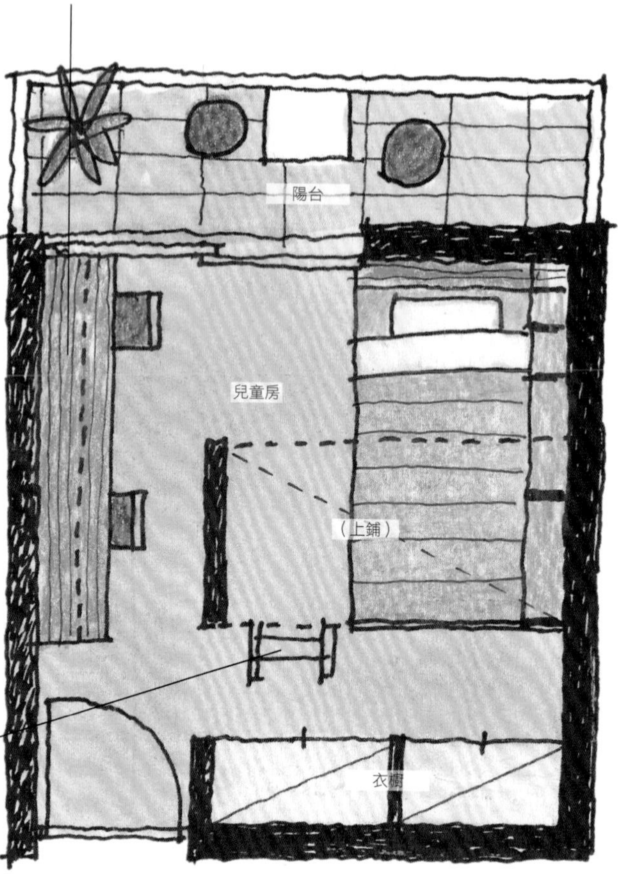


● 兒童房－平面圖

### 不要讓孩子一個人落單

兒童房的設計，有不少是遵循「能夠靜下心、好好用功讀書」的原則建造而成。然而事與願違，許多孩子的功課都是在餐桌上草草完成的。在一張大桌子上兄弟姐妹排排坐，也許可能會有彼此競爭的小狀況，但也無傷大雅。比起自己獨立一個房間，讓孩子們擁有共有空間的經驗，或許更為重要。從日常生活中學會彼此禮讓、為對方著想，是未來在社會上生存的重要特質。孩子的人格養成，並非只靠讀書就能達成。

在這裡，將介紹兄弟兩人共同使用的兒童房。原本只是單純將兩張床鋪並列，但是隨著年紀增長，讀書的空間變得不可或缺。相對於兄弟希望「改建房子，各自擁有獨立房間」的要求，父母親則是從教育的觀點切入，反對讓孩子自己一人一間。因此，他們選擇將床鋪配置改為垂直交叉，空出來的地方設置系統長書桌。睡覺時為上下之分，讀書時則是左右之分。床鋪周圍的狹窄與挑高之處，正好滿足孩子們爬上爬下的冒險心，激發他們豐富的創造力。

● 兒童房－等角透視圖

NG 讓狹小的房間更加狹窄

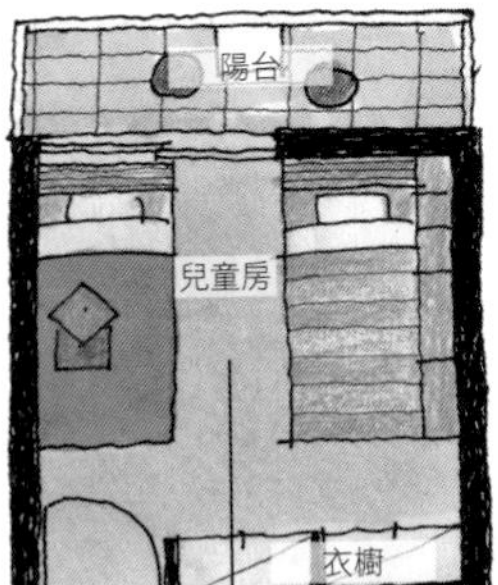


兄弟兩人共有的兒童房。若是在4.5疊大小的小房間中並列兩張床鋪，會使空間變得更加狹窄。

● 兒童房（左：等角透視圖、右：透視圖）

# 比起個人房，更追求能培育協調性的空間

## 以合板簡單製成系統家具！

系統家具的邊長、深度、高度都是1.8公尺。還可依照屋主需求擴充。

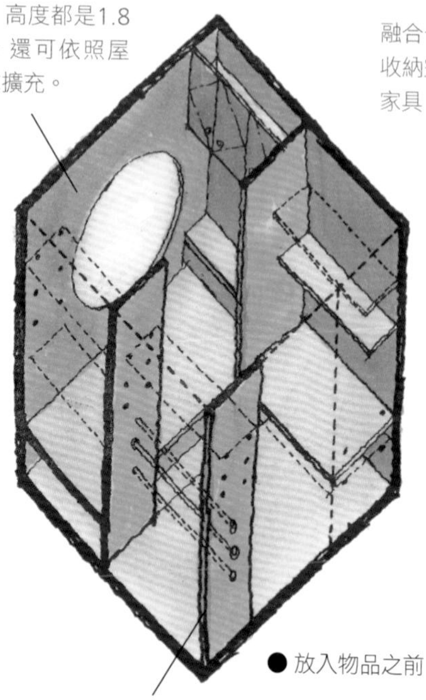

以厚度24公釐的合板排列組合而成，在設計及製作上都相對簡單。

● 放入物品之前

融合一人份的床鋪、書桌、收納空間，一體成型的系統家具。

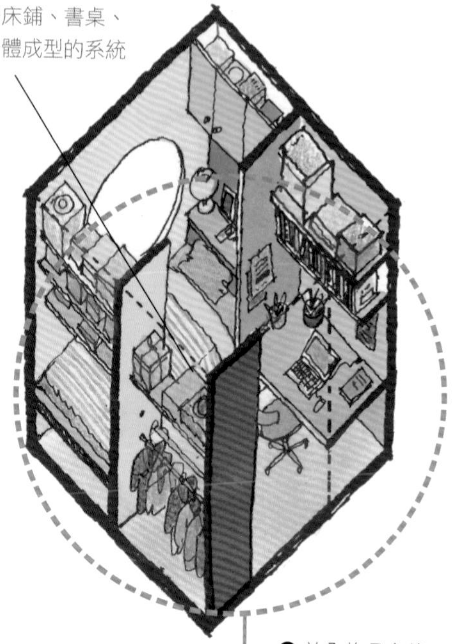

● 放入物品之後

### 空間的變化多端

方向交錯的上下雙層床組，特別推薦給空間狹窄的兒童房。可以將空間縱向一分為二，供兩人分享使用。

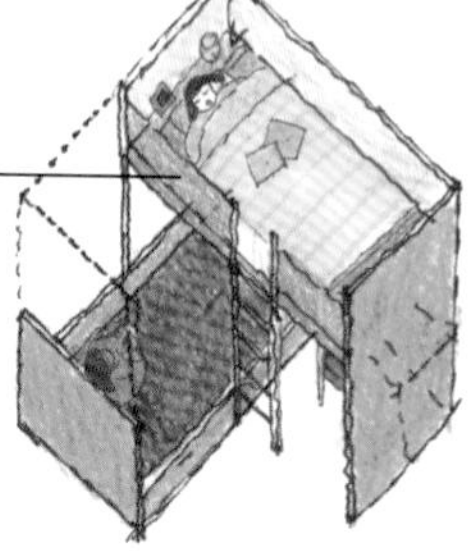

● 兩人用組合家具

POINT

## 孩子們的秘密基地

完全不必在意他人的「個人房」，十分自在舒適。即使是孩子，也會希望能擁有專屬自己的空間。然而，在孩子的成長時期，多是透過與手足或朋友的遊戲之中，學習到進入社會所必須遵守的規範和禮節，因此，即使不給予成長期孩子完全獨立的空間也無妨。

兄弟兩人共享一個房間時，「系統家具」扮演了很重要的角色。依照人數別，將床鋪、書桌、收納空間一體成型組合起來，放置於兒童房內。這樣一來，並非將空間完全區隔開來，但是兩人又各自擁有自己的領域範圍，滿足孩子們心理上的隱私需求。兄弟兩人共處一室，彼此互動接觸頻繁，吵架爭執自然也免不了吧。一體成型打造而成的個人區域，就是吵架時可供各自棲身的場所。

材質選用厚度24~30公釐的椴木合板（尺寸為0.9×1.8公尺）組合製成，大多以螺絲或五金材料接合起來，因此，日後配合孩子的成長做拆解或再利用，也相當容易。設計與製作的訣竅在於，不要將合板太過細分化來思考，執行起來會簡單許多。

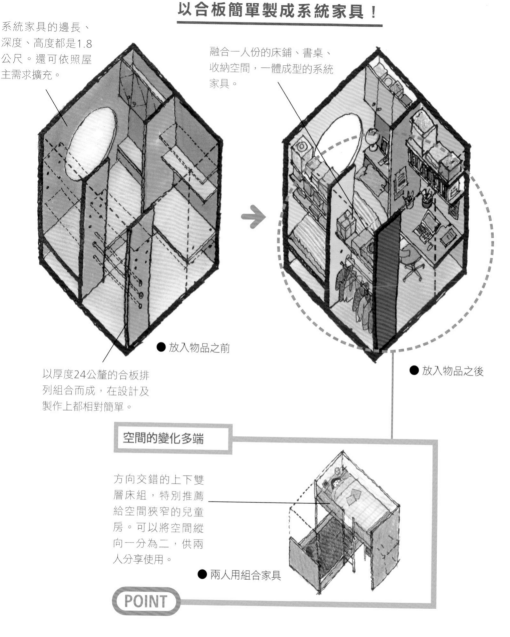

## 兄弟共用的兒童房，放置一體成型的系統家具

各為獨立空間的兩個兒童房

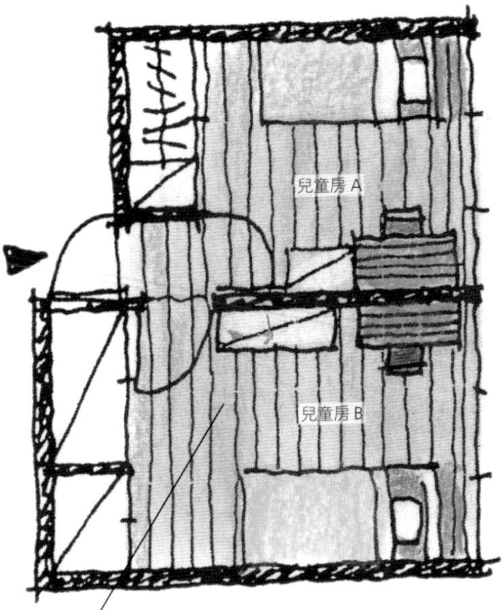
兒童房 A
兒童房 B

典型的一人一室兒童房，屬於尊重個人隱私與自由的獨立房型。

兩人共有的寬敞兒童房

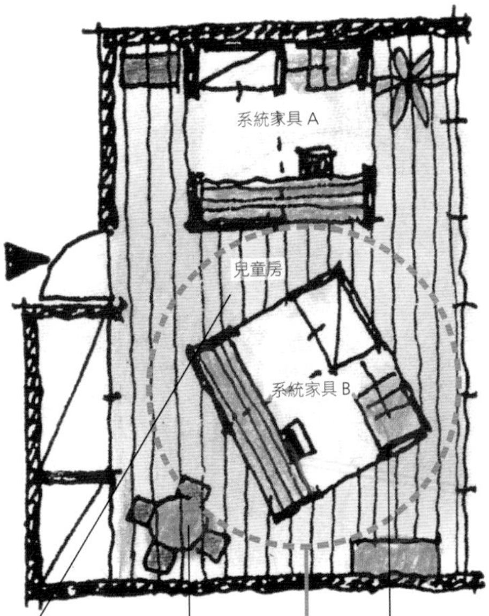
系統家具 A
兒童房
系統家具 B

拆除中間的牆壁，在一大房中配置兩個一體成型系統家具，劃分出哥哥與弟弟各自專屬的領域。

兩人可以坐下來喝茶聊天的下午茶桌。

家具並沒有固定在地板上，隨時可以自由改變房間內的配置方式。

### 以一體成型的系統家具確保個人空間

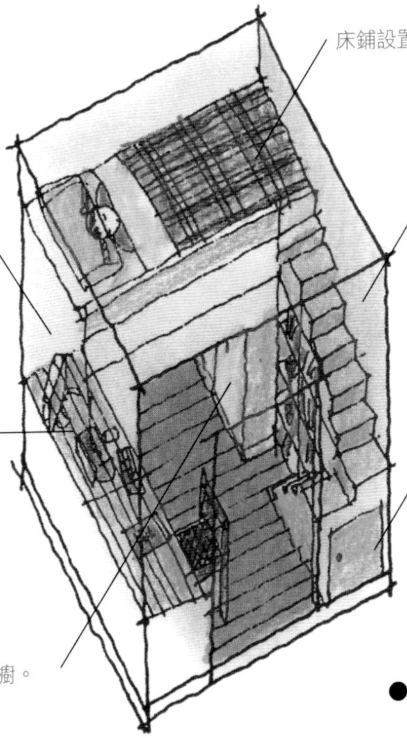

床鋪設置在上方。

以91×182公分的合板組合製成。可先以瓦愣紙來製作模型，與孩子共同討論喜歡的構造型式。

一人用的系統家具。在兩層構造中，將床鋪、書桌、收納空間一體成型融合起來。樓梯可以作為書架或儲物之用。

書桌也是以合板製成。

樓梯下方為小型收納空間。

床鋪下方為衣櫥。

● 一體成型系統家具一等角透視圖

POINT

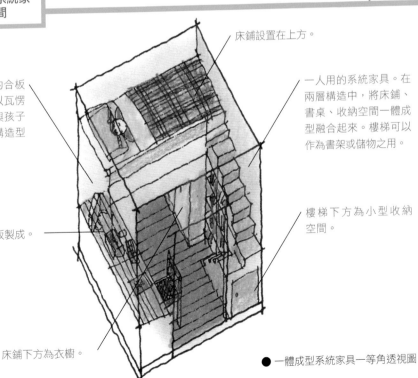

## 感情好的三兄弟房，以一個大型系統家具來囊括

因為兄弟三人同性別，安排他們共同生活於一大房中。目的在於培養他們的合群觀念與手足之情。

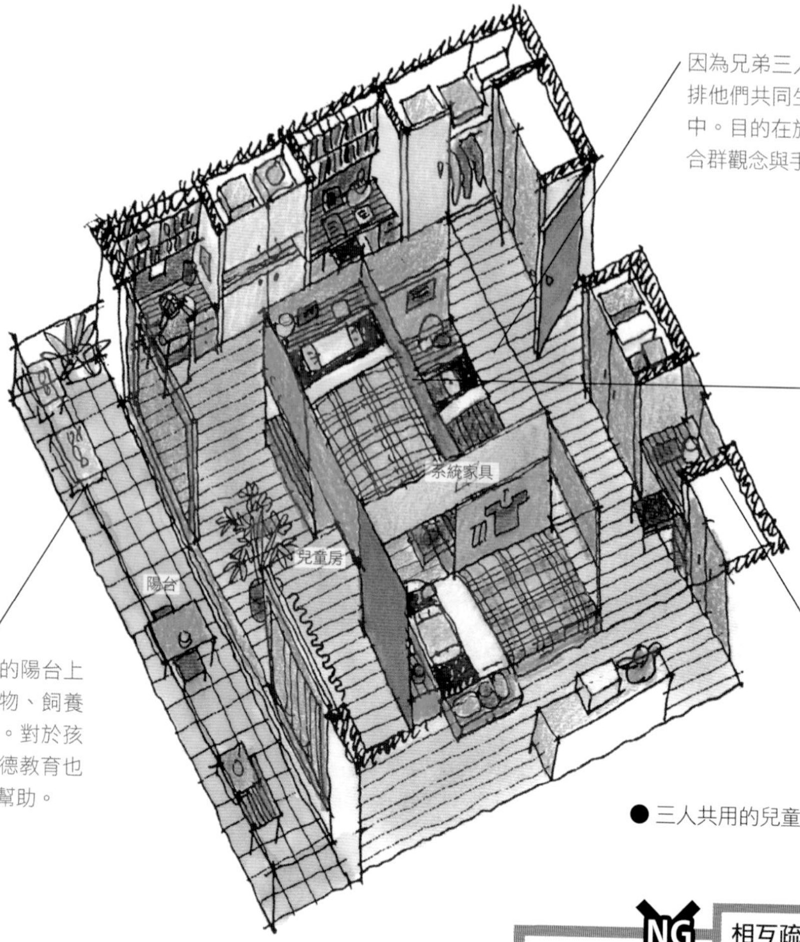
系統家具
兒童房
陽台

放置於兒童房中心的系統家具（邊長3公尺×深度和高度2.1公尺），容納三張床鋪與收納空間。立體的床鋪可以激發孩子們的冒險精神與遊戲創意。

在寬敞的陽台上種植植物、飼養小動物。對於孩子的品德教育也有正面幫助。

書桌與衣櫥等集中於牆壁邊，也兼作為承重牆。

● 三人共用的兒童房一等角透視圖

三人各自擁有自己的書桌與衣櫥。

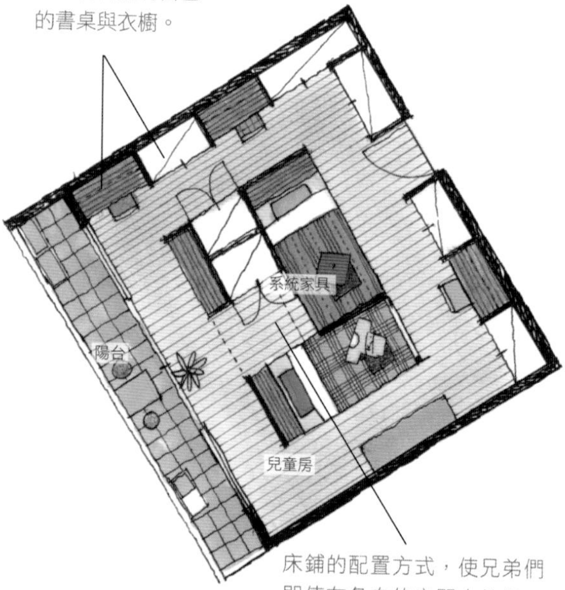
系統家具
陽台
兒童房

床鋪的配置方式，使兄弟們即使在各自的空間中放鬆，也很容易彼此溝通交流。

● 平面圖

### NG 相互疏遠的並列型兒童房

三個獨立房間並列的配置。房間之間以牆壁區隔開來，即使是感情再好的兄弟，彼此的溝通交流也會日漸稀薄。

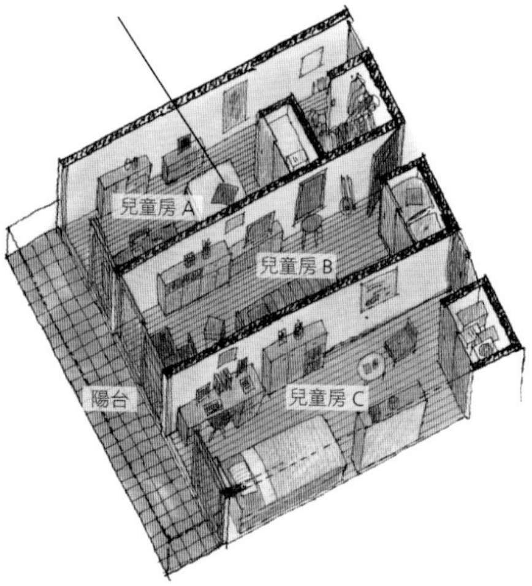
兒童房 A
兒童房 B
陽台
兒童房 C

● 三個並列的獨立兒童房一等角透視圖

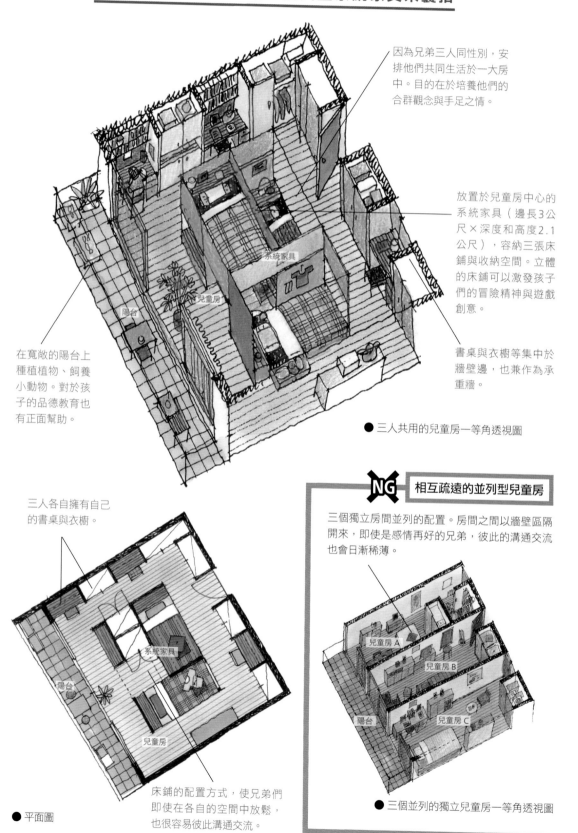

# 兩人用系統家具的製作方式

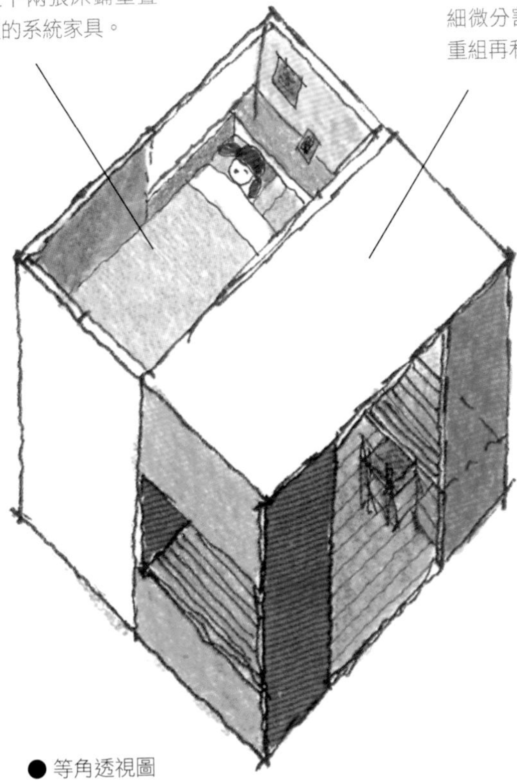
將上下兩張床鋪重疊
配置的系統家具。
一片合板。不要將合板
細微分割，日後較容易
重組再利用。

● 等角透視圖

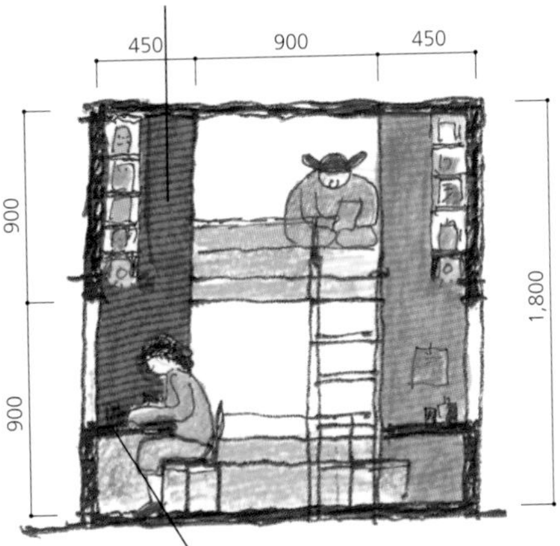
將一片合板適當分割，以達到物
盡其用。塗上自己喜歡的顏色，
為空間增添獨特個性。
450
900
450
900
900
1,800
書桌的配置方式需要多加留
意，以令人能集中精神讀書
為主要功能。

● 斷面圖

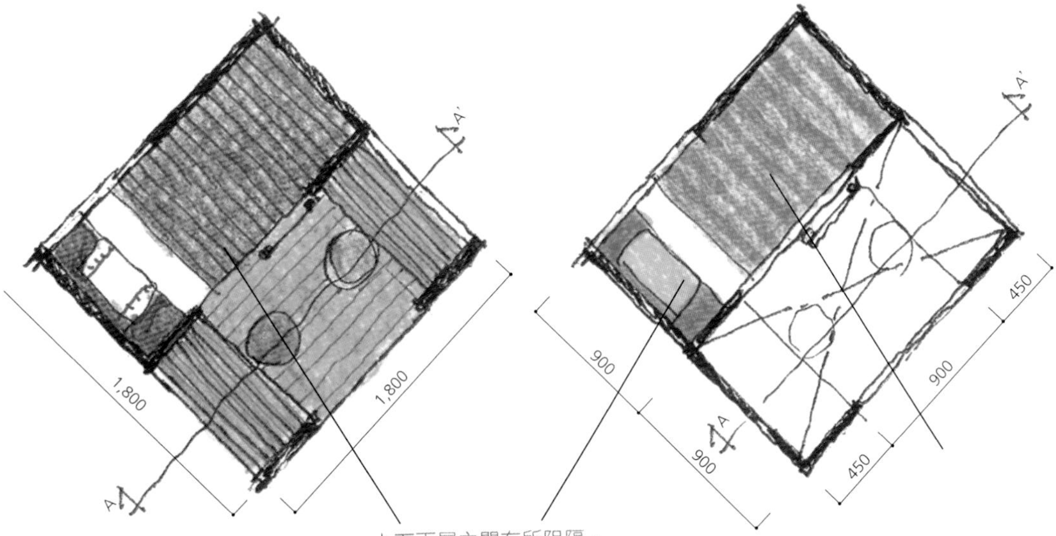
A'
1,800
1,800
A
A'
450
900
450
900
900
A
上下兩層之間有所阻隔，
彼此溝通較難進行。

● 兩人用系統家具—平面圖（左：一樓、右：二樓）

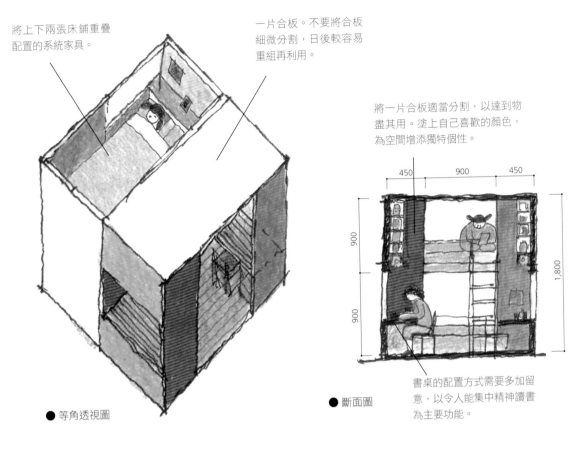

# 兩個並列的兒童房，以中庭連結起來

## 即使房間狹窄，也會因中庭而充滿魅力

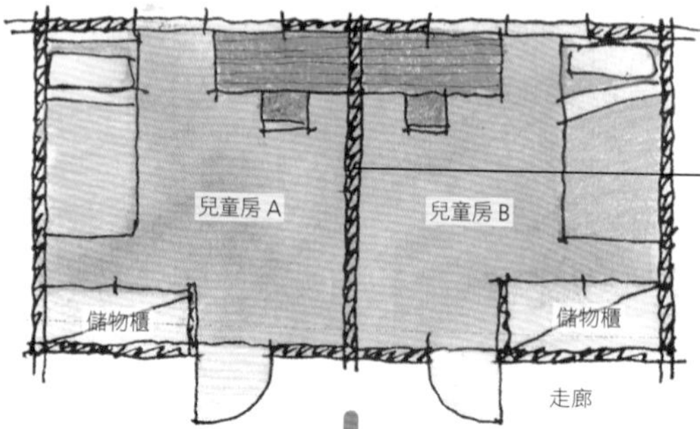


兩個獨立的兒童房中間夾著一道牆。

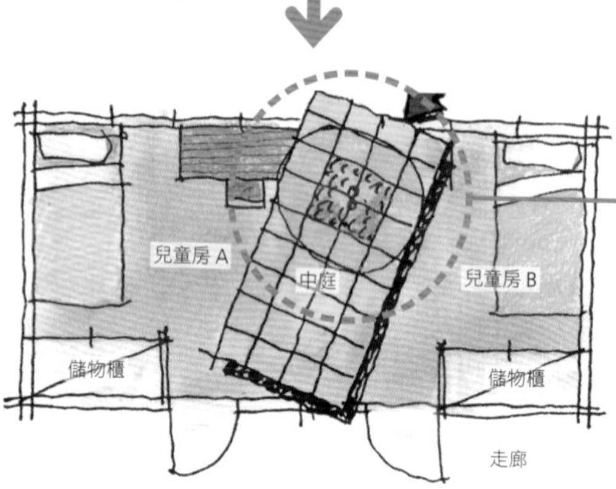


POINT

**以中庭相連結**

不以牆壁將兩個房間完全界分，插入中庭，悠緩地將兩個房間聯結起來，也是一個不錯的方法。

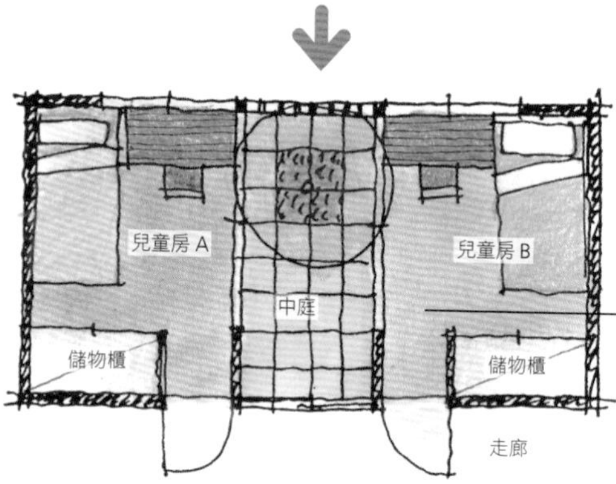


因為擁有中庭，兒童房變得明亮、通風良好。雖然房間的面積減少了，但是因為擁有中庭，視野變得更為遼闊開放。

### 兄弟的遊戲場所，同時也是學習的場域

規劃多個兒童房時，必須留意不要因為格局不同，而讓孩子的生活空間有所落差。以一道牆壁隔間出左右兩個對稱的兒童房，雖然表現出父母對於孩子的平等之愛，然而，這樣的兒童房卻因為被牆壁包圍，容易顯得封閉內向。兄弟明明就在隔壁房間裡，彼此卻不清楚對方在做什麼事情。孩子們看似因此能夠專心於各自的功課上，但是就這樣繼續下去真的好嗎？

在這裡，想對各位提案的是——不以牆面將兄弟房隔開，而是以中庭將空間連結起來的設計手法。透過中庭，另一頭的情況能夠傳達過來。此外，中庭也是專屬於孩子們使用的「共同遊戲場」。種植花草、飼育烏龜或小鳥等動物，學習珍惜大自然中的寶貴生命。所謂學習，並不只侷限在書桌前而已。當然，中庭也為兒童房提供了通風及採光功能。依照不同需求與情況，也能調整改為日光浴室或室內露臺等。

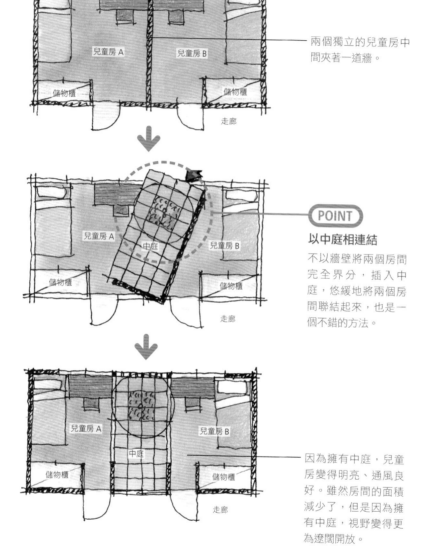

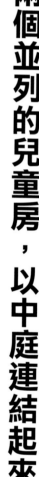

## 以中庭連結起兩個兒童房

在兩個兒童房之間插入共用的中庭，讓孩子們的生活增添更多樂趣。

因為有中庭，採光及通風機能良好，增加房間的舒適性。

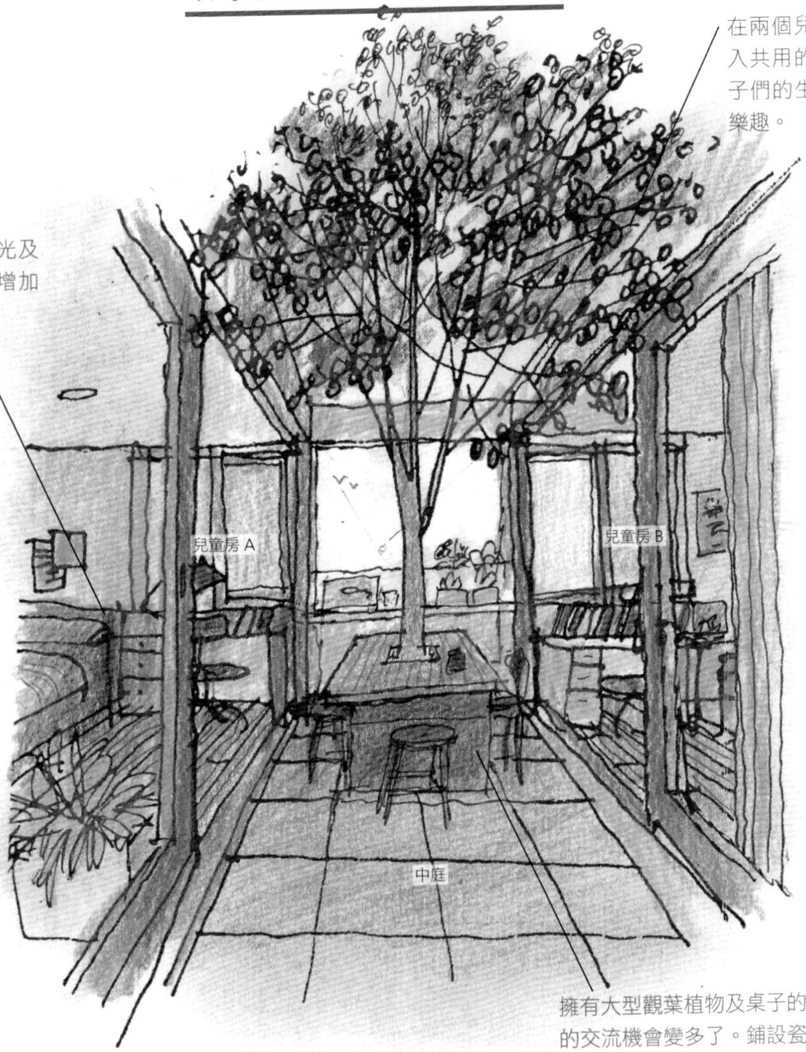


擁有大型觀葉植物及桌子的中庭，讓兄弟倆的交流機會變多了。鋪設瓷磚的中庭，也可作為房間的延伸來使用。

● 連結起兒童房的中庭一等角透視圖

### NG 各自生活的疏離感

大小約6疊左右的兒童房。四周被牆壁包圍起來的閉鎖空間。無法感受到隔壁的生活狀態。

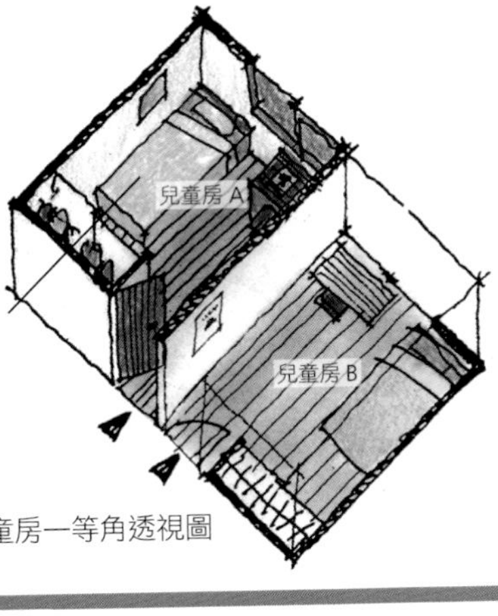


● 兩個獨立兒童房一等角透視圖

雖然是大小約6疊左右的兒童房，但因為有開設一個4疊大的中庭開口，為空間帶來開闊感。

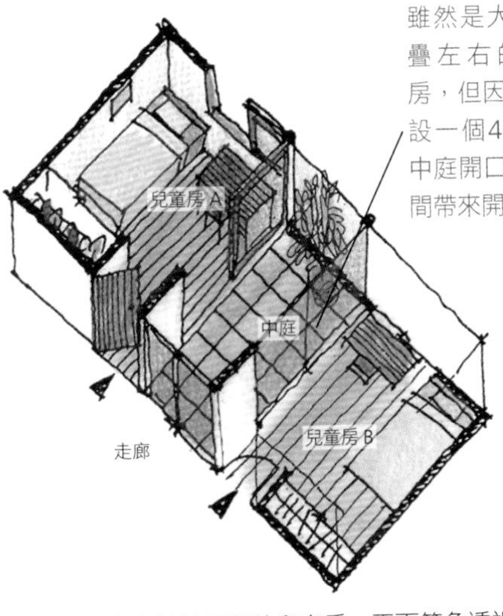


● 以中庭連結而起的兒童房一平面等角透視圖

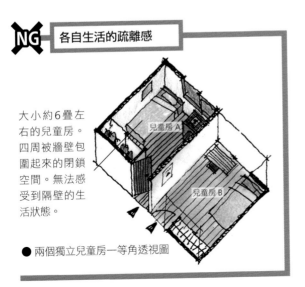

# 比起無匱乏的房間，不如創造自由奔放的空間

## 以木板和木箱來製作家具

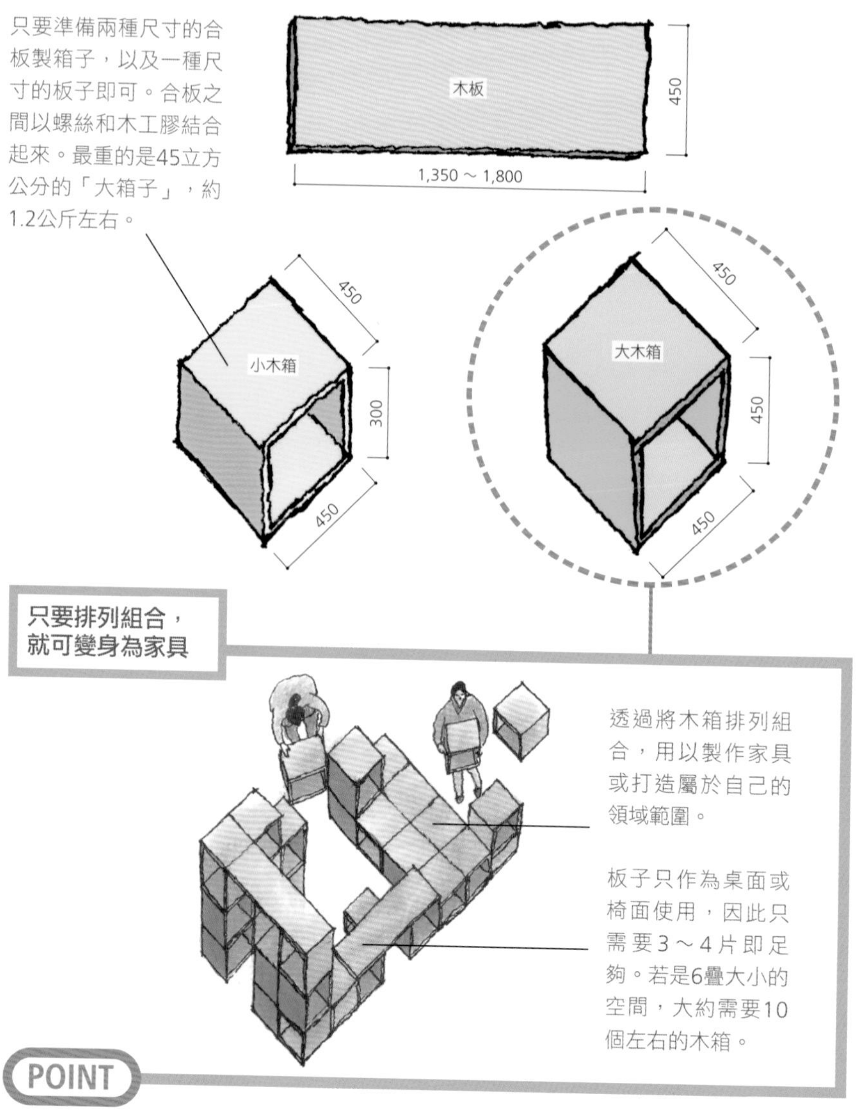
只要準備兩種尺寸的合板製箱子，以及一種尺寸的板子即可。合板之間以螺絲和木工膠結合起來。最重的是45立方公分的「大箱子」，約1.2公斤左右。
木板
450
1,350～1,800
小木箱
450
300
450
大木箱
450
450
450
只要排列組合，就可變身為家具
透過將木箱排列組合，用以製作家具或打造屬於自己的領域範圍。
板子只作為桌面或椅面使用，因此只需要3～4片即足夠。若是6疊大小的空間，大約需要10個左右的木箱。
POINT

### 從「不自由」中誕生的「自由」

提到兒童房，最重要的就是書桌和床鋪。其他還有書架、收納櫃、衣櫥等，其實意外地需要許多家具。即使只是前述幾項最基本的家具，想要好好地統整到一個空間之中，絕對不是件容易的事。尤其是依照房間空間限制，有時還會有擺放不下的情況發生。此外，隨著孩子的成長，想要的家具尺寸大小或數量，也都會發生變化。如果在必要時間點，能夠簡單製作出當時必要的家具，那是多麼美好的事情啊。

其實，只要手邊有板子和箱子，就有可能實現這個夢想。就跟玩具積木一樣，透過積木的排列組合來製作床鋪或書桌，因此對孩子來說也十分簡單不困難。雖然可能會失敗或因意見不合而吵架，不過，在動手做的樂趣之中，也能學會做出符合實際需求的物品，培育孩子的創造性。考量到板子與箱子的強度與重量，建議使用厚度為18～21公釐的合板。

雖然擁有「沒什麼不方便的房間」的孩子也很幸福，但是可以自己動手花心思打造的「自由房間」，對於孩子們來說，會是更具魅力的選擇。

# 配合孩子的成長與房間大小

## 有書桌和書架的小型木箱家具

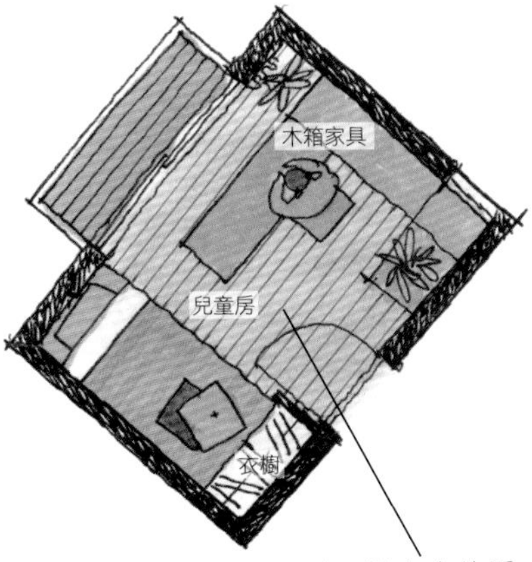


在6疊大小的房間中，以木箱傢俱來規劃布置。床鋪使用一般市售現成家具。

● 兒童房—平面圖

書桌是以45立方公分的木箱與大木板組合而成。

組合木箱與木板，就能成為椅子、收納櫃、書桌及書架。共使用11個大木箱、1個小木箱、1塊大木板。

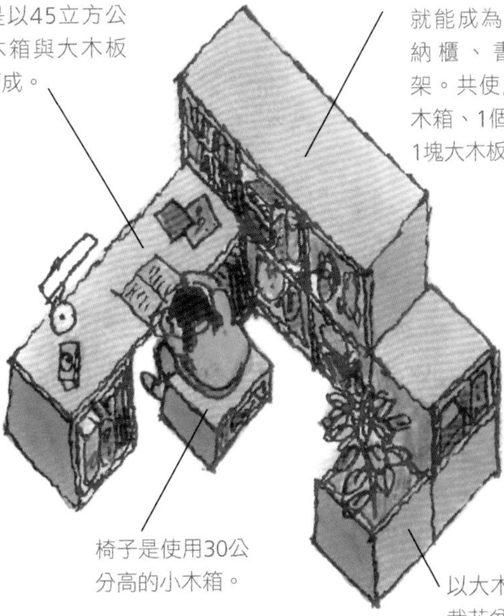

椅子是使用30公分高的小木箱。

以大木箱作為植栽花盆。

● 木箱家具—等角透視圖

## 有床鋪和長凳的大型木箱家具

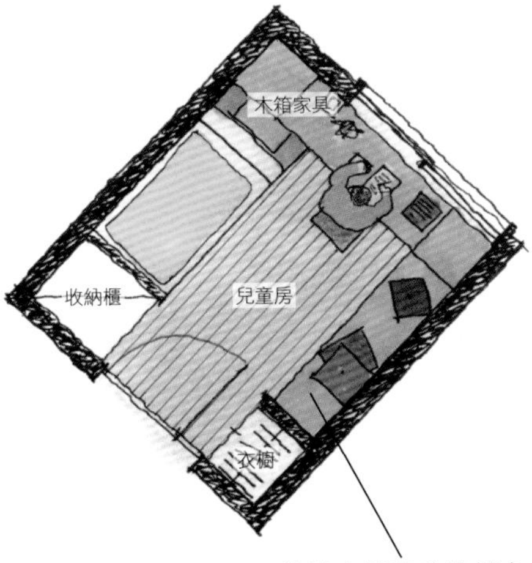


除了衣櫥和收納櫃之外，全部以木箱家具製成。配置在6疊大的兒童房中。

● 兒童房—平面圖

全部由木箱與木板組合而成。家具整體總共使用45公分高的大木箱4個，30公分高的小木箱12個，木板1片。

木箱最高只疊三層，盡量避免疊得太高。

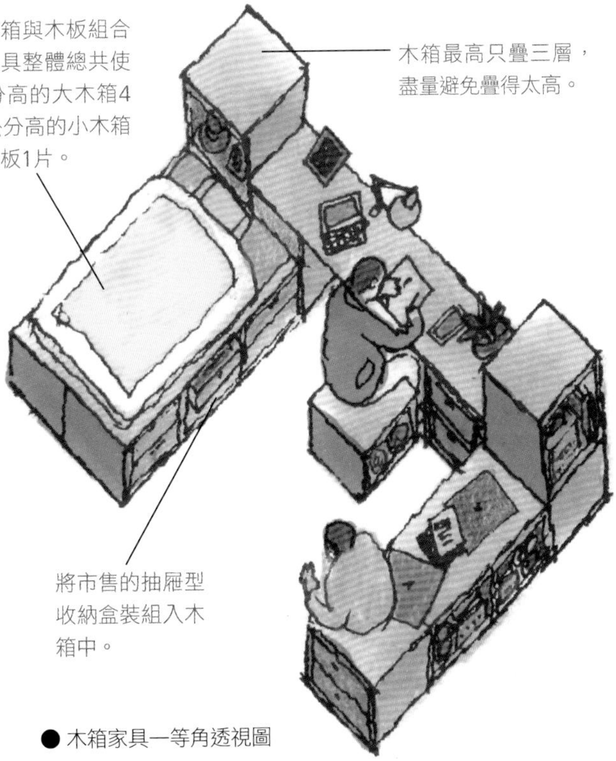

將市售的抽屜型收納盒裝組入木箱中。

● 木箱家具—等角透視圖

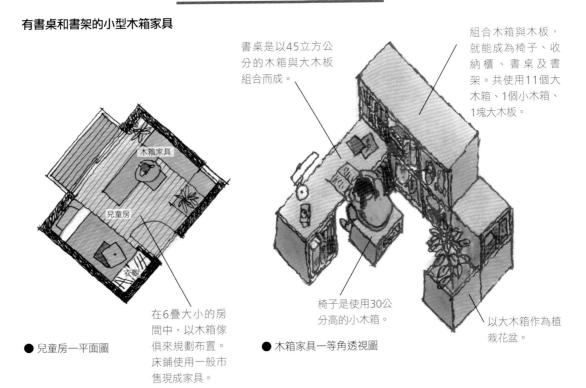

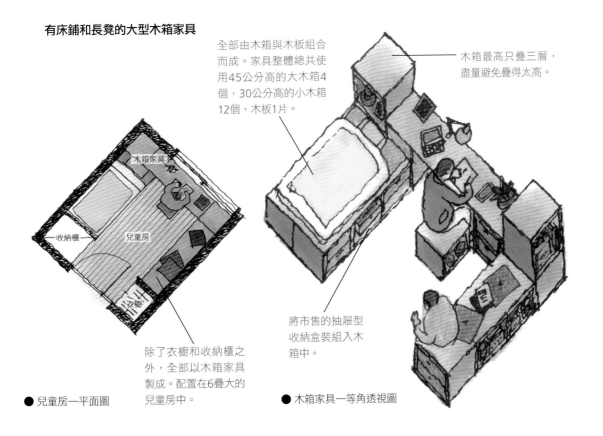

# 浴室空間，更要積極向外取景

NG 閉鎖的浴室與被遺忘的庭院

因過度重視隱私而顯得封閉的浴室，成為陰暗又潮濕的空間。為了通風而開設的小窗戶，也無法讓室內的人享受外在景色。

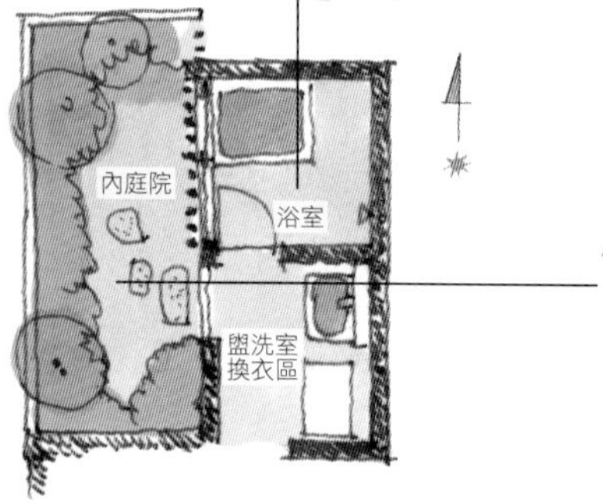


● 衛浴空間與內庭院一平面圖

設置於衛浴空間一旁的內庭院，由於位於北側，幾乎難以活用，也不美觀。

## 想要舒暢地度過洗澡時光

喜歡洗澡的人很多。透過入浴，不只是洗乾淨而已，還能讓身體與心靈一併得到療癒。因此，盡可能想把浴室營造為令人舒適放鬆的空間。

說到浴室的窗戶，一般都是以確保隱私為主，開口大小僅滿足必要最低限度的通風和採光需求。即使浴室面對庭院，通常也會極力避免與外部的接觸。但這樣實在太浪費了，若想將浴室營造為一療癒身心的空間，如何巧妙地向外部空間取景，是一個設計上的訣竅。

如果室外有庭院，那就打造一個能夠由衛浴空間出入的「浴室露臺」吧。自然光由大開口入室，讓浴室變得明亮開朗，開放感油然而生。外頭有植栽或棚架（pergola）※、圍牆等搭配組合，當然不必在意由外部而來的視線。浴室露臺的地板可以鋪設瓷磚或木甲板，再放上椅子或桌子，若是洗澡後來一杯啤酒，真是幸福之至。不一定要到室外，從浴缸中向外眺望美麗的庭院，心靈也一同享受洗滌之樂。

※ 以藤架等作為上方遮蔽的棚架。

## 浴室露臺讓入浴風景舒適再升級

將接壤於浴室旁的庭院改裝為浴室專用露臺。由浴室可直接進入。

將浴室露臺以高聳的圍牆圈起，在連接浴室的一側即可設置大開口，引進天光，整個空間隨之明亮起來。

入浴的同時，享受露臺的綠意盎然。開放感讓身心舒暢。

● 有露臺的浴室一透視圖

浴室露臺的上方則是架起木製棚架。只要掌握格子的高度及角度調整，即可有效遮蔽外來視線。種植有攀緣性的藤蔓或葡萄也很合適，夏天在上方鋪涼蓆遮陽也OK。

### 即使是高圍牆也能營造開放感

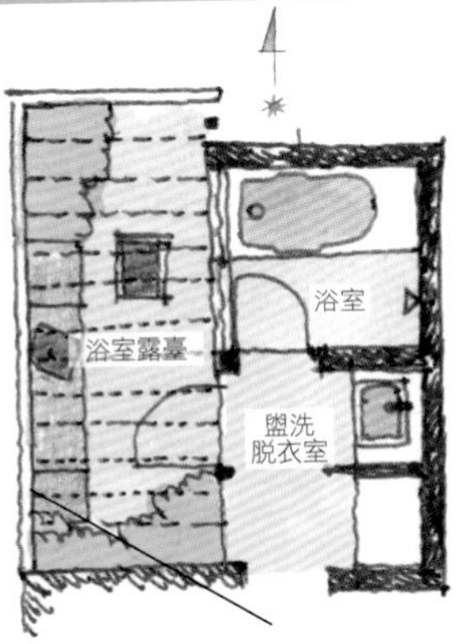


與外部鄰居的界限，立起高聳的木圍牆，以確保居住者的個人隱私。只要在上部設置格子窗，保持良好通風機能。

● 衛浴空間與浴室露臺一平面圖

POINT

附有長凳的浴室露臺。入浴後可在這裡稍作休憩。

● 浴室露臺一透視圖

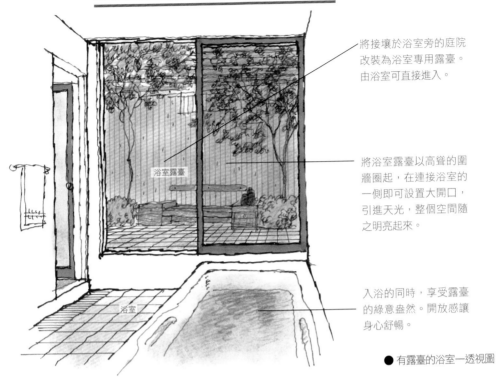

## 擁有露天浴池的庭院，營造非日常空間

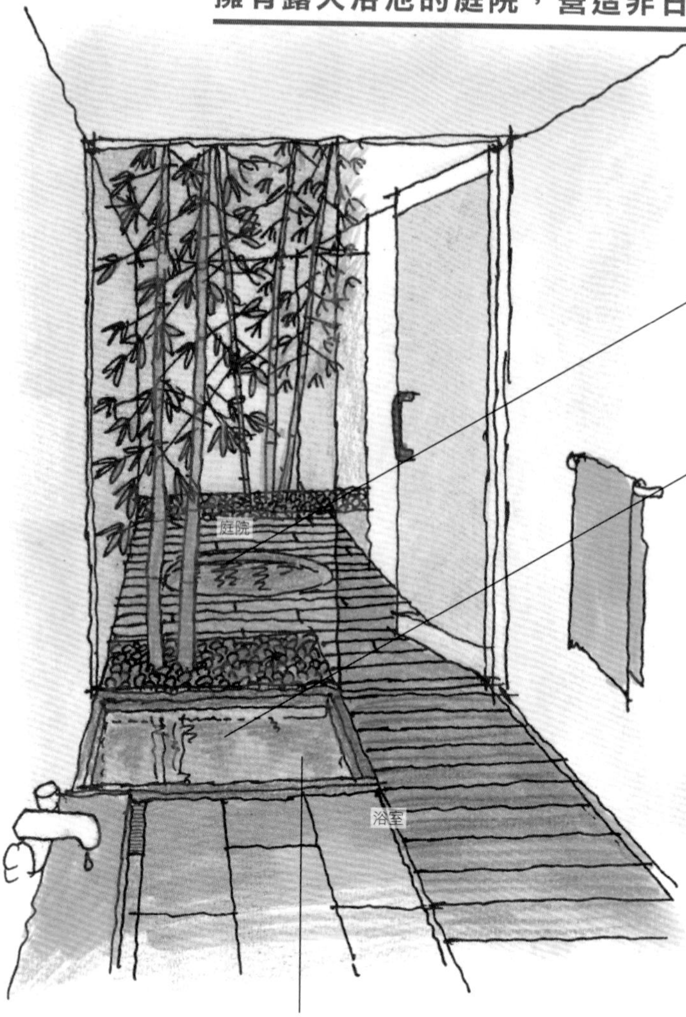


若是在庭院打造一個露天浴池，會是喜歡泡澡者的天堂。如果家中有一個穿泳衣即可泡湯的「開放型浴室」，也蠻有趣的。

雖然必須考量到排水位等因素，但如果將浴池埋在地面，與外部的連結更為強烈，空間開放感更是令人耳目一新。

嵌入式浴池，雖然在入浴時無需複雜動作即可簡單進入，但是難以清潔及維持是其缺點。

● 有露天浴池的浴室—透視圖

● 平面圖

與外部以玻璃壁或玻璃門作為界分素材。搭配上一致的地板素材，浴室空間向外延伸，營造開放感。

### NG 與外部缺乏連結感

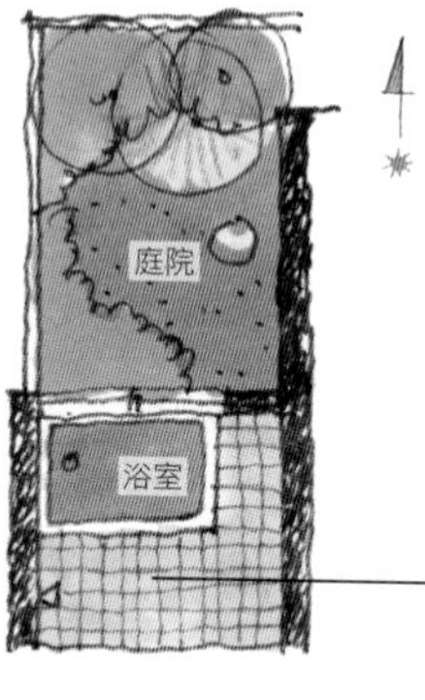


● 與庭院疏遠的浴室—平面圖

即使外面就是大片庭院，但是因為窗戶太小而難以感受到窗外美景，令人遺憾的浴室設計。

# 用牆壁的空隙做為浴室空間的延伸

## 將死角空間轉變為浴室露臺

POINT

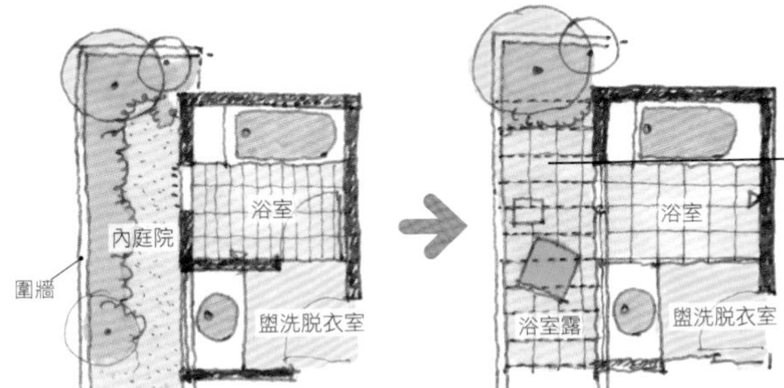
內庭院
圍牆
浴室
盥洗脫衣室
浴室
浴室露
盥洗脫衣室

圍牆與浴室外牆距離1公尺寬。將這個空隙作為浴室露臺，浴室面向露臺開設大片窗戶。

將空隙與浴室連結起來

浴室露臺
浴室
MY CHAIR
盥洗更衣室

上方規劃為玻璃屋頂也不錯。設置室內化的浴室露臺，讓入浴時光更加美好。

美麗的木製圍牆

● 有露臺的浴室一透視圖

在住家與鄰家界限上立起的外圍牆，與浴室之間應該還有一些空間。即使只有一公尺或五十公分寬都沒關係，只要活用這些空隙區域，就能夠讓浴室變得更為明亮開闊。即使住宅建蔽率已滿，也毋需擔心，只是將空隙區域活用為浴室露臺，浴室對外開設一個大開口而已。露臺並不是要「使用」的地方，而是幫助浴室變得更為明亮、寬敞的一種裝置。

NG 內壁陰暗的原因

若是浴室空間狹窄，庭院與盥洗室之間的空間會更為狹隘。如果將壁材替換為玻璃等穿透性高的材質，能讓空間看起來開闊一些。

住家與外圍牆之間的環境惡劣，經常成為無人聞問的死角空間。

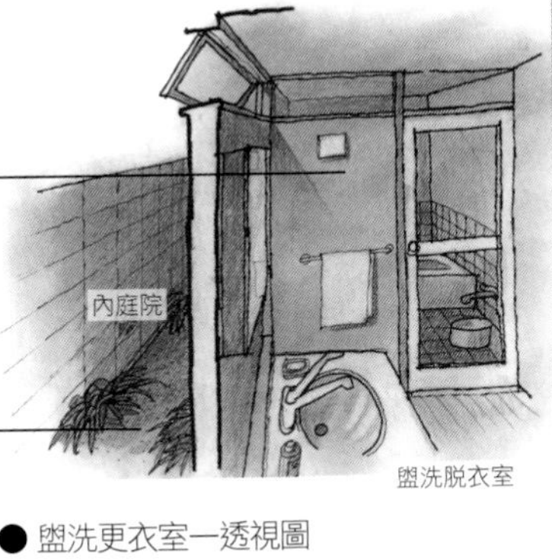
內庭院
盥洗脫衣室

● 盥洗更衣室一透視圖

# 瀰漫檜木香氣的浴室

## 木頭數量不同，浴室的氛圍也隨之變化

### 只有浴槽為木製

以瓷磚或石板內裝的浴室中，設置木製浴槽。木製浴槽對肌膚相當溫和。

### 只有天花板與牆壁為木製

浴槽與下壁、地板使用一體化的整體浴室設計（UNIT BATH），防水功能完美。上壁和天花板則選用自己喜歡的木材。

### 浴槽與內裝皆為木製

地板鋪設上檜木，除了下半部牆壁外，其他內裝與浴槽都以木頭素材裝設而成的浴室。因為若缺少保養就容易有水垢髒污的部分，所以選擇張貼以瓷磚，減少清潔上的擔憂。

## 不辭辛勞，維持浴室清潔

讓人聯想到高級旅館浴池的檜木浴室，令人心生憧憬。以木頭來裝修天花板或牆壁、地板，浴槽也選用木製品，在自宅也能夠重現這樣的舒適浴室。

一般住宅的浴室，大多採用耐久性高的工業製品。不過，如果有定期保養，木材也能夠使用很長的時間。木材的腐壞，會隨著浴室中的「濕氣」而發生；而導致腐壞的根本原因，就在於「髒污」。如果能在入浴之後立即清掃、開窗，讓空間保持乾燥，並徹底執行清潔，就能夠在自宅擁有木造浴室，享受瀰漫木頭薰香的極上入浴時光。

能夠使用於浴室的木材，除了檜木之外，其他還有柏木等，不同樹種的壽命也不盡相同，根據選用木材的程度，必要的清潔維持工作及建造施工的難易度也有所差異。

與肌膚親密接觸的浴室，更適合選用溫和的木頭材質。木材隨著歲月的變化痕跡，也是值得細細玩味之處。打造自宅浴室時，若單只在乎素材的耐久性與方便打掃的特性，實在有點浪費呢！

## 實現夢想！打造我的檜木浴室

天花板、牆壁、地板都鋪設上檜木板。如此美麗的空間不只作為浴室，也可當作休憩空間來使用。

格子窗裝設上乳白色的玻璃，襯托浴室空間的和風風格。下半部採用透明玻璃，作為觀景窗之用，在浴槽泡澡時，即可享受窗外的綠意盎然。

坐在浴槽旁休憩，看看電視節目、或是享受窗外美景……

內裝與浴槽選用木材材質的話，每日的隨手清潔打掃不可或缺。

● 浴室一透視圖

**POINT**

### 木材的溫和觸感

木製浴槽的觸感非常好。除了每日清掃，定期的保養清潔也十分重要，木材保護塗料的更新、替換腐壞木材等，多少需要一筆保養費用。

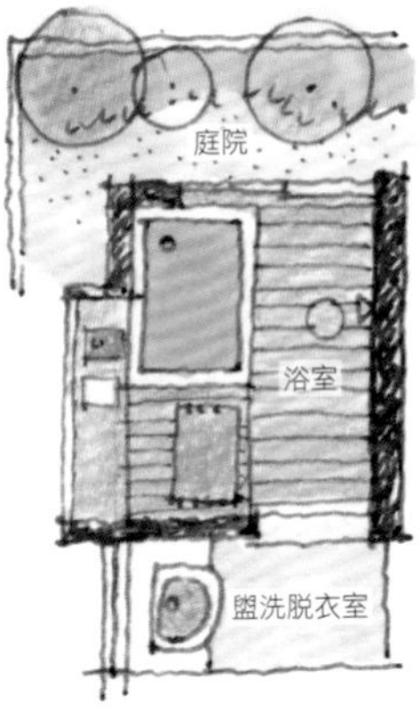


●平面圖

COLUMN 02

# 加深家族情感羈絆的 DIY 別墅

## 讓彼此共有時光與經驗的場所

如果是以自己動手打造住宅為興趣的家庭，山中小屋式的小別墅應該不是難事。即使沒有那樣的能耐，在內裝上DIY已經十分足夠。建築物的主要部分，交由給專業的工班來進行，其他部分就由家人同心協力來完成。能夠符合屋主的決策來進行或調整，也是別墅的優點之一。

在本專欄中介紹的別墅，也是分成三階段分次增建完成。最一開始是由兩個跨度為寬3.6×深3.6公尺的木造結構所組成的兩房建築物。浴室是在戶外的泡澡木桶，廁所則暫時向鄰近住宅借用。數年後，聯絡工班來進行廁所的增建工程。全家人互助合作，一起鋪設木甲板露臺打造半戶外空間，充實能夠享受自然風情的場所。最後，再進一步增建獨立廂房和浴室。內裝以DIY完成，屋外甲板露臺也再行擴建。

## 享受野外樂趣的別墅

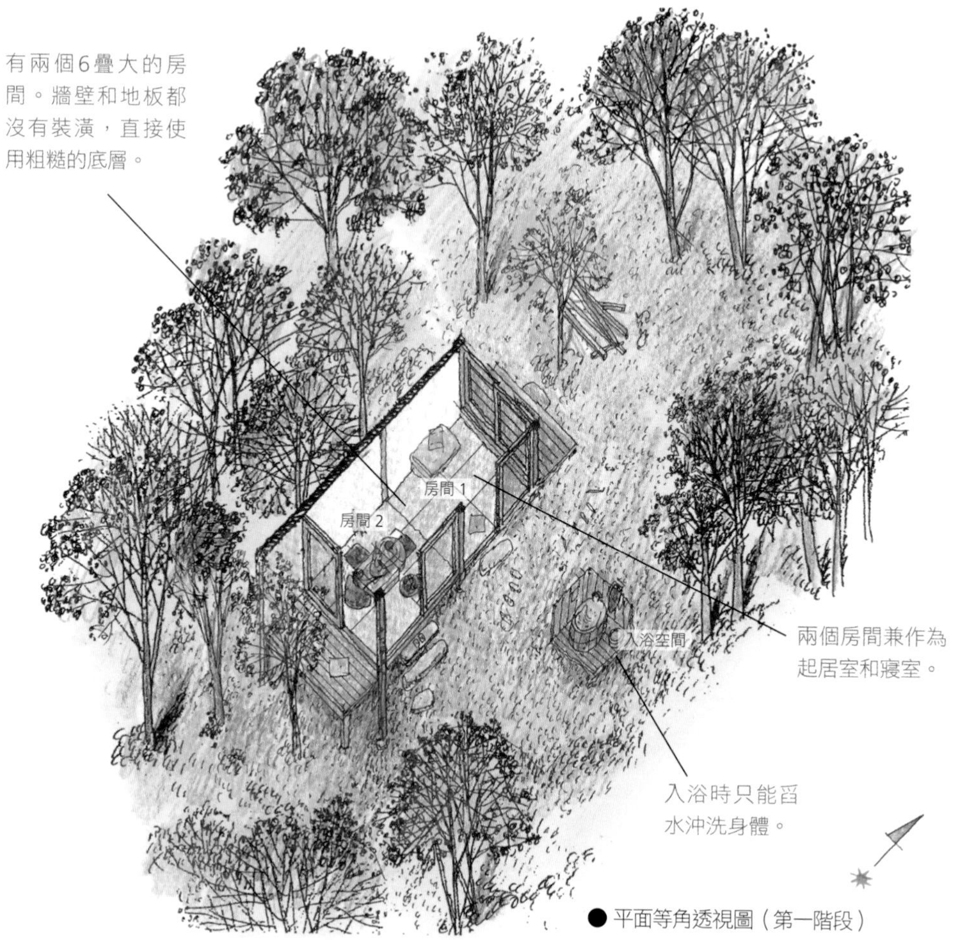
有兩個6疊大的房間。牆壁和地板都沒有裝潢，直接使用粗糙的底層。
房間 1
房間 2
入浴空間
兩個房間兼作為起居室和寢室。
入浴時只能舀水沖洗身體。

● 平面等角透視圖（第一階段）

# 家人合力增建，樂趣多多

## 首先由簡單的增建工程開始

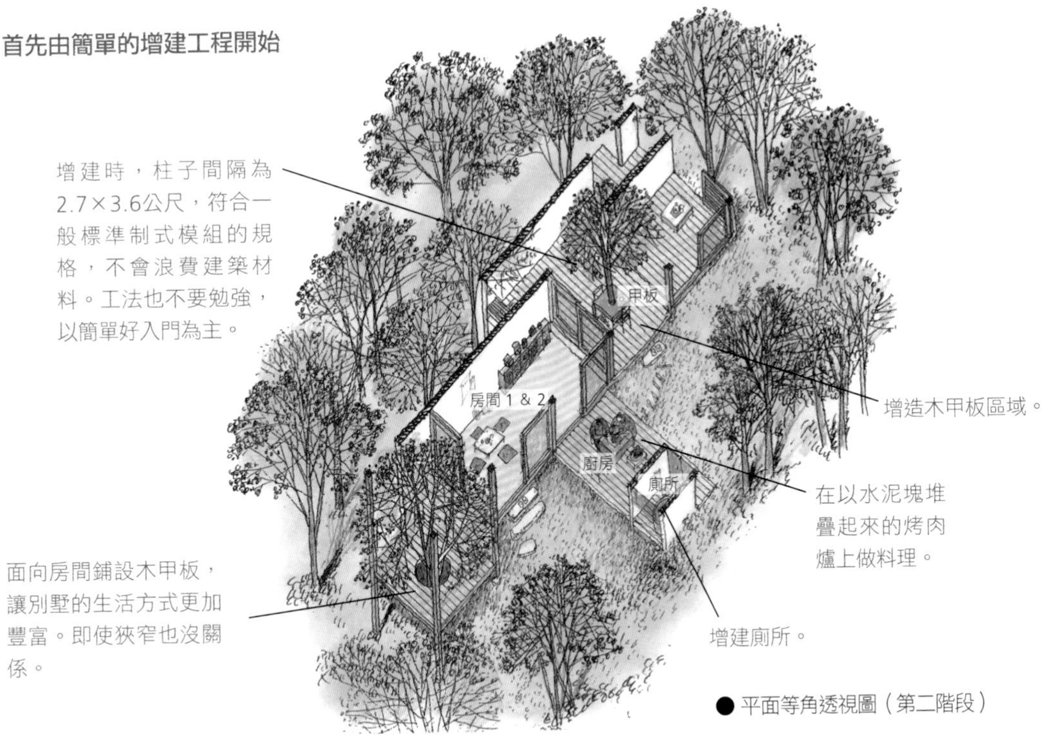
增建時，柱子間隔為2.7×3.6公尺，符合一般標準制式模組的規格，不會浪費建築材料。工法也不要勉強，以簡單好入門為主。
甲板
房間 1 & 2
廚房
廁所
增造木甲板區域。
在以水泥塊堆疊起來的烤肉爐上做料理。
面向房間鋪設木甲板，讓別墅的生活方式更加豐富。即使狹窄也沒關係。
增建廁所。

● 平面等角透視圖（第二階段）

## 花費十年時光，終於建造完成

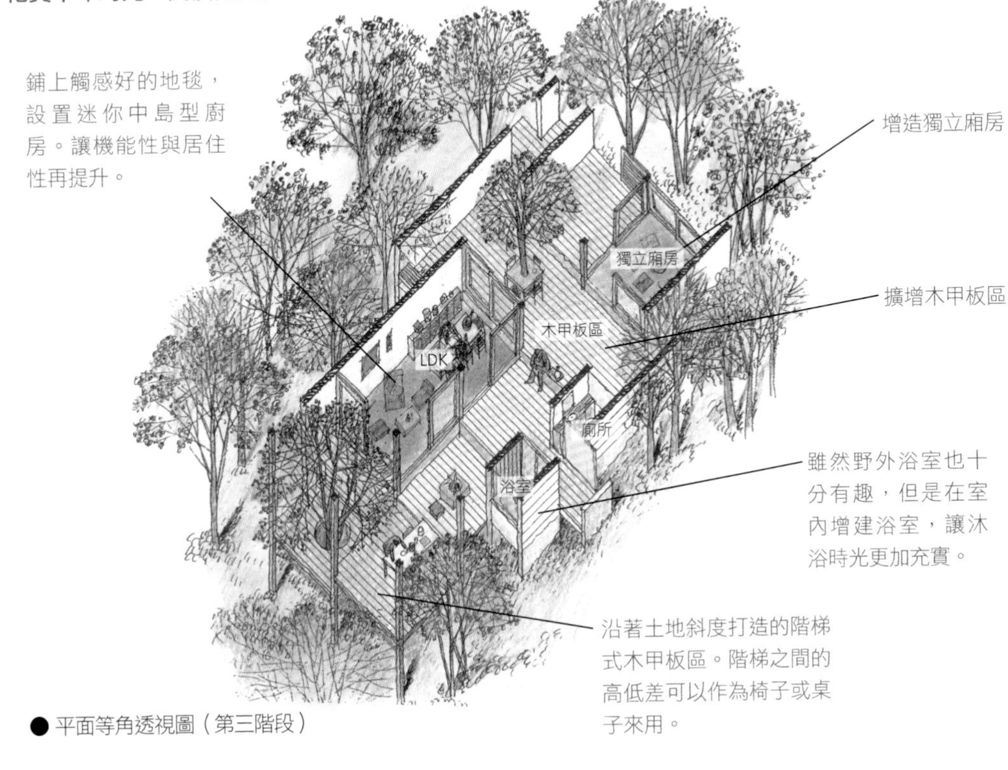
鋪上觸感好的地毯，設置迷你中島型廚房。讓機能性與居住性再提升。
增造獨立廂房。
獨立廂房
擴增木甲板區。
木甲板區
LDK
廁所
浴室
雖然野外浴室也十分有趣，但是在室內增建浴室，讓沐浴時光更加充實。
沿著土地斜度打造的階梯式木甲板區。階梯之間的高低差可以作為椅子或桌子來用。

● 平面等角透視圖（第三階段）

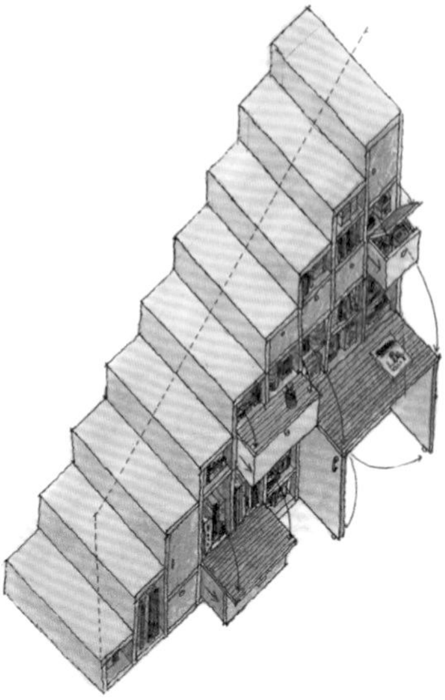

# Chapter 3

# 美好的生活，從好好整理開始

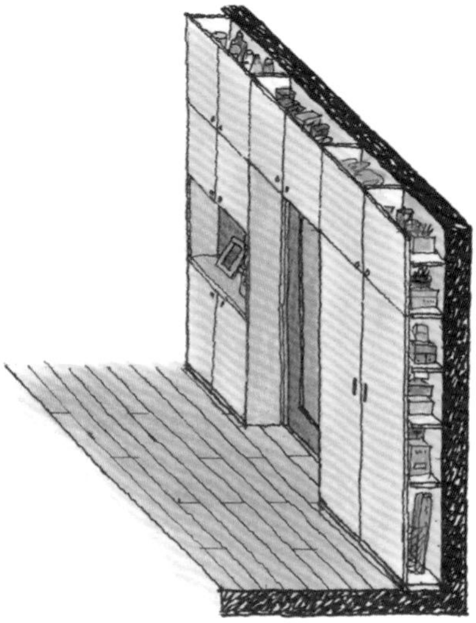

不管是外表多麼美麗的家，
若是房間裡的物品擁擠散亂，將無法實現美好的住居生活。
解決方案有二，一是捨棄物品，另一種是學會收納整理。

雖然筆者也想多聊第一種方案中丟棄物品的箇中訣竅，
但因為本書的主題是住宅設計，因此主要介紹第二種方案。
收納的關鍵技巧就在於——打造使用的場所、
以及理解收納物的尺寸。

讓所謂的收納痕跡，完全消失於視野之中，
或許就是終極「收納完備之家」也說不定哦。

# 收納使玄關保持美觀

## 玄關處不可欠缺收納空間

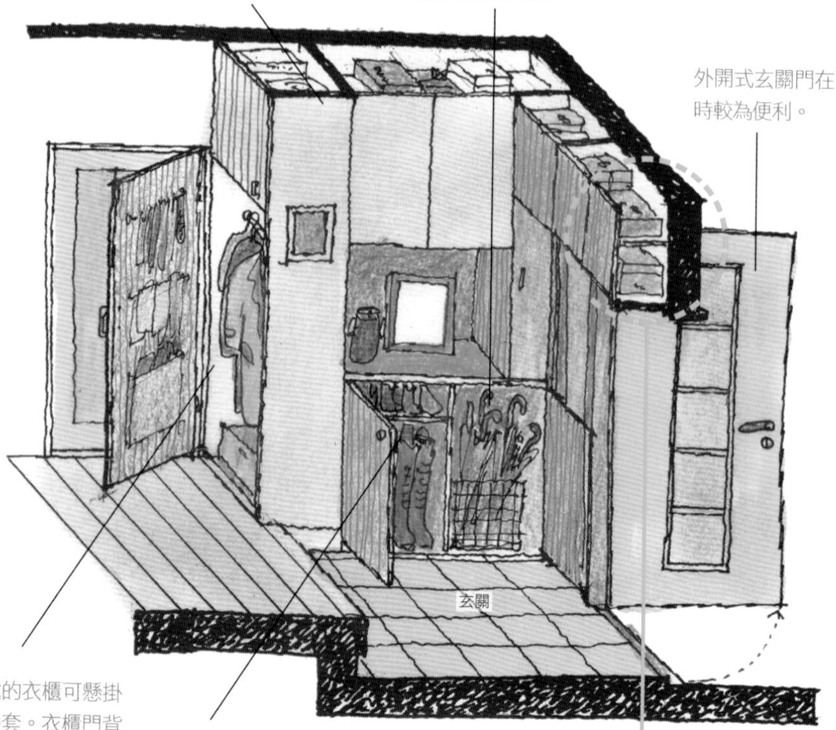
在柱子周圍保留空間
打造收納櫃。
雨傘收納空間可容納家人人數
再多加2把左右。
外開式玄關門在雨天
時較為便利。
玄關
玄關處的衣櫃可懸掛大衣外套。衣櫃門背面可以吊掛方式來收納小物。深度約為50公分以上。此處也可作為高爾夫球具的收納空間。
玄關一定要有空間可收納脫下的鞋子。內部高度要比鞋子高度略高為佳。收納櫃的上方兼作為出入的扶手以及裝飾空間之用。

● 玄關一透視圖

### 玄關上方也有收納櫃

對於狹窄玄關來說，門上方的牆壁就是令人感激的收納空間，可以設置收納櫃以提升收納力。來訪客人不會直接看到，也不會因而感到狹窄侷促。上方收納櫃最適合收納換季的鞋子。

POINT

## 常保乾淨整齊的玄關

決定住宅第一印象的就是玄關。

想要展現美觀的玄關，比起開闊空間或是豪華裝潢，收納力往往才是最重要的關鍵。沒有比物品堆積如山的玄關還要更令人看不下去的事情了，為了讓玄關常保整潔，必須打造適當的收納空間。

收納於玄關的物品，大多是鞋子、雨傘、高爾夫球具等，也希望能有一個來客用的小衣櫃。掌握物品的數量，除了零碎小物之外，建議打造依物品尺寸規劃的專用收納櫃。如果收納空間不配合物品尺寸，放入或取出時不順手，使用上會相當不便。

雖然狹窄玄關的收納空間十分有限，不過，玄關門上方是一個經常被忽略的盲點。此外，將玄關收納一直擴張到走廊區域也是一個秘訣※。將走廊的一面牆壁打造為收納空間，應該能夠收納入可觀數量的物品。收納空間內部並不必太過深長，即使收納鞋盒可能需要30公分以上的空間，但只要改變盒子的方向，15公分左右就非常足夠。調整物品的收納方向，空間的收納力也大不相同。

※若要打造壁面收納空間，原本的走廊寬度需要1公尺以上。

## 寬敞走廊上的淺收納櫃

POINT

若走廊的可用寬度為1公尺以上，也可打造壁面收納空間。如果有扶手設計，其下方就可以作為收納之用。

**將走廊化身為玄關收納**

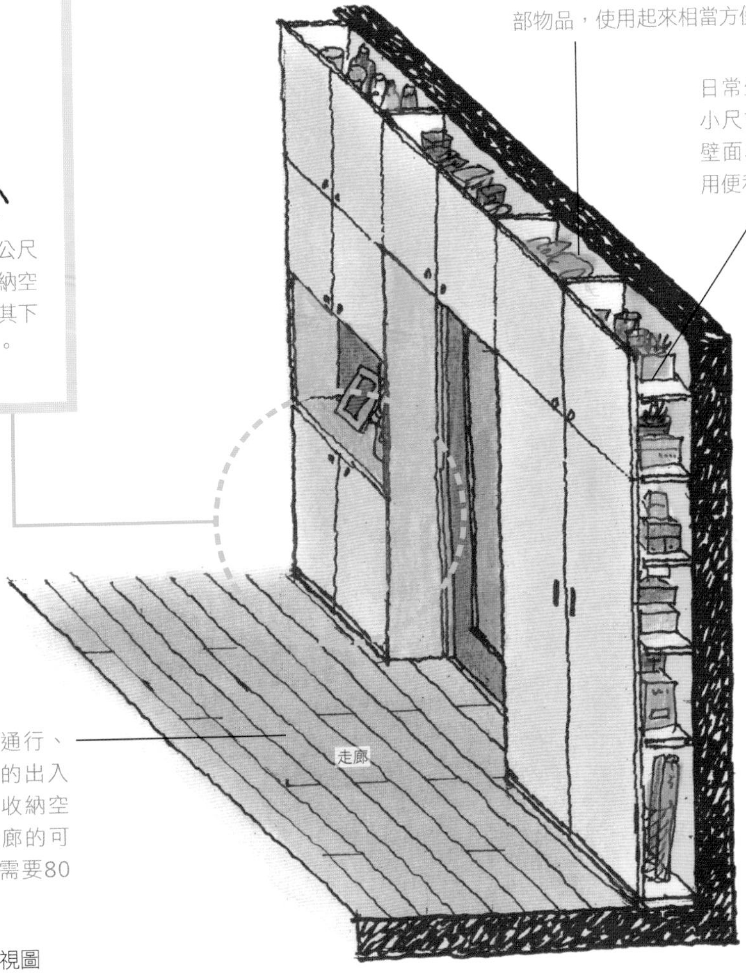
只要有深度15公分，橫放鞋盒即可收納。深度較淺的壁面收納櫃，可以一眼看到內部物品，使用起來相當方便。
日常生活用品大多為小尺寸物品，窄淺的壁面收納櫃意外地實用便利。
為了確保人通行、物品搬動時的出入順暢，扣除收納空間之外，走廊的可用寬度至少需要80公分以上。
走廊

● 走廊─透視圖

## 收納力不足的玄關

NG

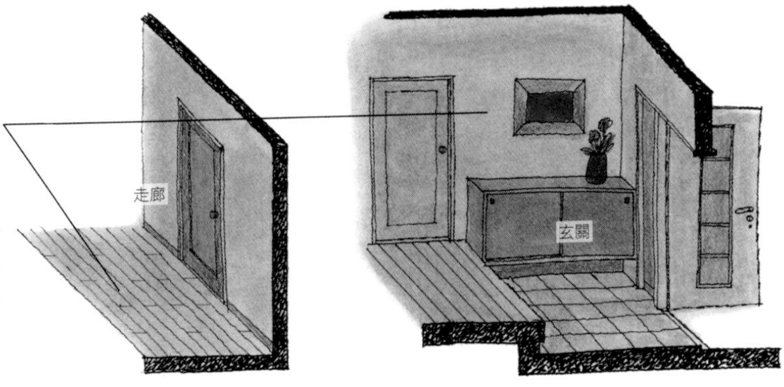
應該收納於玄關的物品有很多，若是收納空間不足，自然就會到處散落亂擺。一旦物品堆積如山，有時還會漫延到走廊區域。
走廊
玄關

● 玄關（右）・走廊（左） 透視圖

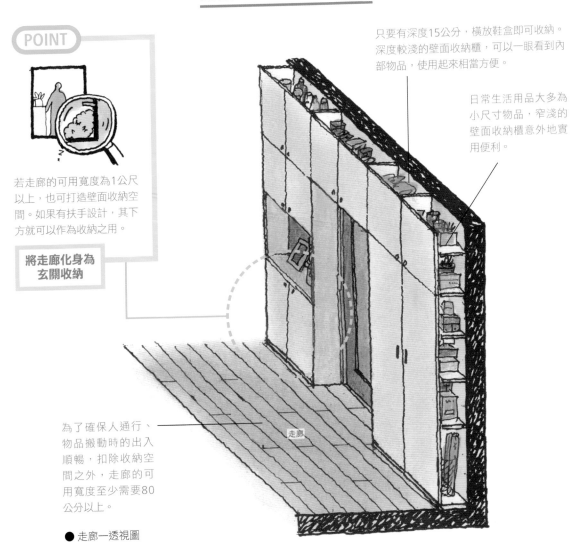

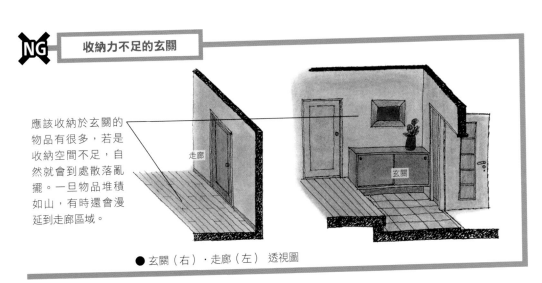

# 位於廁所與盥洗室間的「空隙」

## 廁所的吊掛置物架，收納力卓越

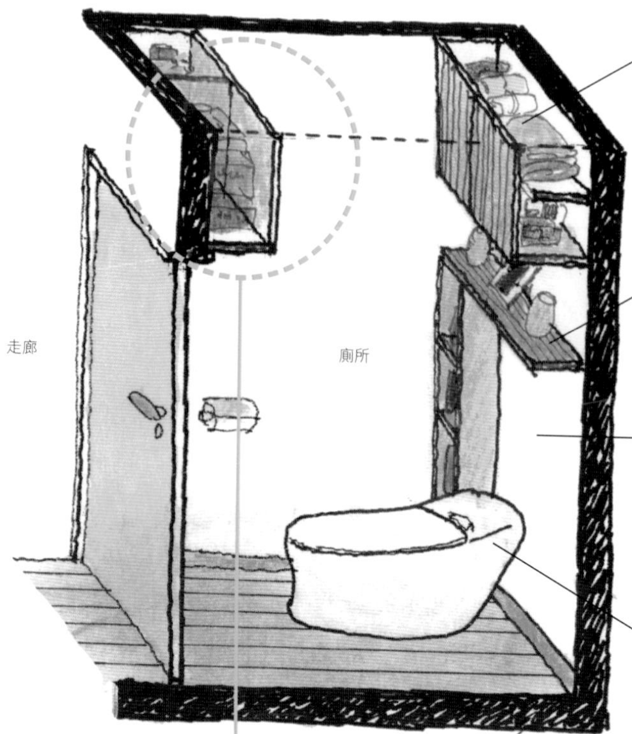
在既有的廁所中裝設吊掛置物櫃時，必須確認內部是否確實有樑柱等結構建材。
希望有廁所必備的裝飾架或書架。
走廊
廁所
要在腳邊設置收納架時，並須預留打掃馬桶時所需的空間。
單體馬桶不只節省空間，也較容易確保收納空間。

● 廁所—透視圖

### 天花板角落還有未用空間

人在廁所中的活動範圍有限，有許多沒有被使用到的空間。馬桶上方或是門上方等，都是容易設置收納空間的場所。

POINT

## 狹窄空間，收納更是不可或缺

在廁所，需要可以收納衛生紙等消耗品及打掃用品的空間，即使狹窄也沒有問題。人在廁所中的活動範圍其實比想像中還小，因此很容易確保收納空間。馬桶上方及門上方就是合適之處，設置吊掛置物架，即可收納紙類等重量輕的小物品。不過，在廁所這種狹窄空間，吊掛置物架的存在還是會令人在意，因此，不需要占太大空間，只要30公分寬即足夠。如果置物架的收納量已足夠，那就毋需再設置吊掛收納櫃，讓空間更為寬敞舒適。

在一般日式住宅，盥洗室經常兼作脫衣區或放置洗衣機的區域，需要收納的物品類型也較為分歧。除了刮鬍刀、梳子和吹風機，還有清潔劑等打掃或洗衣用品等。這些小物一旦散落在各處，就會給人凌亂的印象。活用收納櫃及化妝鏡後方，預留多一些收納空間吧。為避免水或濕氣的影響，素材建議選用耐水性高的合板為佳。

# 耐水性高的盥洗室收納空間

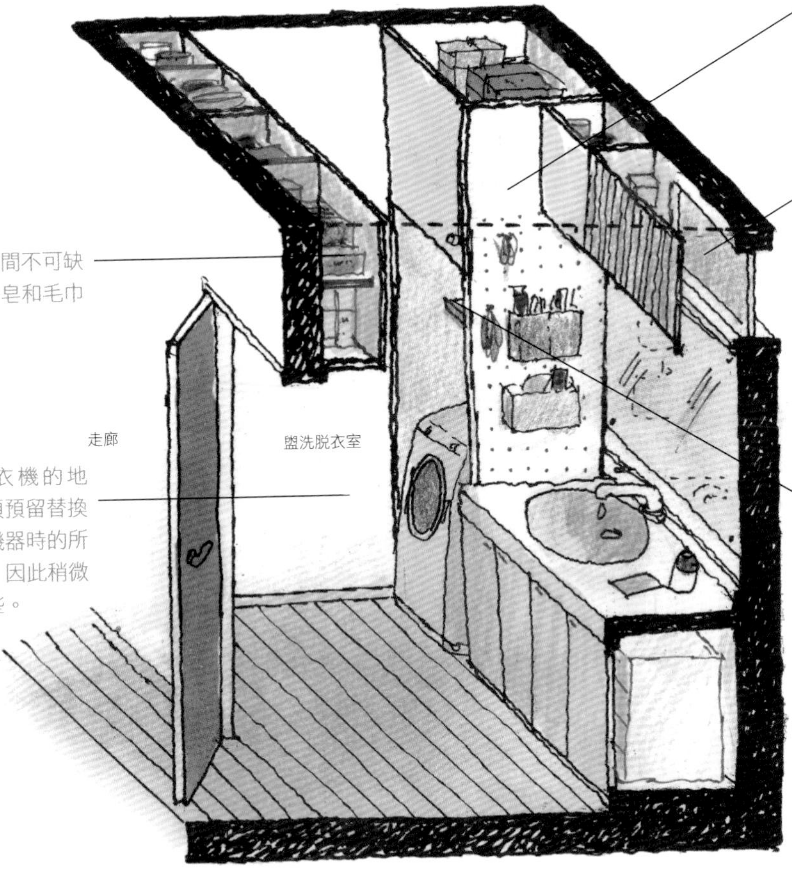
收納櫃的側板為有孔式設計，具備透氣功能。利用小孔，也能吊掛小型置物架以收納小物。
鏡子上方為採光與通風用的小窗戶。為避免前方照明直射入眼睛，設置半透明的PC板作為遮蔽之用。
在盥洗空間不可缺少收納香皂和毛巾的空間。
走廊
盥洗脫衣室
放置洗衣機的地方，必須預留替換或保養機器時的所需空間，因此稍微加寬一些。
盥洗室兼作為脫衣區時，需要放置脫下衣服的空間。在洗衣機上打造置物架，放置洗衣籃。

● 盥洗室—透視圖

## NG 沒有收納空間，難以使用

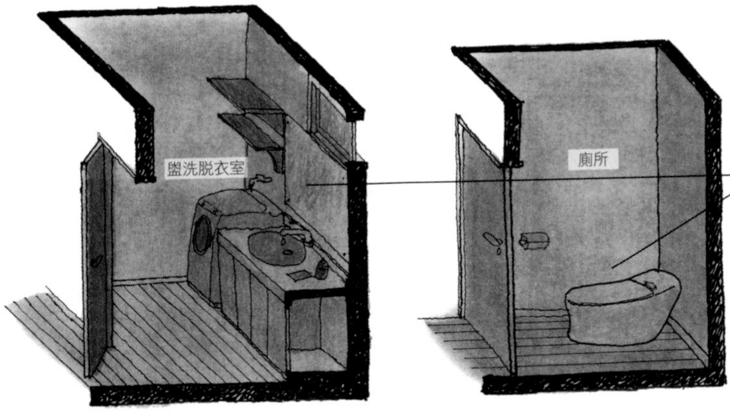
盥洗脫衣室
廁所
在廁所或盥洗室這些衛浴空間，必須有可以收納小物的地方。如果小房間沒有整理好，更會顯得慘不忍睹。

● 廁所（右）・盥洗室（左）—透視圖

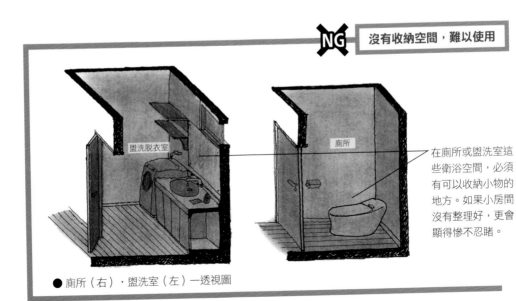

# 超便利的樓梯下方收納

## 樓梯下的收納，以側面來使用

POINT

一般樓梯下的空間大約為2疊左右。因為呈斷面三角形，也有幾乎難以使用的部分，但可作為收納空間來活用。

**樓梯下也可有效活用**

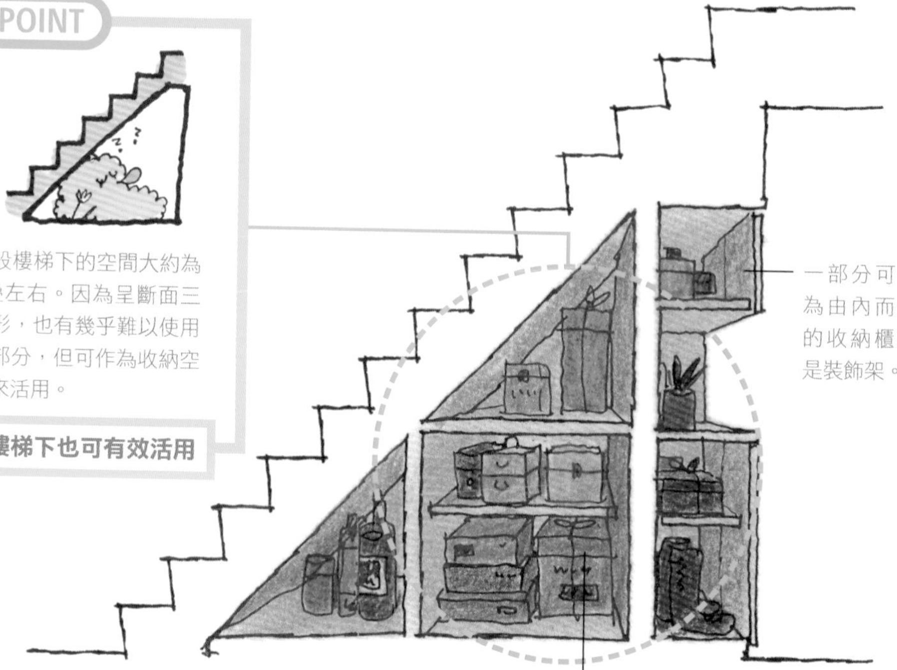
一部分可作為由內而外的收納櫃或是裝飾架。
將樓梯下的收納空間細分割，收納時以物品的側面來進行。深度與樓梯寬相同，大約為80公分左右。

● 樓梯下收納—斷面透視圖

NG **由內側開始使用的收納櫃不好用**

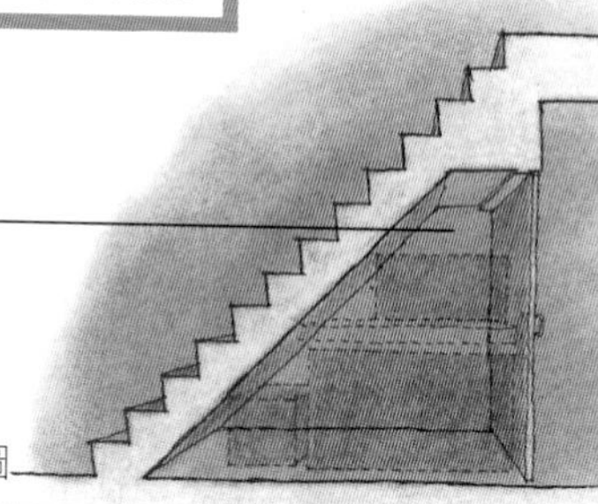
樓梯下內部的收納空間。雖然內部深長，但因為是斷面是為三角形，容易成為難以使用的死角空間。

● 樓梯下收納—斷面透視圖

### 以傳統民家的箱型樓梯為範本

在狹窄的住宅中，連樓梯下的空間也不能浪費。可以作為廁所或是收納空間來加以活用。

若要將樓梯下作為收納空間，可以空間細小分割規劃，並將物品以側面來放入或取出。這一點，是參考日本傳統民家所使用的「箱型樓梯」手法。另一方面，若是由樓梯內部來收納物品，因為深度過長，不管取出或放入物品都很不方便。

### 活用樓梯牆面

說到樓梯，就會想到扶手。其實兼具樓梯扶手功能的牆壁，也能作為收納空間之用。除了樓梯下方，在樓梯旁的牆面上組合進書架、收納櫃或書桌的話，就能將樓梯空間化身為滿溢書香的書房區。尤其對於「希望家裡能有個人專屬區域」的爸爸來說，更是值得開心。

## 書桌也能輕鬆收納

在樓梯下方加入木製棚架或側板，能夠使樓梯構造更加堅固，整體看來也相當協調。

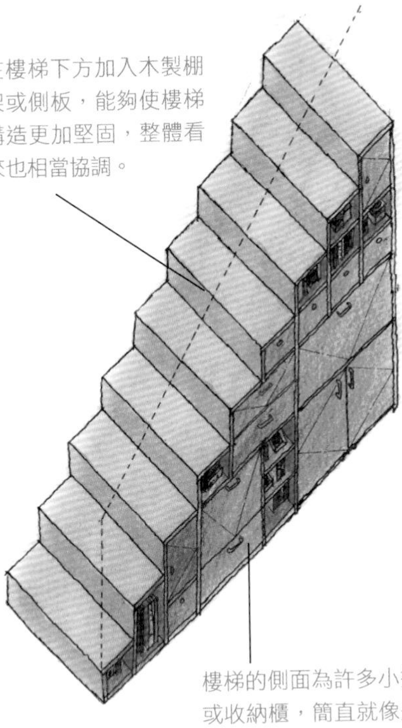

樓梯的側面為許多小抽屜或收納櫃，簡直就像是傳統箱型階梯。

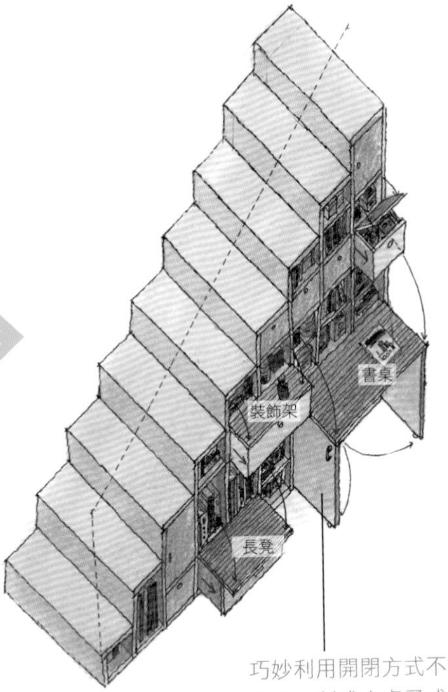


巧妙利用開閉方式不同的各式小門，製成小桌子或收納架、長凳。下方小門向兩側打開就是書桌桌腳，上方櫃門向下掀開即組成桌面。

● 附有書桌的樓梯下收納一等角透視圖

## 樓梯挑高，打造書房區

靠向玄關一側的挑高空間。將樓梯下方與樓梯牆量身打造為收納及書桌等，書房區域完成！

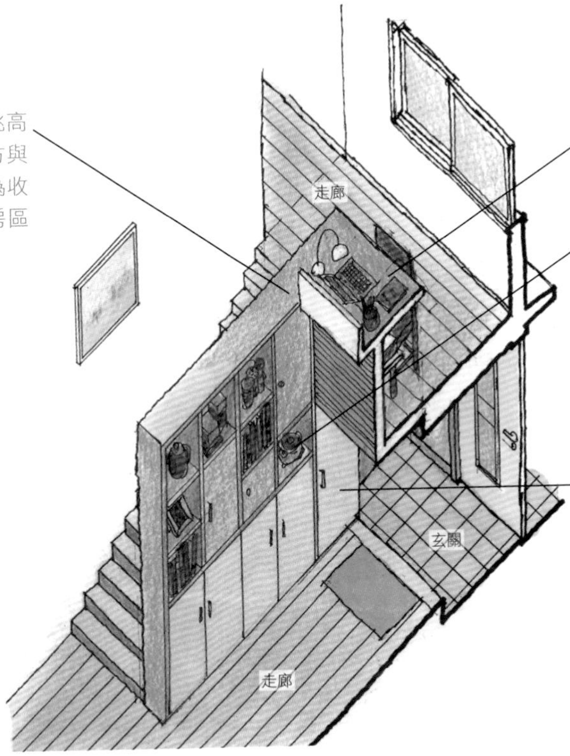


樓梯牆與書桌一體成型，成為使用電腦的場所。

樓梯牆的厚度較薄，製成書架適合收納小開本的書籍。也可作為展示相片或小物的裝飾架。

因為靠近玄關，也可以作為玄關收納。深度淺的櫃子適合用來收納雨傘等。

● 樓梯挑高一等角透視圖

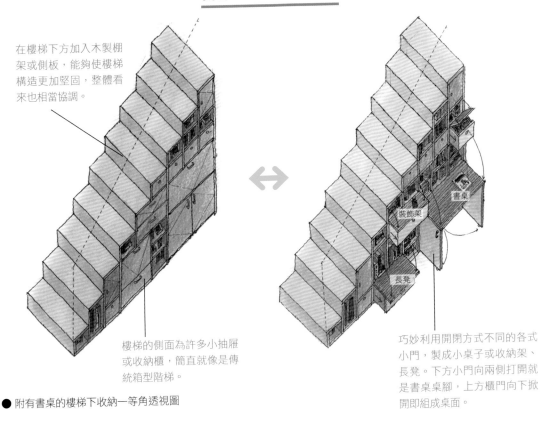

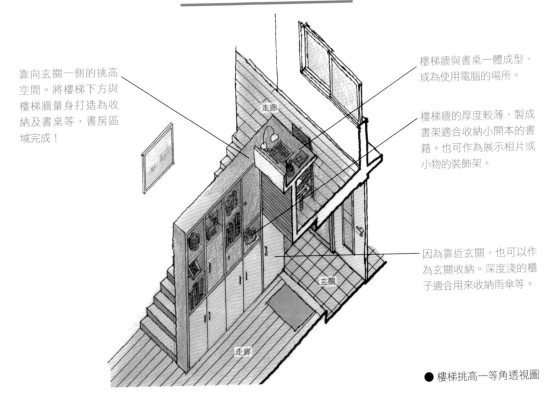

# 「收納力」是美好生活的根本

## 以系統家具營造收納空間

如果有吊掛型系統收納櫃，牆壁也可成為收納空間。橫越整片牆壁的收納櫃，收納力十分卓越。若櫃子上方嵌入間接照明設備，天花板也相當明亮。

一體成型的沙發長凳，下方為抽屜式收納空間。

● 起居室—透視圖

### NG 起居室被各式家具填滿

大約4.5疊（2.7×2.7公尺）的窄小起居室，光是擺放沙發、電視櫃、桌子等就顯得擁擠不堪。想要再擺入收納家具並不容易。

● 起居室—透視圖

## 收納空間位於內側

經常可以在一般樣品成屋或公寓中看到「沒有收納（偶爾有少數）的房間」，這一類的房屋都隱含著販售方的意圖，以空蕩蕩的房間來展現開闊寬敞的印象。然而，使用上卻是相當不便利。

生活是由物品堆積而成的，如果沒有可以擺放物品的地方，那整個房間怎麼也無法收拾整齊。如果房間過於狹窄，難以設置收納空間的話，請記得巧妙使用「懷（內側）」之收納手法。

### 1—以家具內側作為收納

當起居室或餐廳中的必須收納量增加時，可以利用家具內側來收納。例如，打造一體成型的臥榻時，腳邊空間就作為抽屜式收納。系統家具可自由調整尺寸，有效率地利用空間不浪費，即使是狹小住宅也相當推薦使用。

### 2—以地板下方作為收納

如果寢室的收納量較少，也可不用床鋪，改睡榻榻米床，只要地板稍微向上增高，下方即可設置為拉出式收納抽屜。少了大型家具，房間也能更自由寬敞的利用，真是一石二鳥之計。

## 餐廳也能使用系統家具，提升收納力

餐具整理於吊掛式收納櫃中。幫忙擺碗筷時也十分容易取得。

桌子與長凳固定在地面上，地震時也可安心。長凳下方為收納抽屜。若家具兼為收納空間之用，可使房間更加寬敞。

長凳的優點在於變通性高、不受限於固定座位，有客人來訪時相當便利。

● 用餐室一透視圖

### NG 擁擠窄小的用餐空間

在寬1.8×深1.8公尺（約2疊）的狹窄用餐室中，六張椅子侷促地排列在一起。在擁擠的空間中，幾乎沒有收納力。

● 餐廳一透視圖

## 狹窄寢室鋪以榻榻米，下方為收納空間

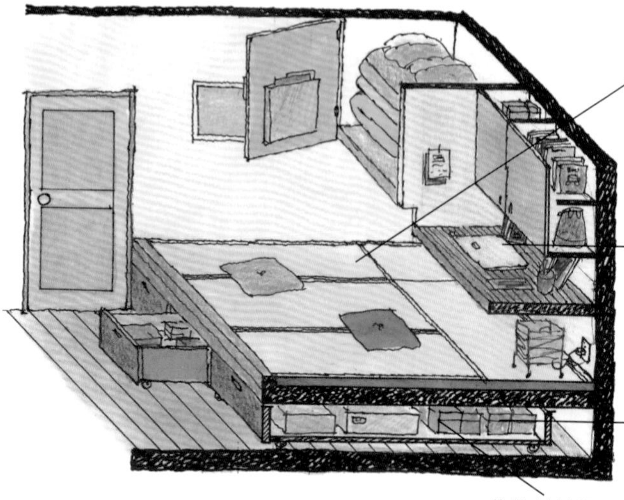
不設置床鋪，將地板稍微墊高，也可同時作為起居室或書房來使用。
在一體成型的書桌上使用電腦或整理文件。
墊高的地板下方為拉出式收納抽屜。不能缺少支撐地板的支架，因此收納量會稍微減少一些。
收納於抽屜最內側的物品，必須將榻榻米掀開才能取出。

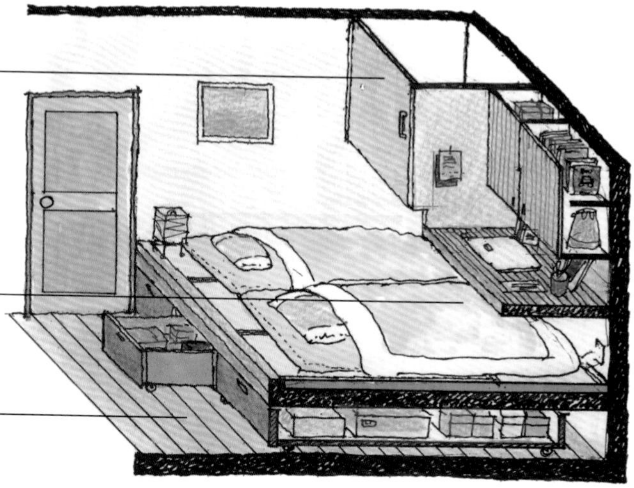
晚上從壁櫥中取出床墊與棉被，睡在榻榻米上。
壁櫥或書桌下方，必須預留可以鋪床睡覺的空間。
這個部分的地板鋪上榻榻米或地毯都可以。

● 寢室一透視圖

### NG 因擺放床鋪而擁擠的寢室

在狹窄的寢室中，擺上兩張單人床鋪就滿了。因為沒有收納空間，所以衣服散亂於房間中。

● 寢室一 透視圖

Chapter 3
房間收納
5

# 刻意可視化的展示收納法

## 如同商店櫥窗般的展示收納法

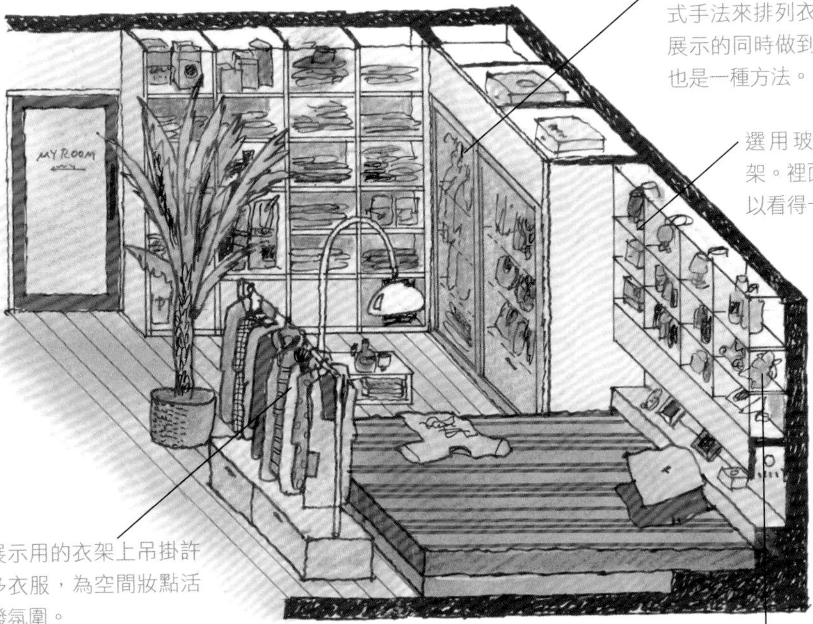


如同店面一般。以開放式手法來排列衣服。在展示的同時做到收納，也是一種方法。

選用玻璃製收納架。裡面的東西可以看得一清二楚。

展示用的衣架上吊掛許多衣服，為空間妝點活潑氛圍。

透過將物品「可視化」，找東西的時間可大幅縮短。

● 西式房間一透視圖

NG 難度較高的和室生活

對於物品繁多的現代人而言，和室生活較為困難。壁櫥主要為床墊及棉被的收納空間，若是要收納其他物品，比較沒有效率且不方便。

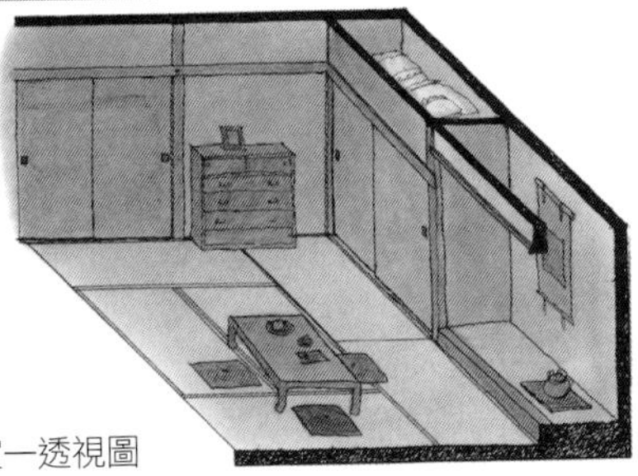

● 和室一透視圖

## 展示收納法可有效抑制物品增多

以最小限度的必要物品來過日子，這是「和室」的生活型態。缺少收納之處的空曠空間，很適合極簡主義者（minimalist）※的理念。

在今日，我們開始重新檢視浪費的生活態度，然而還是有很多人無法拋棄欲望，在許多物品的包圍之中過生活。因此在住宅中，收納是不可或缺的一環。

有個說法：「收納空間不管多少，都不夠用。」這是有理由的。因為東西一旦收起來，日後忘了放在哪裡，又會再度買一樣的東西，家中物品因而越來越多。這種「惡性循環」在生活中一再重複上演。

若想掙脫這種困境，建議採用展示收納法。不是將東西隱藏住，而是刻意展現它們，讓人可以掌握自我擁有的物品狀態，有效抑制無端浪費的情況。同時也減少翻箱倒櫃找東西的時間，讓生活更加順心舒適。

※追求以最小限度物品來過生活的人。

# 正因為是狹小住宅，更要好好收納家具

NG 因為滿出的家具而顯得十分狹窄

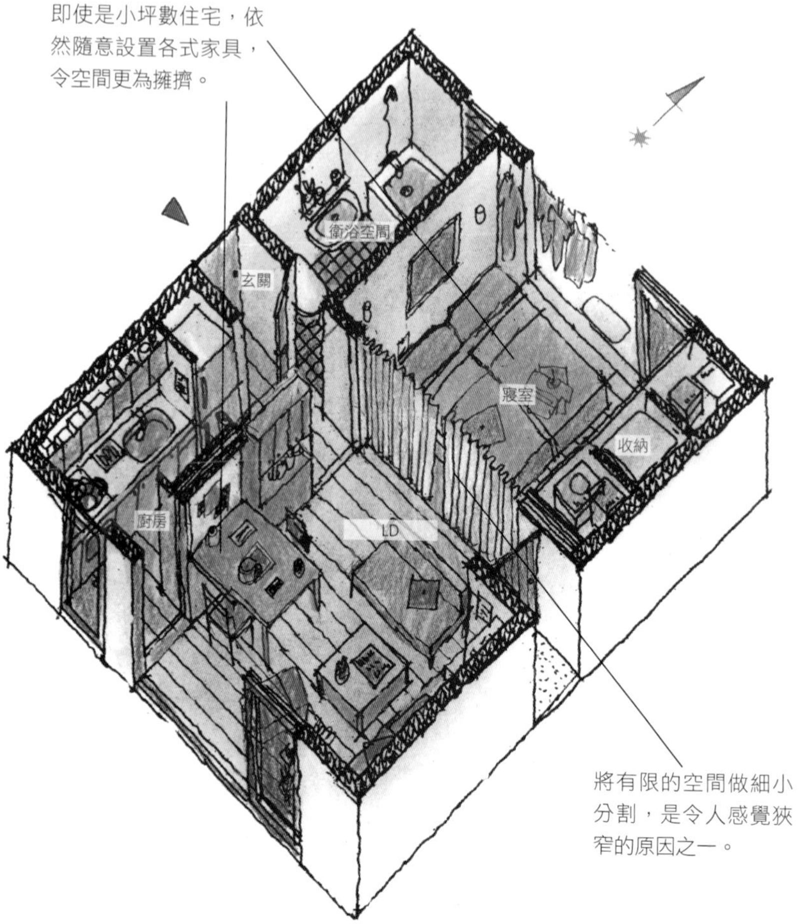
即使是小坪數住宅，依然隨意設置各式家具，令空間更為擁擠。
衛浴空間
玄關
寢室
收納
廚房
LD
將有限的空間做細小分割，是令人感覺狹窄的原因之一。

● 將空間細分的狹窄住宅—等角透視圖

## 以和室的大器為範本

在狹窄住宅中如何不令人感覺到擁擠，就是必須下功夫的重點。「這裡是吃飯的場所、這裡是睡覺的場所」等，建議不要這樣細分空間用途。一旦將空間劃分開來，反而只會顯得更加褊狹。盡量以一個大房間為主，搭配上多樣化的使用方式。希望各位想像一下和室的使用方式，只要放上矮桌和坐墊，就可當作茶室之用，若改放上床墊與棉被，就轉化為寢室。只要把小家具放入壁櫥之中，一瞬間就能收拾好，讓空間顯得開闊舒適。

當然，在西式的房間中也能實現這樣的奇幻效果。左頁中所介紹的住宅，就是將床鋪與桌子設計為可收納型式，打造出包括LDK的大一房格局。只要再加入拉門設備，就可以在必要時區隔各空間。依照不同的生活需求，將家具拉下來使用，在日常生活中不會有擁擠的感覺。因為一般會顯得狹窄的家，大多都是「家具」擠在一起的緣故，將大型家具收納起來，可說是最有效率的聰明作法。

## 減少大型家具，空間更寬敞

狹窄住宅常有的一房格局。兼具寢室、餐廳中、起居室三種用途。

床鋪為直立收納式設計。若要改成壁櫥收納的鋪床型式，當然也OK。

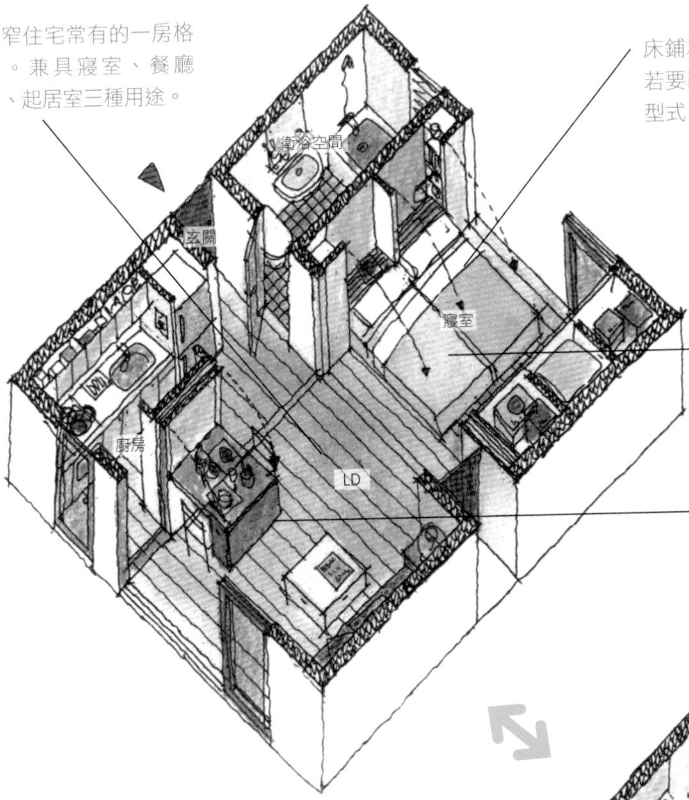


即使是單人床，也會占據1×2公尺的空間，在狹窄房間中的存在感尤其巨大。如果能收納床鋪，房間的寬敞感也會油然而生。

桌子也是摺疊型收納設計。如果不能簡單收納，光是收起或放下的操作就是個大災難。

床鋪收納到牆壁裡。

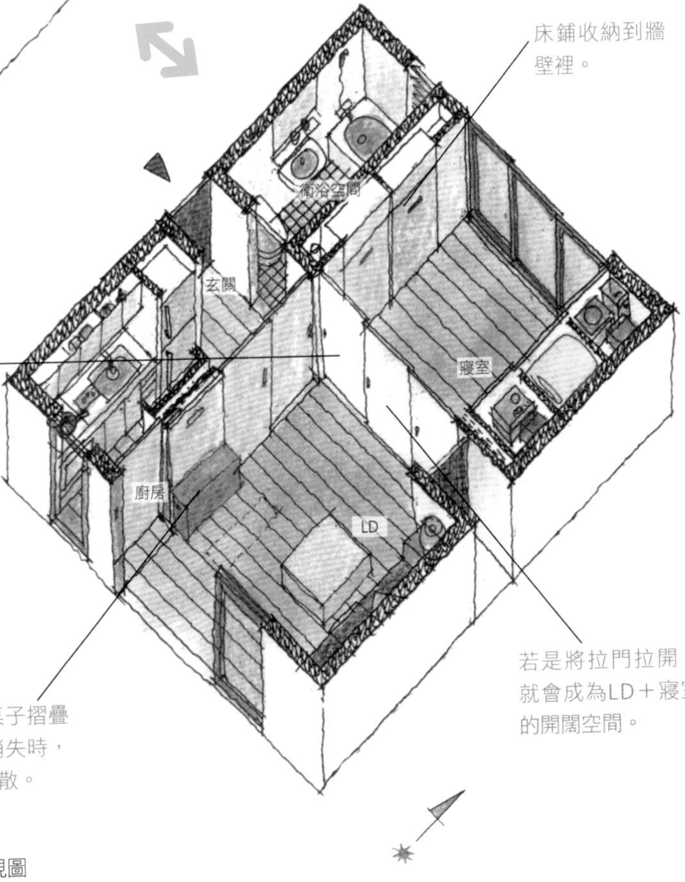


將拉門拉上，就能簡單區隔空間。

若是將拉門拉開，就會成為LD＋寢室的開闊空間。

不使用的時候，簡單將桌子摺疊收起。當家具從空間中消失時，侷促不安的感覺也隨之消散。

● 具收納設計的狹窄住宅一平面等角透視圖
（上：呈現家具的狀態、下：以拉門區隔空間的狀態）

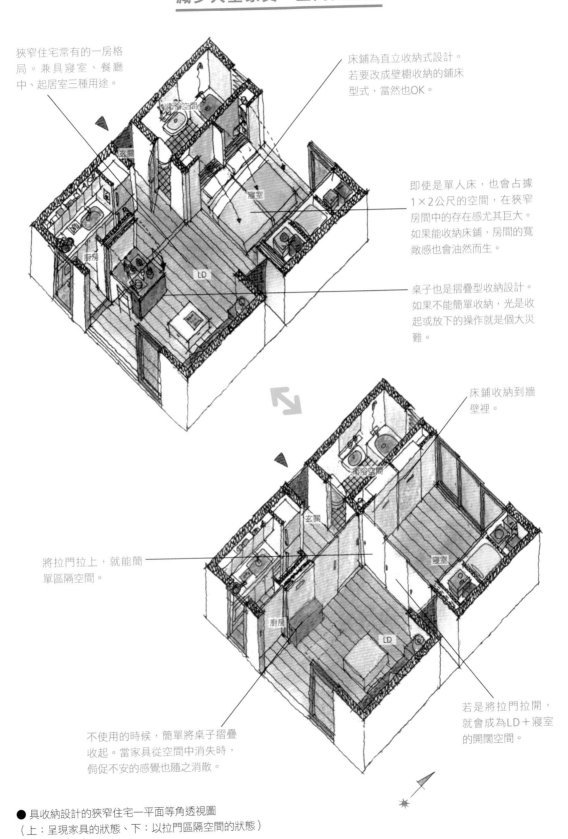

# 整年都可使用的日式暖桌

## 將餐桌與和室的下日式暖桌合而為一

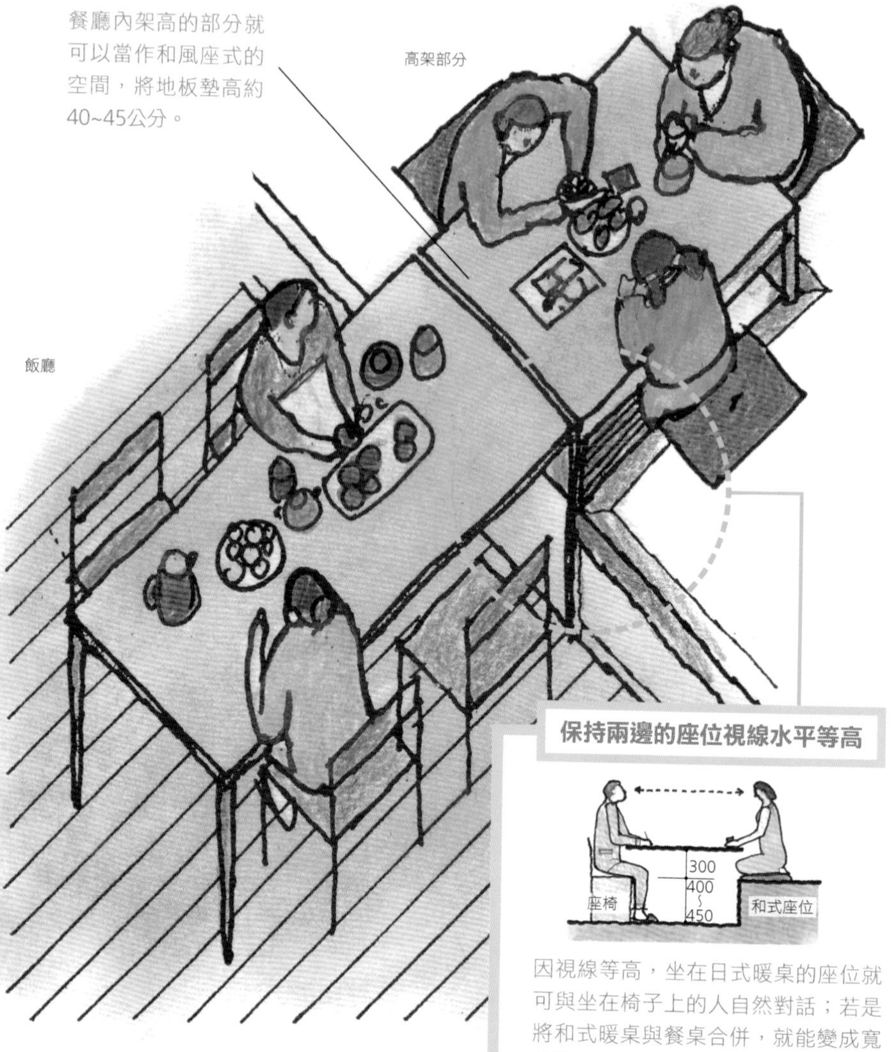
餐廳內架高的部分就可以當作和風座式的空間，將地板墊高約40~45公分。
高架部分
飯廳
300
400
～
450
座椅
和式座位

● 餐廳・架高部分—透視圖

**保持兩邊的座位視線水平等高**

因視線等高，坐在日式暖桌的座位就可與坐在椅子上的人自然對話；若是將和式暖桌與餐桌合併，就能變成寬廣的用餐空間。

POINT

### 不論男女老少都能放鬆的空間

暖桌的好處，在於其優越的舒適性，人只要一鑽進去就不想離開；在各類暖桌當中，又以日式暖桌在節能省電方便的優異性能，使得它成了室內升溫道具的上選。但到了夏天，暖桌就成了礙事礙眼的累贅；因此將暖爐外圍的木架加以改良成可與暖爐一併收納的形式，以節省空間。

隨著演變，日式暖爐的出現，讓人們使用暖桌時可以伸直雙腳，同時也貼近現代人習慣使用座椅的生活方式。為了強化空間利用，不妨試著將暖桌改造，設計一個冬夏兩用的舒適空間。

在此所提供的，是將日式暖桌當作天然的冷氣來使用。說起來神奇，做起來卻很簡單；只要將出風口與風扇設置在適當位置，在酷暑天氣下也能讓腳邊感到陣陣涼意。如果再對腳邊的空間作些改造，還可以變成收納用的空間。

在餐廳旁邊做出架高空間，並將日式暖桌安置於其中，就成了連老人家也方便使用的暖桌；如果跟長餐桌併在一起，便成了可供多人使用的寬廣用餐空間。

## 一台三用，日式暖桌的設置方法

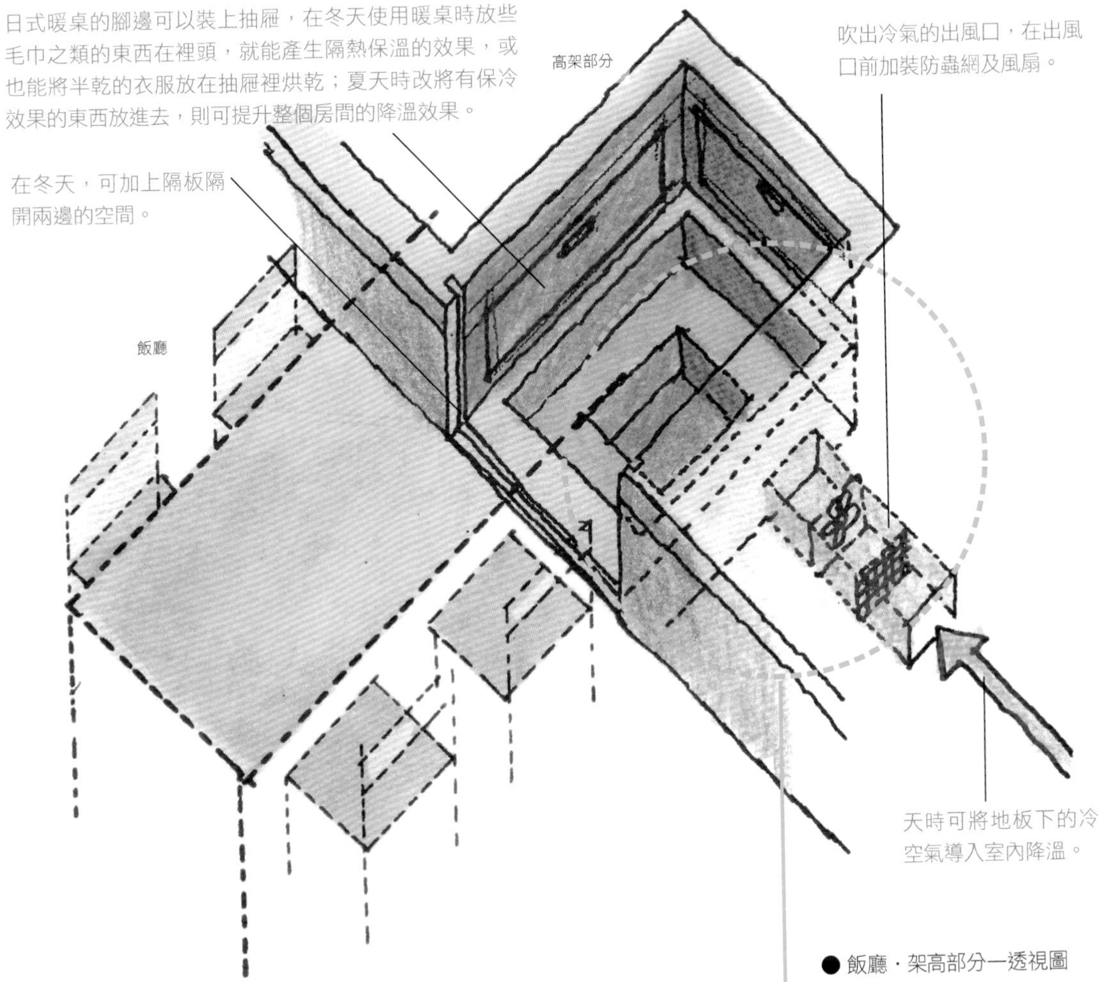
日式暖桌的腳邊可以裝上抽屜，在冬天使用暖桌時放些毛巾之類的東西在裡頭，就能產生隔熱保溫的效果，或也能將半乾的衣服放在抽屜裡烘乾；夏天時改將有保冷效果的東西放進去，則可提升整個房間的降溫效果。
高架部分
吹出冷氣的出風口，在出風口前加裝防蟲網及風扇。
在冬天，可加上隔板隔開兩邊的空間。
飯廳
天時可將地板下的冷空氣導入室內降溫。

● 飯廳・架高部分一透視圖

### 無論冬天或夏天都適合

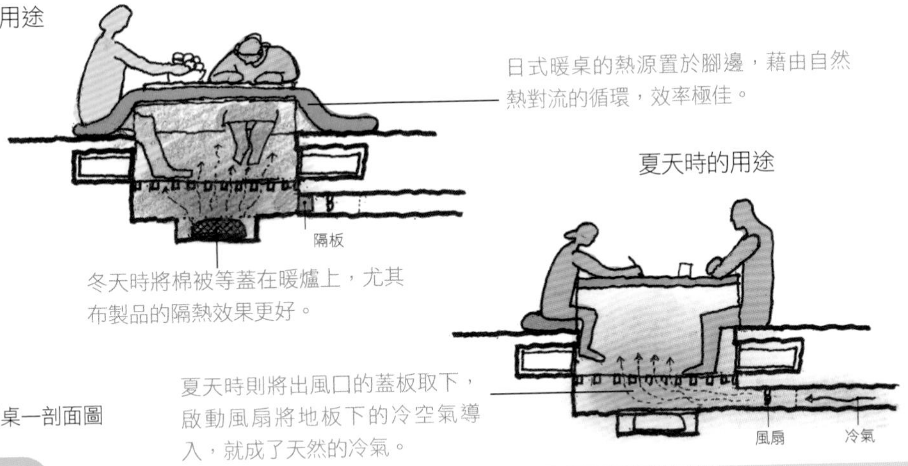
冬天時的用途
日式暖桌的熱源置於腳邊，藉由自然熱對流的循環，效率極佳。
隔板
冬天時將棉被等蓋在暖爐上，尤其布製品的隔熱效果更好。
夏天時的用途
夏天時則將出風口的蓋板取下，啟動風扇將地板下的冷空氣導入，就成了天然的冷氣。
風扇
冷氣

● 日式暖桌一剖面圖

POINT

# 收納是住宅的王道

## 在各種儲藏空間層層包覆下的居住空間

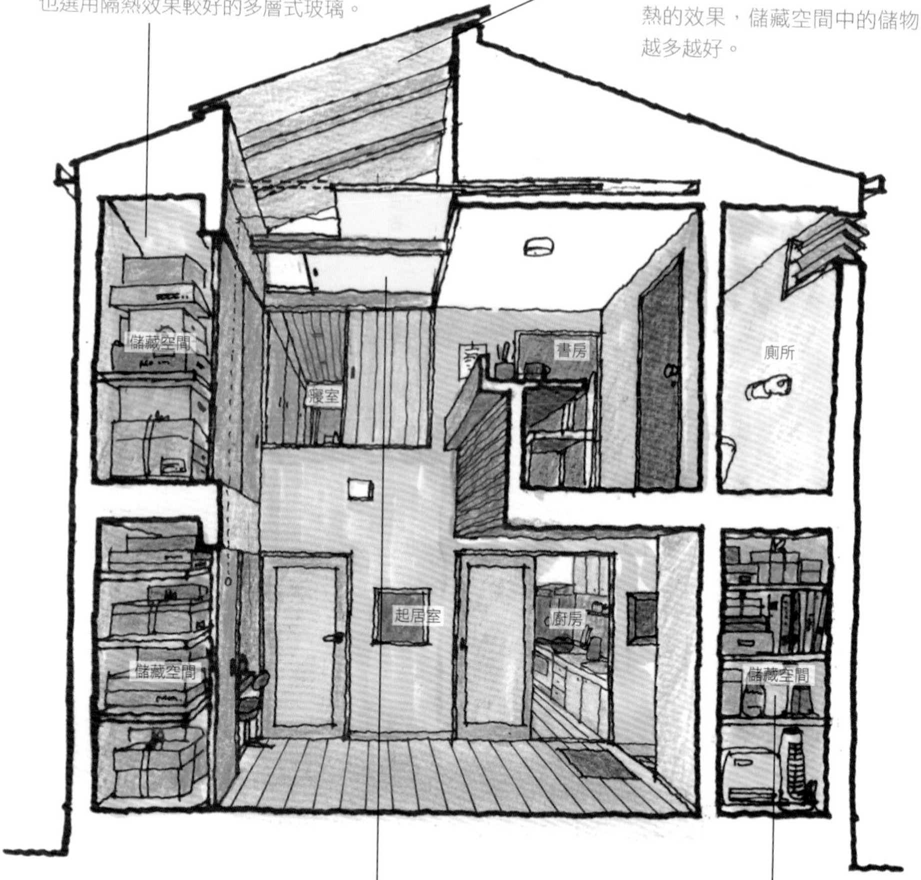
為符合法令規定的採光量，而選用採光效率良好的天窗；同時天窗的材料也選用隔熱效果較好的多層式玻璃。
將儲藏空間設置在建築外圍，藉由儲藏空間及各種雜物以達到隔熱的效果，儲藏空間中的儲物量越多越好。
儲藏空間
寢室
書房
廁所
起居室
廚房
儲藏空間
儲藏空間
因為天窗及挑高空間容易造成大量熱能消耗，故需要加裝隔板，在此以多層聚酯材料(PC)較為適合。
就算是將儲藏空間當作隔熱用途，牆壁及天花板內也需要使用隔熱材質。

● 剖面圖

### 提升隔熱效果的隔間設計

以高性能隔熱材質打造的「高氣密・高隔熱住宅」，其最大特徵就是不受外界氣候干涉、室內環境常保在一定的溫濕度之下。但你知道嗎，其實只要在空間設計上下點工夫，也可以達到與這種特殊住宅差不多的效果。

說穿了也沒什麼太深奧的學問，重點就是將收藏各類物品的儲藏空間當成隔熱材，將各個儲藏空間分別設置在起居室及房子的外圍部分，形成一層保護層，將居住人的活動空間包在裡頭。雖然這並無法完全取代牆壁以及天花板內層的隔熱材質，但經過這樣的空間設計，保溫及隔熱效果的確可以明顯改善。

當然，理論歸理論，實際上並不可能將外牆全部做出一層儲藏空間，為了確保採光、通風及視野，可採用雙層窗或是多層式玻璃以達到保溫隔熱效果。

無論是採用哪種方法，比起與室外只隔了單層牆壁的建築設計，多加上這麼一層儲藏空間，不論是在室內的保溫還是隔熱效果上都能有明顯的改善。同時由於這只是對隔間進行改造，成本花費也相對較為低廉，對於都市等人口密集區或是居住在寒冷地帶的人們而言絕對值得一試。

## 只要稍為在隔間上下點工夫就 OK

儲藏空間盡可能集中在建築物外圍部分的設計，與室外直接相通的窗戶盡可能減少到最低限度。

牆邊的衣櫥及抽屜具有高度隔熱效果。

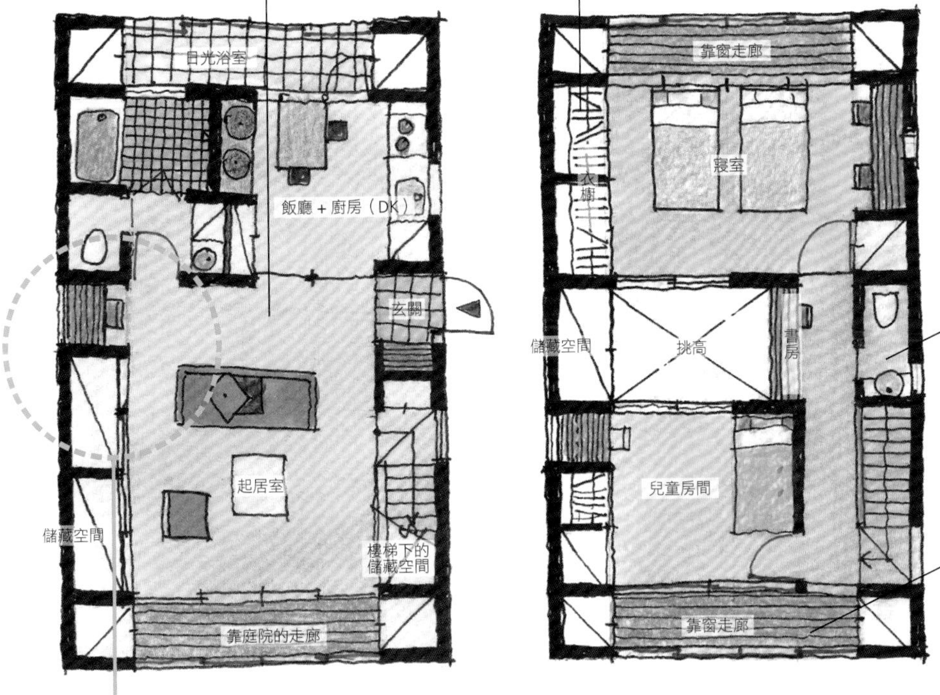


所有用水的設施（廁所、浴室、廚房）通通設計在靠外牆的周圍。將收藏空間配置在建築物外周的設計雖然是理想的保溫隔熱設計，但實際處理上仍有相當困難。

如果要在外牆上加開窗戶，則以走廊等空間將窗戶與室內活動空間隔開。

● 平面圖（左：1樓，右：2樓）

### 雙層窗所帶來的特殊空間

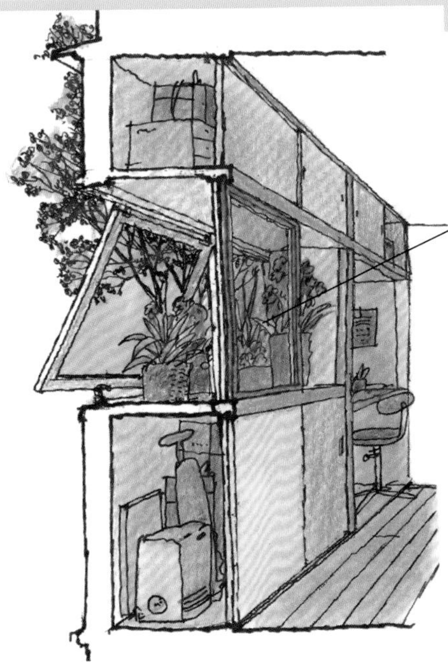

因外牆被各種儲藏空間佔據，無法直接眺望室外景色，同時室內外通風也受儲藏空間阻斷，所以在牆上開了一扇雙層窗。這雙層窗的內外層窗戶之間形成了一個小的日光浴室，也可加以美化成小型綠化空間。

● 窗邊剖面圖

POINT

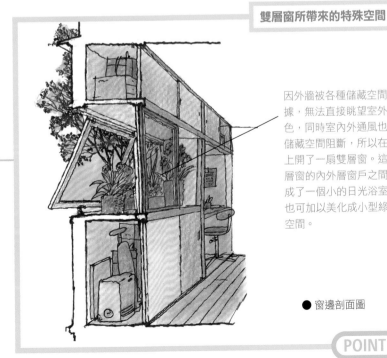

COLUMN 03

# 保持別墅可再增建的構造

## 擴建的大工程就交給建築承包商處理

這如果有擴建別墅的打算，最好是打從一開始就把別墅蓋成「可以擴建的構造」。在此要介紹的案例是一棟蓋在斜坡上的山莊，斜柱（兼具支撐功能）與腳架的交互構造使其就算在難以建設的斜面上也能像在平地上一般順利擴建。

原本這棟建築是只有一間廁所、廚房與一間房間的一房式建築，就連洗澡都得在室外燒熱水用鐵桶當浴缸解決。到了第二階段擴建時，才在建築物前的坡地上加蓋了木造的平面，裝上玻璃、聚酯PC浪板就成了採光良好的半室外空間，可無視於天候好壞盡情享受大自然。接下來，第三階段的擴建則是在大屋頂下加蓋陽台、另外在室外蓋了一間浴室。洗過澡後可以直接在浴室外的陽台上感受自然的微風，盡享自然情趣。

## 一開始只需要「僅具核心機能的別墅」

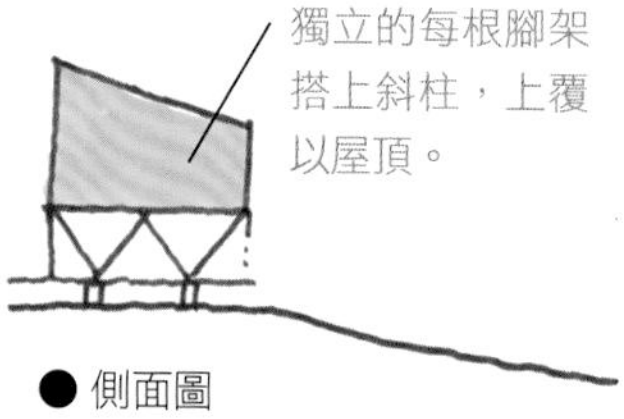
獨立的每根腳架
搭上斜柱，上覆
以屋頂。

● 側面圖

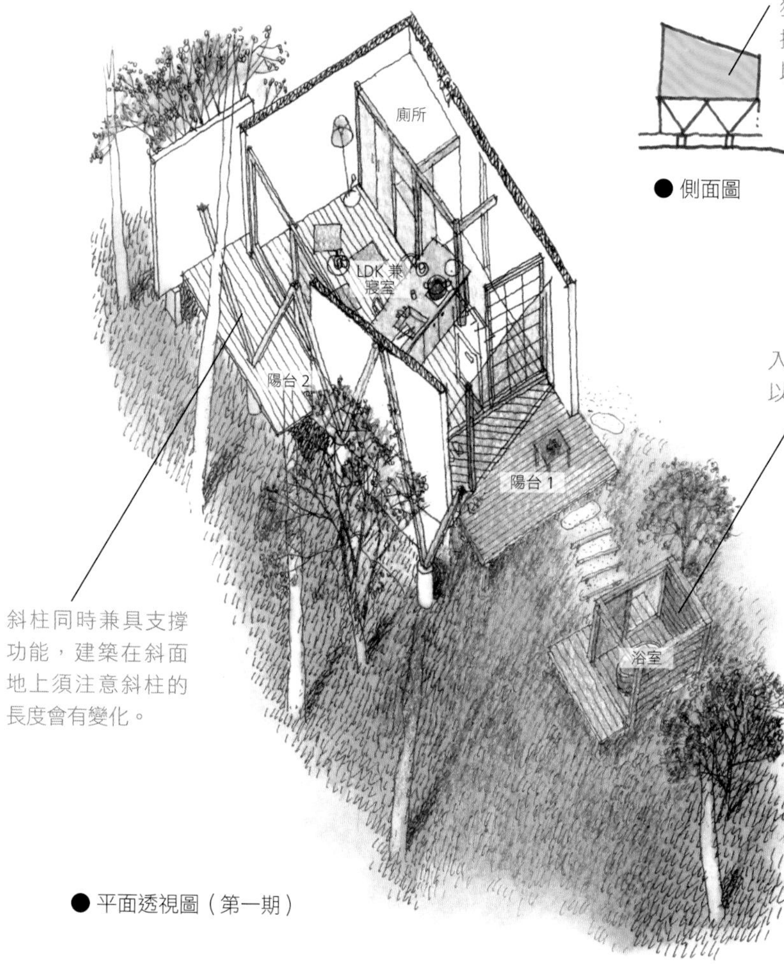
廁所
LDK兼
寢室
陽台2
陽台1
浴室
入浴用的熱水需
以柴火加熱。
斜柱同時兼具支撐
功能，建築在斜面
地上須注意斜柱的
長度會有變化。

● 平面透視圖（第一期）

## 首先擴建半開放空間的部分室外空間

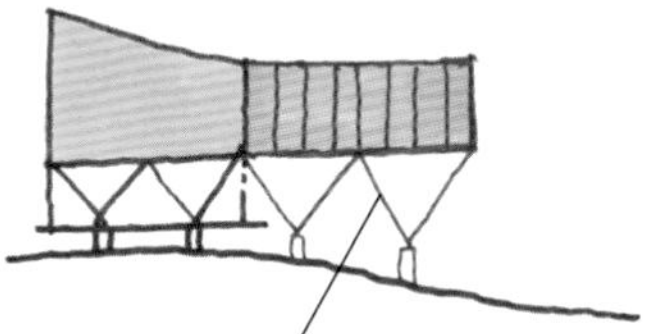

斜柱構造就算在斜面地上也無礙於擴建工作。

● 側面圖

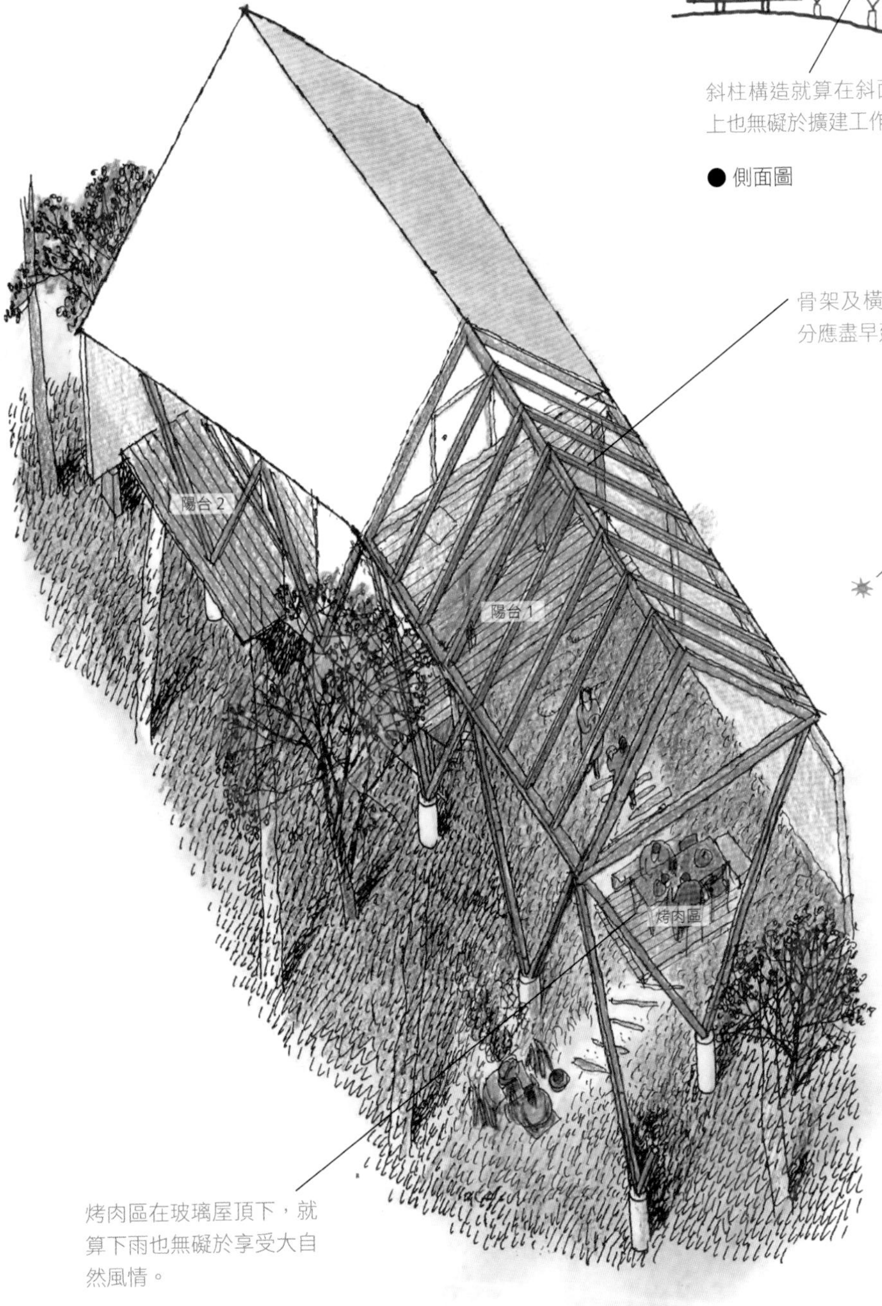


骨架及橫樑等屋頂部分應盡早建造。

烤肉區在玻璃屋頂下，就算下雨也無礙於享受大自然風情。

● 外觀透視圖（第二期）

階梯同時兼具儲藏功能
廁所
LDK
陽台2
浴室的屋頂改建為陽台
陽台1
屋頂觀景台
浴室
木質平台
整棟建築蓋在斜坡上，只需將木質平台建為多層狀、作出高低差，就能當作天然的座席。

● 平面透視圖（第三期）

## 提升舒適性及居住機能後，就算大功告成

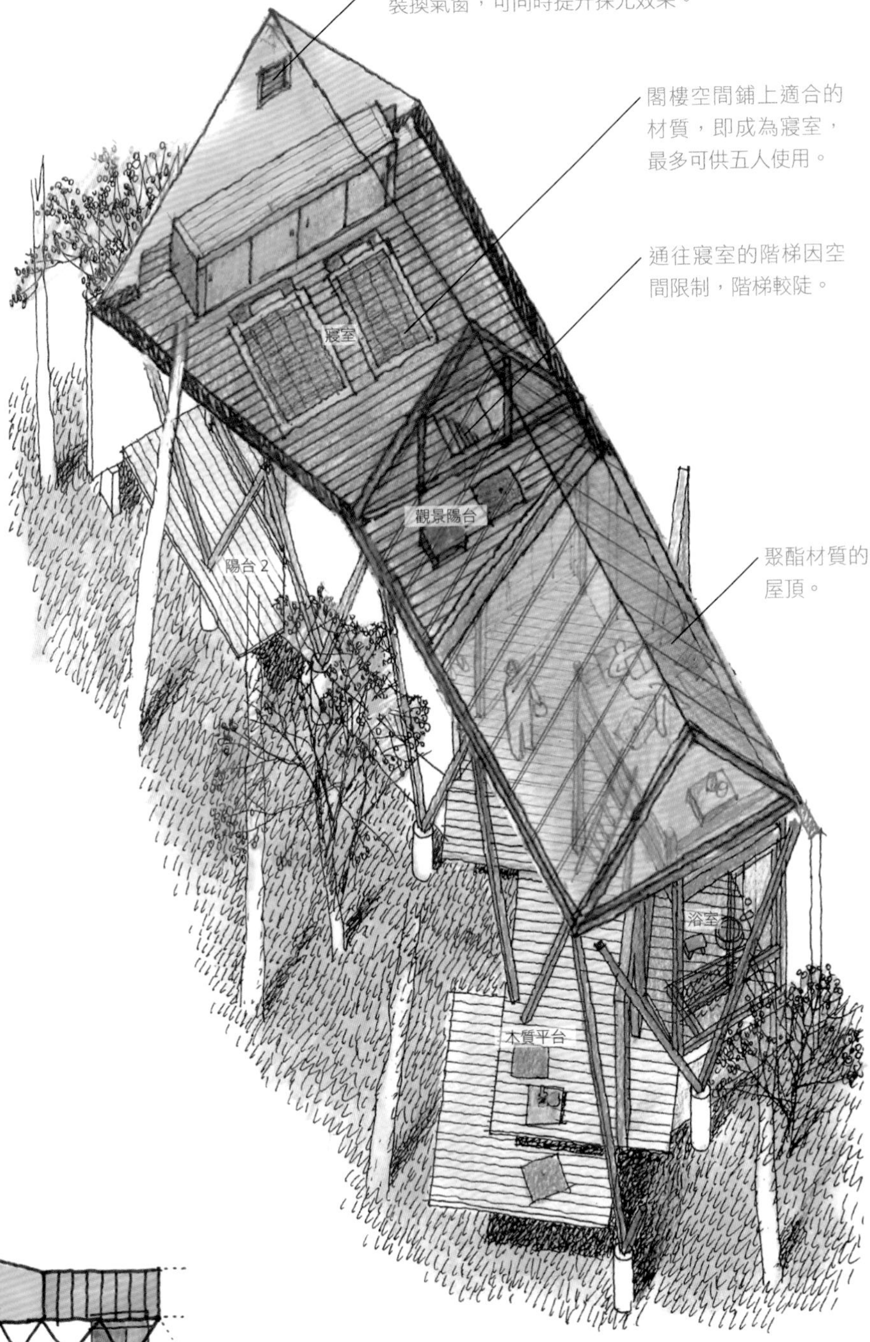
屋頂閣樓空間通風性差，在牆面上下端加裝換氣窗，可同時提升採光效果。
閣樓空間鋪上適合的材質，即成為寢室，最多可供五人使用。
通往寢室的階梯因空間限制，階梯較陡。
聚酯材質的浪板屋頂。
寢室
觀景陽台
陽台 2
浴室
木質平台

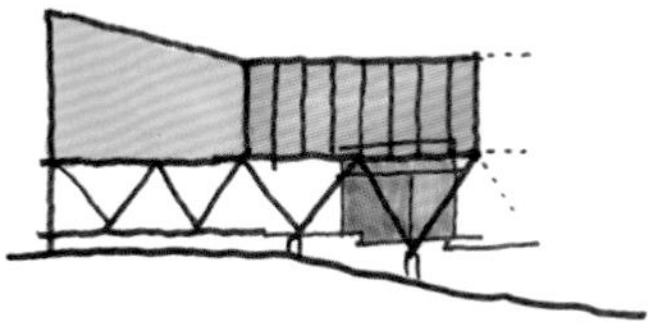

● 側面圖

● 外觀透視圖（第三期）

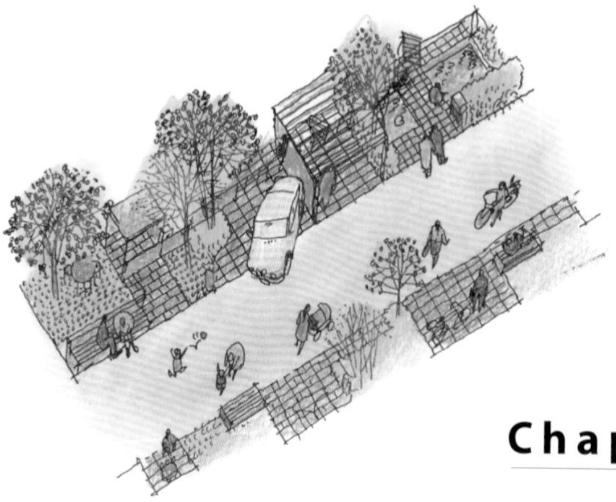

Chapter

# 4

# 用自家建築讓街道變得更美

家，是自己的私有物產。

那麼，照自己的喜好，自己的房子愛怎麼蓋就怎麼蓋，說起來也是理所當然的事情。室內設計及內部隔間依照居住人的喜好及需求，不論怎麼加以改造配置都不會造成任何問題。

但是從用路人的觀點來看，只要經過你家門口就能一眼瞧見的建築物外觀、大門、圍牆、車庫等就不能這麼簡單了。從外人眼光來看可以直接觀察到的部分，最好還是能考量到附近的鄰居、社區，甚至是考量到用路人的觀感，這樣才是最理想的設計。如此，可以對地域社群的形成帶來正面影響，也能讓城市景觀更為美觀，最終甚至可以提高自家住宅的價值。

人說「助人非為人（幫助他人，最後還是會回歸己身）」，這句話套用在住宅也是通用的。

# 道路可以顯示居住環境的好壞

## 將自家的光明分享給街坊

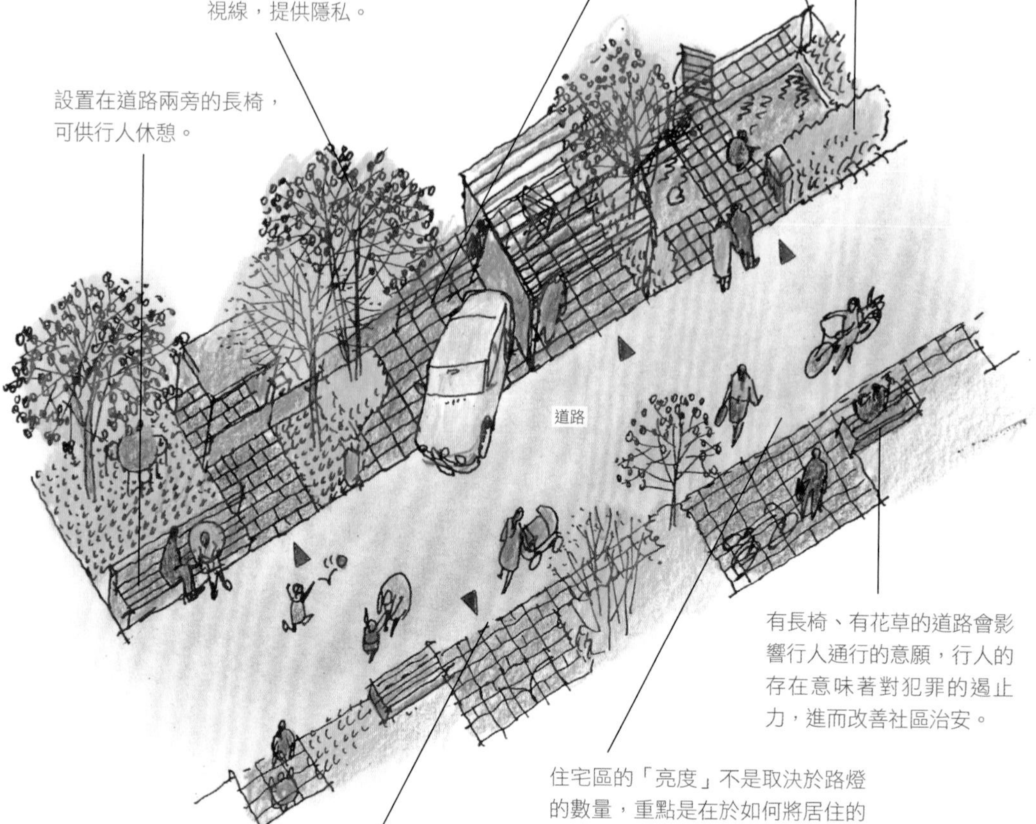
用低矮植物取代圍牆，
柔化視覺效果。
車庫、停車位不設門，
形成開放空間。
大型行道樹可遮蔽外界的
視線，提供隱私。
設置在道路兩旁的長椅，
可供行人休憩。
道路
有長椅、有花草的道路會影
響行人通行的意願，行人的
存在意味著對犯罪的遏止
力，進而改善社區治安。
住宅區的「亮度」不是取決於路燈
的數量，重點是在於如何將居住的
舒適及美感渲染到整個社區。
住家靠道路那一側
不設圍牆、大門。

● 住宅區的明亮街道－透視圖

### NG 如拘留所般被高牆所環繞的街區

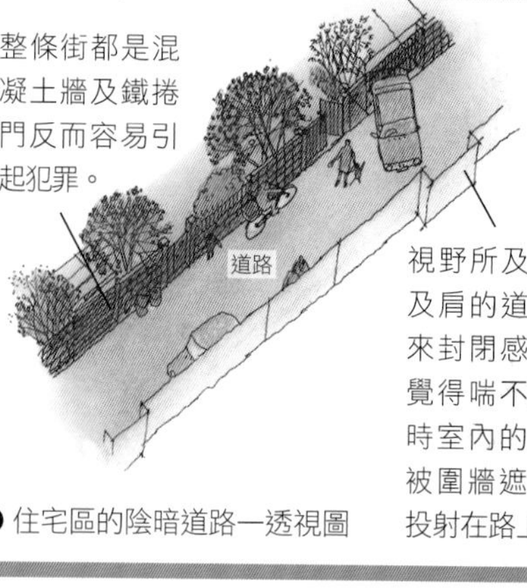
整條街都是混
凝土牆及鐵捲
門反而容易引
起犯罪。
道路
視野所及盡是牆高
及肩的道路不但帶
來封閉感，更讓人
覺得喘不過氣；同
時室內的光亮也會
被圍牆遮蔽，不會
投射在路上。

● 住宅區的陰暗道路－透視圖

一味追求舒適寬敞的空間設計，並不能改善周遭的居住環境。想想看，以前是否有看過那種整個住宅區裡每棟房子都用煞風景的混凝土牆圍起來，一路延伸到下一個路口，電線杆旁還看得到「小心色狼」、「注意扒手」之類的警告看板？其實，據說造成犯罪的其中一個原因就是出在這些混凝土牆身上。那種「這地方有人居住」的感覺最好不要用圍牆包起來，而是以站在街上都能感覺得到方為上策；當然，這也不是說什麼都要給人看光光，可以給人看的、不能給人看的東西要分清楚。用盆栽、低矮灌木等取代圍牆，達到遮蔽外來視線的效果，這樣才能形成優良的居住環境。

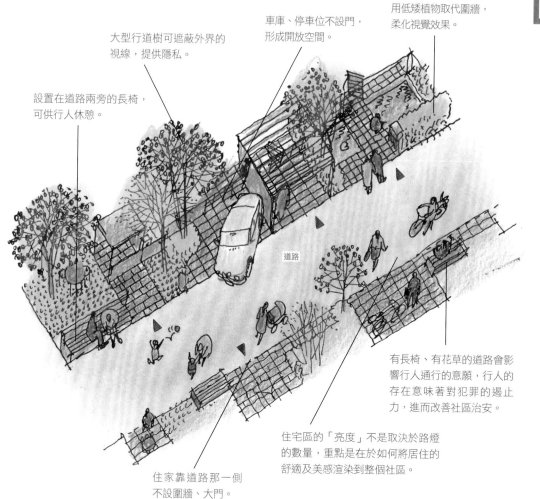

## 能保護隱私權的並不是只有圍牆這個選項

玄關大門盡量不要設計成一打開就能從外面直接看到屋內擺設。

晒衣場等跟生活機能直接相關的區塊不要直接面對馬路。

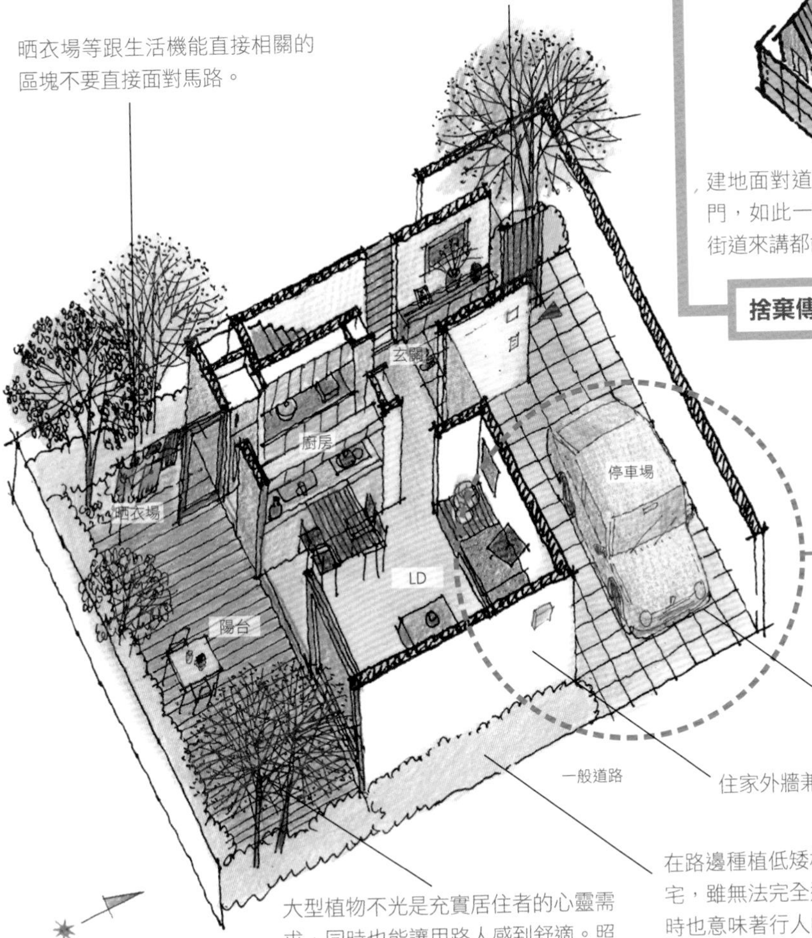


通道兼停車位

住家外牆兼具圍牆機能

在路邊種植低矮植物或是以矮牆圍繞自家住宅，雖無法完全遮蔽街道行人的視線，但同時也意味著行人的視線可以監視不肖份子的可疑舉動。

大型植物不光是充實居住者的心靈需求，同時也能讓用路人感到舒適。照養這些植物雖然費神，但人類要是少了這些自然點綴也了無生趣。

● 沒有圍牆的住宅一平面透視圖

**POINT**

建地面對道路的那一側不要蓋圍牆或大門，如此一來不論是對自家住宅或是對街道來講都能感受到視覺上的寬敞。

**捨棄傳統圍牆，採用新綠點綴**

**NG** **以高牆大院，庭院深深深幾許**

圍牆與大門雖可彰顯屋主的身分地位，但大多數情況下這些設計都出於防盜及保護內部隱私等目的；同時，另有一說指這種設計反而容易招致各種危險，因為只要翻過那道圍牆，從街道就無法窺得內部動靜，不會有被人看到的危險。

● 高牆大院一透視圖

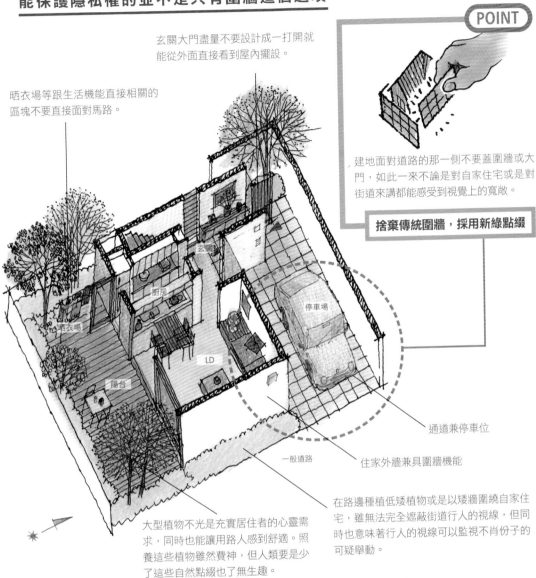

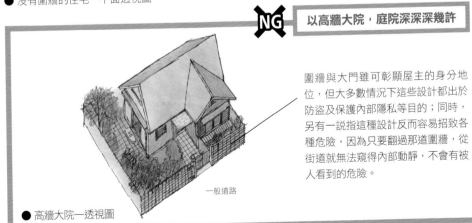

# 讓人覺得住得舒服的居家，同時也可以美化街道

## 拿掉高牆，空間豁然寬廣

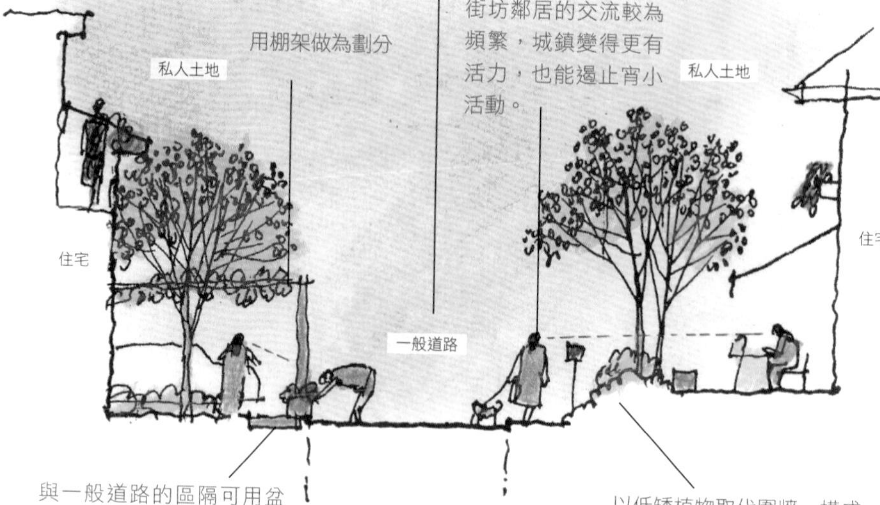
如果一般道路與私人用地之間沒有了高牆的阻隔，整個街區在視覺上就會顯得較為開闊。
用棚架做為劃分
街坊鄰居的交流較為頻繁，城鎮變得更有活力，也能遏止宵小活動。
私人土地
私人土地
住宅
住宅
一般道路
與一般道路的區隔可用盆栽、植物，或是改用小的人工池塘取代。
以低矮植物取代圍牆，構成道路與私人用地的界線。

●寬廣的街道一剖面圖

### NG 被圍牆隔得密不透風

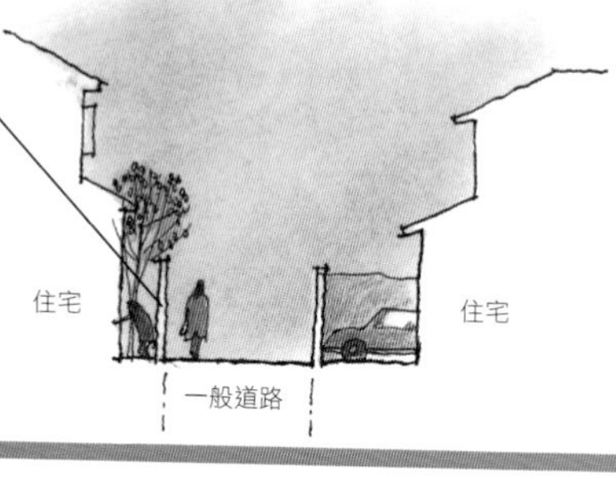
私人土地與道路間用高牆隔開，如此雖確保個人隱私不外露，卻也使得街道景致太過死板，同時每棟建築之間也會產生死角。
住宅
住宅
一般道路

● 高牆綿延的城市一剖面圖

## 把自家圍起來的好處與壞處

我認為，美麗的住宅區、美觀的街景都有個共通點，那就是住宅的正面都正對著街道（第26頁），且一般道路與私有地是由低矮植物區隔開。住宅本身再怎麼高級、豪華，只要是外圍用無機質的高牆在外頭蓋上一圈，這房子都好看不起來。

高牆堆砌出的街道對路上行人而言，不論是誰都會覺得窒礙難行，而這樣在一層層高牆包圍下的住宅區也難以帶給周遭生氣，進而造就可疑份子容易出入的環境。

## 避雨小歇兩相宜

將房屋周遭的高牆與大門全部去掉，反而能藉著周遭環境的開放性加以改善治安；不僅如此，跟門禁森嚴的住宅相較之下，這類開放性住宅帶給人的是一種和藹可親的氛圍。打個比方，在靠近街道的庭院種上一棵大型植物，可提供行人遮陽乘涼的樹蔭；這種造福人群的小小心意，總能帶給人心頭一絲溫暖。

## 將玄關前打造成遮風避雨的緊急避難所

大型觀景植物隨著季節變化，
不失為可看之處。

帶屋頂的棚架，既可遮
風避雨也可遮陽。

在前庭擺放桌椅，做個小小的休息
區。就算沒有人真的會跑來歇歇腳，
至少也能讓人感受到屋主的溫暖。

● 附棚架的住宅—透視圖

**NG　混凝土牆破壞了整個家的氣氛**

就算住宅正面看起來再漂亮，只要
被混凝土牆一遮就會失色許多。

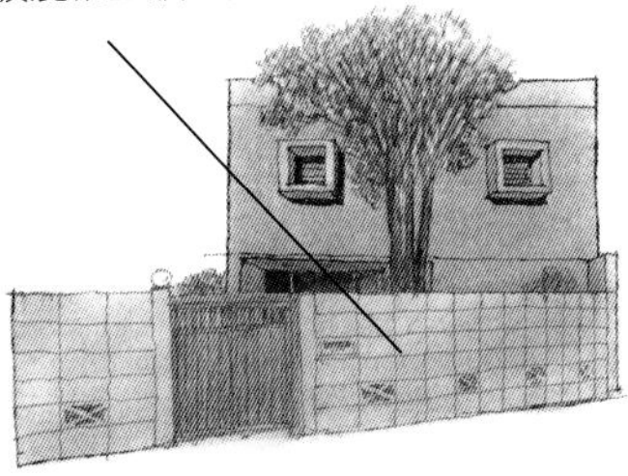

● 有混凝土牆的住宅—透視圖

這裡要介紹的是已經實際完工的住宅，不光是拿掉了正面的圍牆，面向道路的前院還設了木製棚架、擺上桌椅等物。這種醞釀出宛如咖啡廳的氣氛，使得室外空間添上了一分色彩；同時又因為棚架上蓋了一層玻璃屋頂，這樣一來遮風擋雨的機能自是不在話下。順帶一提，從完工到現在已經過了幾個月，還沒聽說這桌椅被人偷走的消息；看來只要是有人性的人，大概都捨不得破壞這種對路人招手的溫暖空間吧。

只要每個屋主對自己的住宅多下工夫，連帶地就會使得整個城市看起來更加美好，社群間的關係也會更加緊密，如此自然可以製造出良好的生活環境。

# 外牆要的不是堅固，而是柔軟

## 將柵欄隱藏在植物之下

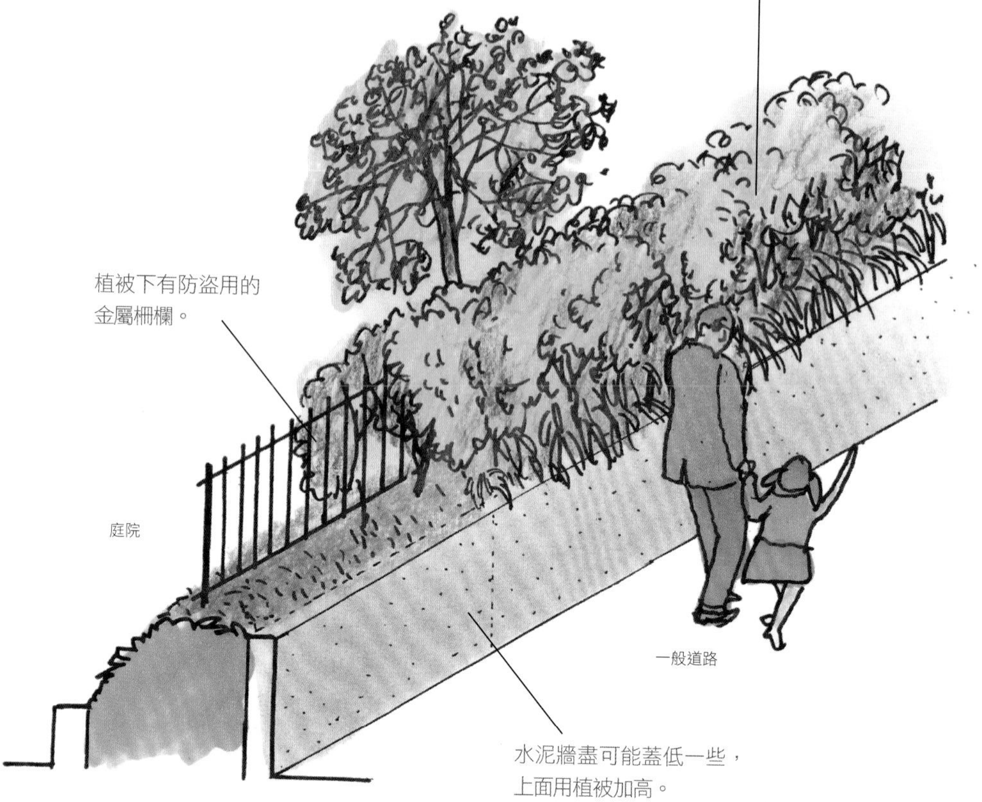
從室內看出去也是一片綠意盎然，
對路上行人更是賞心悅目。
植被下有防盜用的
金屬柵欄。
庭院
一般道路
水泥牆盡可能蓋低一些，
上面用植被加高。

● 植被的界線

## 圍牆的材質不只有磚瓦，任何東西都能當作圍牆

作為便宜好用的建材，水泥磚從高度成長期※以來一直活躍於各種建築用途。但由於容易含水的特性，水泥容易弄髒，有時甚至會招致藻類植物攀生；如果不考慮用途跟場所，水泥很難抹掉「有礙觀瞻的建材」這個汙名。

在磚牆普及化之前，外牆的素材通常以植被及木板為主流。這兩種素材各有其缺點，植被需要定時剪枝修整，木板則需要定期上漆保養，都很費工。話雖如此，基於環境美觀的考量，又能同時將對環境的負擔降到最低，這兩種素材應是現代住宅積極採用的對象。

舉個簡單的例子，在髒兮兮的磚牆外層蓋上木板，偽裝成漂亮的木板牆，這種工程難度不高，任何人都可以輕易做到。為了提升自家住宅的品味，有不妨一試的價值。

※主要指1955～1973年的日本高度經濟成長。

## 木板外牆也能多下一番工夫

### 可以開闔的牆壁

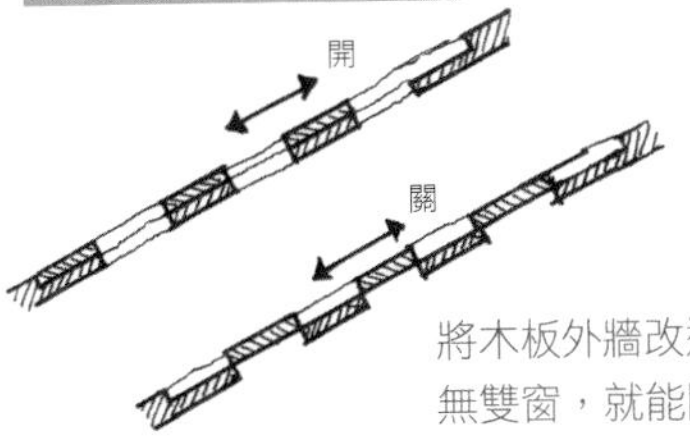


將木板外牆改造為無雙窗，就能隨意開闔。

POINT

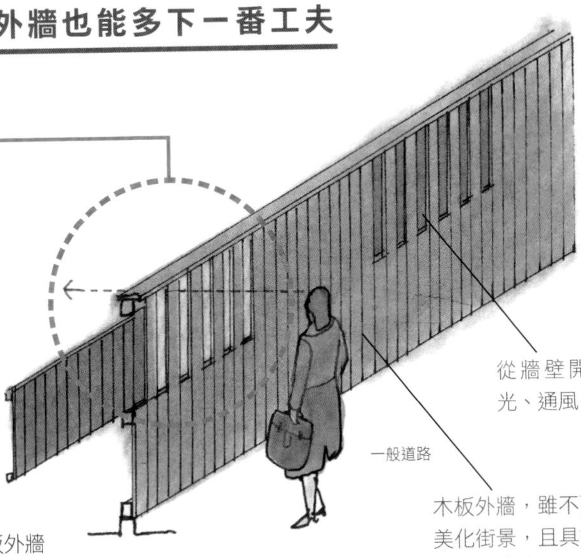


從牆壁開口可採光、通風。

木板外牆，雖不耐用但能美化街景，且具提升住宅價值的功效。

● 有無雙窗的木板外牆

以橫木條搭成的板牆，為求通風，木條之間留有空隙。

木板外牆的一部分凹入私人用地，如此可將水表、瓦斯表裝設在這個位置；要是在上頭裝上一條長凳，還可供路人歇腳。

● 設有長凳的木板外牆

### NG 了無生氣的混凝土磚牆

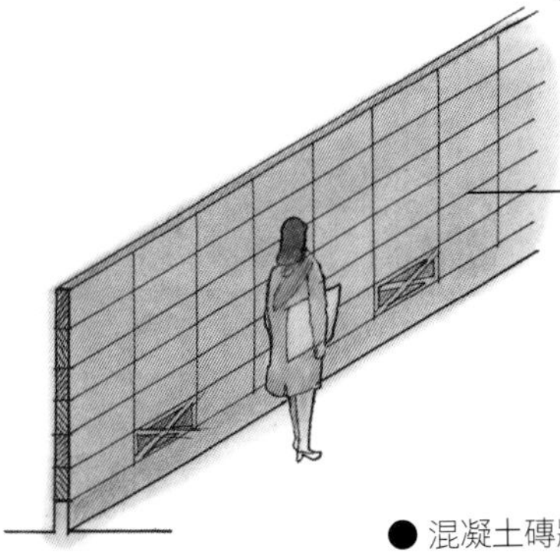

骯髒的磚牆會破壞整個住宅區的美觀。使用這種磚牆雖然方便，但素材容易污損，一旦弄髒了看起來也比較顯眼。

● 混凝土磚牆

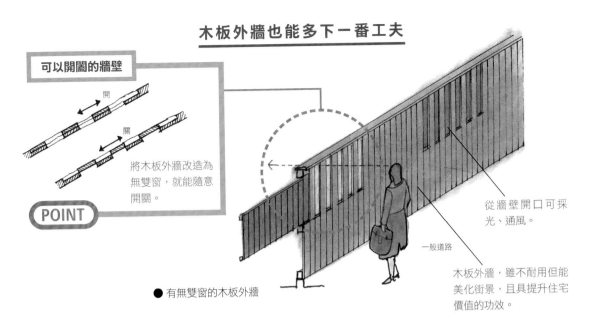

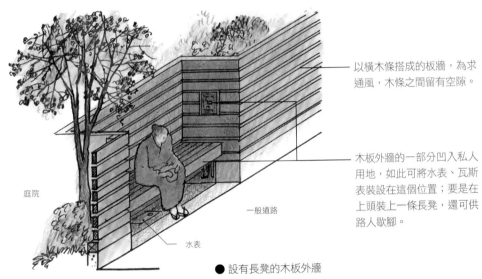

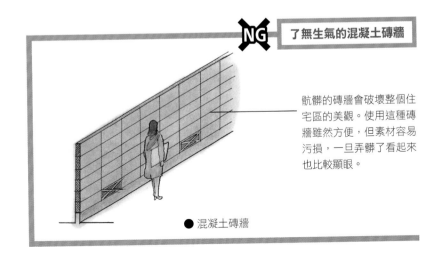

# 車子可以展示也可以停放妥適

## 車子停放在看得見的地方

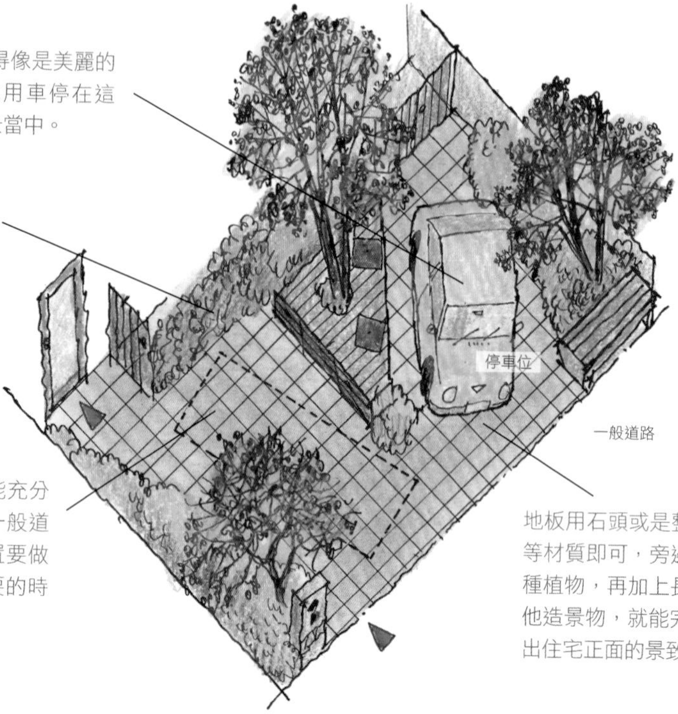
玄關前的空間設計得像是美麗的街角一景，把自家用車停在這裡，讓愛車融入風景當中。
植物的修整雖然費事，但為了維持景觀及環境仍是不可或缺。
停車位
一般道路
就連訪客用的停車位也能充分利用，作為從玄關通往一般道路的最短路徑，這個位置要做得盡量寬敞方便，有必要的時候就拿來當停車位。
地板用石頭或是整面水泥等材質即可，旁邊種植各種植物，再加上長凳及其他造景物，就能完美搭配出住宅正面的景致。

● 沒有車庫的住宅正面一透視圖

### NG 封閉車庫煞風景

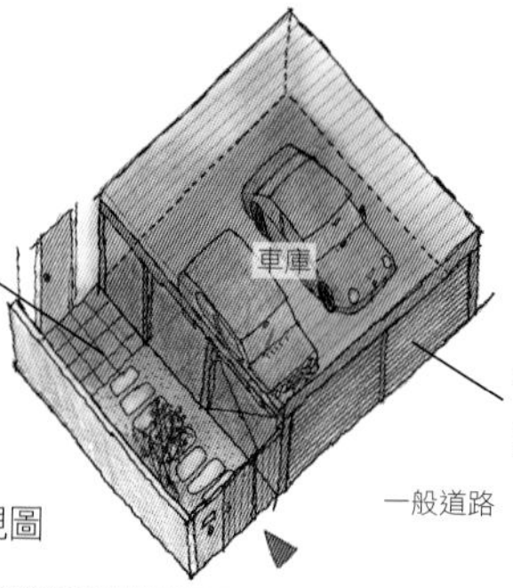
自家正面被整個車庫占滿，剩下的空間只能做成玄關通道。照理講，比起車子，對自家住宅才更應該投入更多感情才對。
車庫
有鐵捲門的車庫
一般道路

● 有鐵捲門車庫的住宅正面一透視圖

## 車庫應做成開放空間

如果住在郊區，那麼車子應該是不可或缺的工具，既然有車，那自備車庫自然也是理所當然。有鐵捲門的車庫雖然在防盜功能上有良好效果，可是這種活像儲物櫃的感覺卻總讓人皺眉頭，畢竟不論是再怎麼華美的大宅，在自家門口擺個櫃子感覺就是不好看。而要是整條街家家戶戶都這樣帶個鐵捲門，那街景肯定沒有看頭，走在街道上一點樂趣也沒有。

在這年頭，「開放式收納」是收藏物品的主流做法；既然如此，那就試著將這種思維套用在愛車身上看看吧！做法很簡單，就是如何將愛車放在庭院裡，變成點綴住宅的一部分，而非把愛車藏在沒人看得到的地方。當然，要做到這一點，首先必須將庭院弄得漂漂亮亮；把自己的窩弄得美美的，對我們自身來說當然是一件賞心悅目的事，同時對行人而言，能看到美輪美奐的街道景觀也是再好也不過了。不只如此，將車庫空間解放之後可利用的空間也會隨之變得寬敞，如果把車開出去，還可以在屋外開派對；搭個棚架、攀滿藤蔓植物等製造綠蔭也能使人心情舒暢；種上幾株葡萄，好好照顧的話還可以期待收成的喜悅；與鄰居一邊品嘗大自然的恩惠，一邊加深彼此互動，不失為一石二鳥的方法。

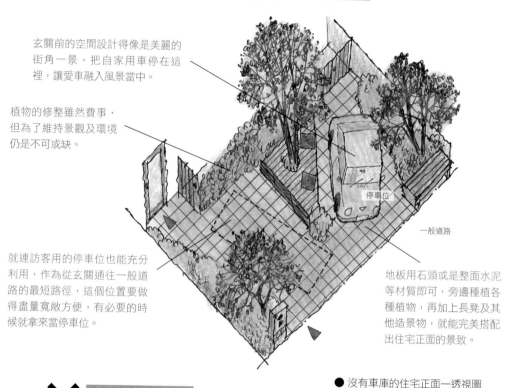

## 沒有車庫，美觀的自有住宅

一般來說將自家門口做成開放空間可能容易招致危險，但其實世界上壞人沒有那麼多！

把車庫拿掉，將車停在大型植物圍成的自然當中；只要把車開走，就變成了可供多種用途的室外空間。

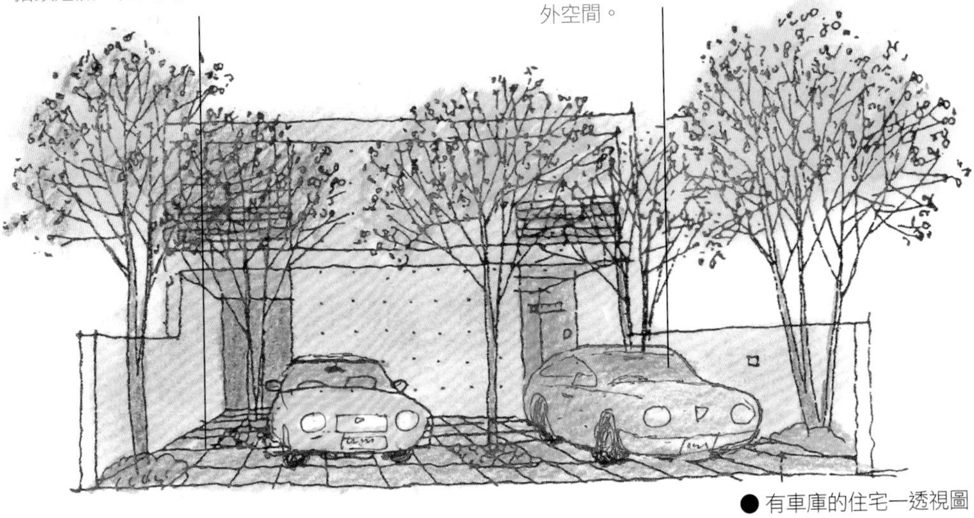

● 有車庫的住宅一透視圖

搭上棚架、種植葡萄，還可以在自家開個小小的葡萄收穫祭。

隨季節變換而有不同面貌的棚架，能帶給路人不一樣的驚喜。

重點在於車子開出去的時候該如何運用這片空間？

只要把車子開出去，隨時都可以製造出一片活動空間。

● 有棚架的住宅一透視圖

NG **車庫成了自家的門面**

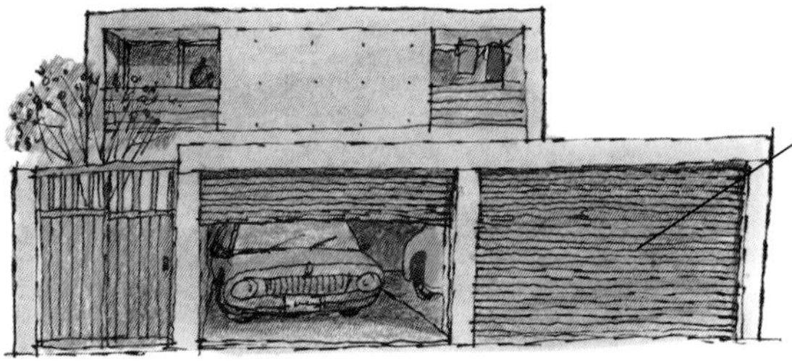

煞風景的街景基本上都是因為車庫的鐵捲門跟混凝土磚牆所造成，住宅被車庫高牆所遮蔽，與鄰居的互動也減少，才使得彼此的關係變得更加疏遠。

● 有車庫與鐵門的住宅一透視圖

# 聯外通道盡可能地延長

## 將通道設置在採光不佳的北側

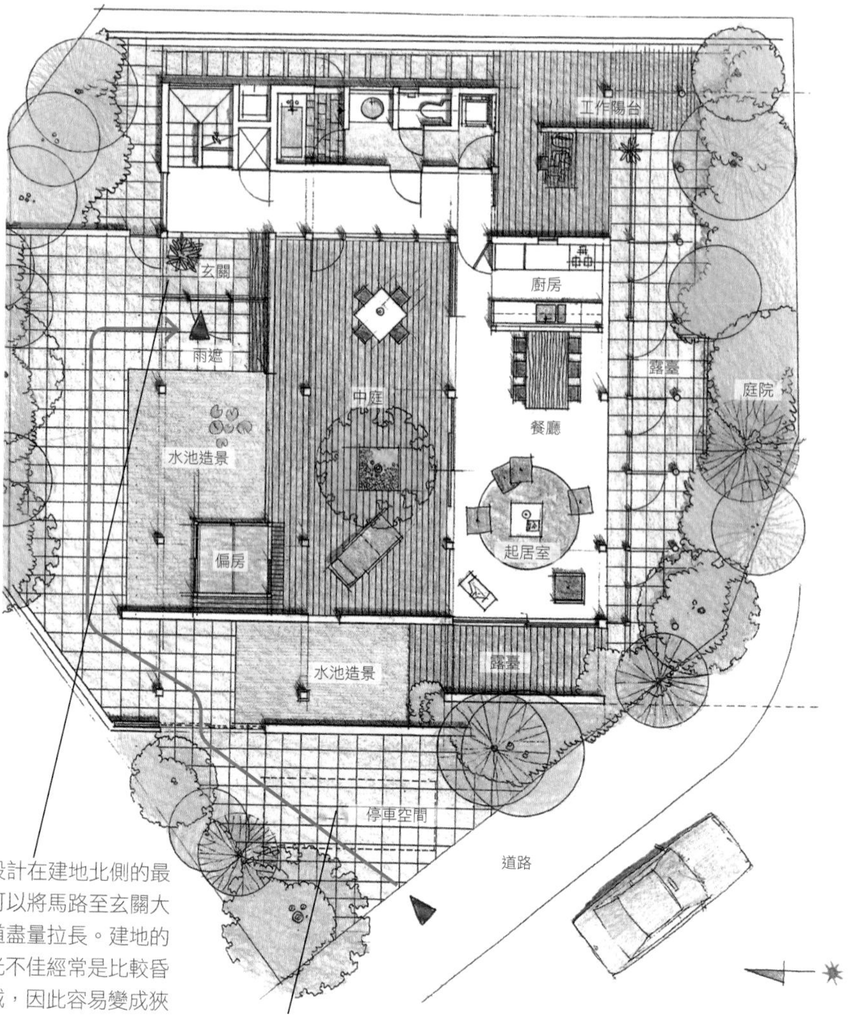
工作陽台
玄關
雨遮
廚房
露臺
庭院
中庭
餐廳
水池造景
起居室
偏房
水池造景
露臺
停車空間
道路

將玄關設計在建地北側的最深處，可以將馬路至玄關大門的通道盡量拉長。建地的北側採光不佳經常是比較昏暗的區域，因此容易變成狹窄不易使用的「畸零地」，如果做為通道再加上漂亮整齊的設計，就能顯得明亮並且讓空間得到有效利用。

狹長通道的最佳參考範例是在京都常見的小巷弄，要走進位在道路最內側的料亭，雖然通道又窄又長，但是沿途有水池造景的石板地和美麗的植栽，紙燈籠打亮小徑指引著往前走去的道路，讓人充滿期待，心情更加興奮。

● 平面配置圖

### 長一點的通道比較好

「從大門走到玄關的路途好遠讓人覺得好累啊！」。這樣的談話內容，就算是開玩笑也好，真想要說說看，因為都市或近郊的標準住宅建地面積為100～120㎡，想要說出上面那句話不太可能的。

雖說如此，玄關面對馬路而且就在路旁也是不可行的，住家內的生活動線要越短越好，但是從馬路至玄關的通道卻相反，即使狹窄也沒有關係，距離要越長越好。通道是外面和裡面的「連結」空間，所以距離盡量拉長就能在行走間讓人自然而然調整心情，平順地轉換接下來的模式，這麼一來或許也不會將工作上的情緒帶回家了吧。

另外，還必須將通道整理得更加舒適，除了植栽，如果還能對於建材和照明設備用心設計，那麼就算狹窄的通道也不會讓人在意了。讓人用五感去體會的通道，能夠給予出門上班上學的家人更大的力量，結束疲憊的一天回到家時也能感受被溫暖輕柔的氣氛包圍，當然，對於來訪的賓客來說這也是一個能感受主人接待熱情的空間。

## 就算是狹小的建地，也要盡量拉長通道

如果考量一般住宅建地的面積，是無法設計出讓人走到會累的通道，「盡可能的拉長」才是適當的距離。

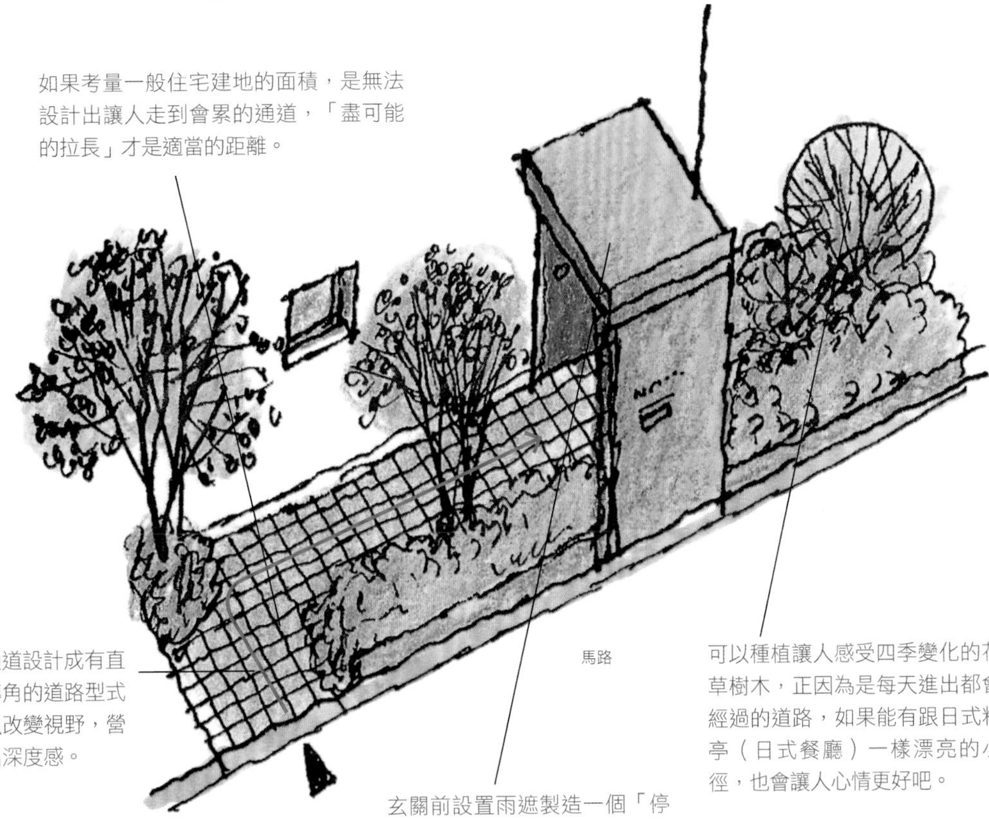


將通道設計成有直角轉角的道路型式可以改變視野，營造出深度感。

可以種植讓人感受四季變化的花草樹木，正因為是每天進出都會經過的道路，如果能有跟日式料亭（日式餐廳）一樣漂亮的小徑，也會讓人心情更好吧。

玄關前設置雨遮製造一個「停留」的空間，在進家門前可以在這裡收起雨傘或是整理服裝儀容，令人意外的是這裡經常變成一個讓人停留的空間。

● 長距離的玄關通道—等角透視圖

### NG 進入大門後1秒鐘就到玄關門

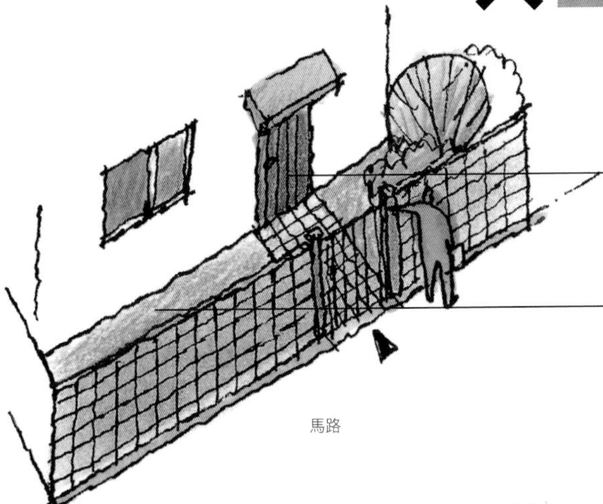


打開大門後玄關門立刻出現在眼前的設計就像沒有前奏的音樂，毫無樂趣。

有庭院空間的設計卻沒有善加利用。

● 短距離的玄關通道—等角透視圖

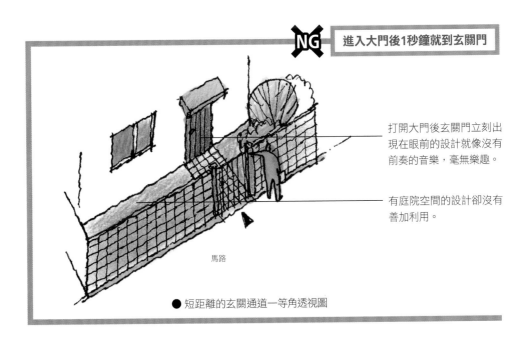

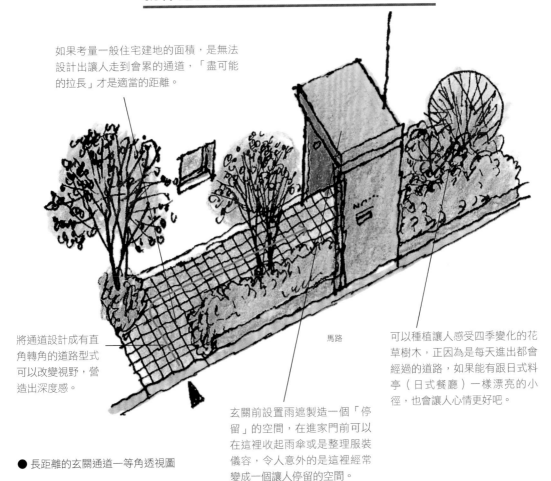

# 讓聯外通道增加樂趣的設計巧思

## 有大量植栽和露臺的通道

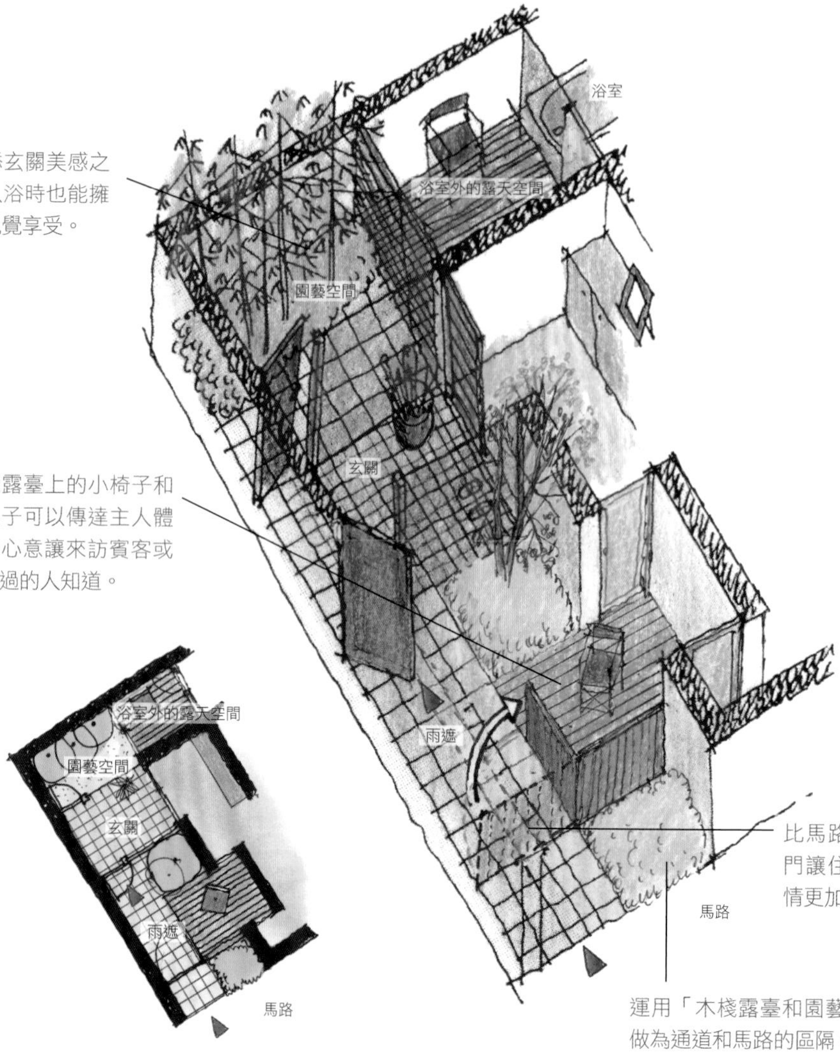
浴室
增添玄關美感之外入浴時也能擁有視覺享受。
浴室外的露天空間
園藝空間
玄關
木棧露臺上的小椅子和小桌子可以傳達主人體貼的心意讓來訪賓客或是路過的人知道。
雨遮
比馬路低的矮門讓住家的表情更加豐富。
馬路
運用「木棧露臺和園藝空間」做為通道和馬路的區隔。
浴室外的露天空間
園藝空間
玄關
雨遮
馬路

● 有木棧露臺的通道 一平面圖(左)、等角透視圖(右)

## 水和花都有隔間的功能

想讓從馬路到玄關門的這段通道有些不一樣的設計感覺，推開門後踩著一塊塊的石頭往前進是日式通道既有的設計元素，但是如果是狹窄的通道則無法取得適當的距離，最後只會變成令人感覺擁擠的空間。

運用「輕巧隔間」代替厚重大門，將此變成呈現設計感的要素之一，就能完成舒服又有意境樂趣的通道。而輕巧的隔間也能讓外部的視線更具穿透感，就連路人也能欣賞到這戶住家的通道設計，例如在通道的途中鋪設木棧露臺，在前方種植低矮的樹叢製造隔間的感覺，在木棧露臺上放置椅子和桌子還能傳達「歡迎光臨」的心意，舒適的空間讓心靈沉靜。

或是在通道的地上挖出水窪也可以，只要注入水就能營造出清涼感，如果再擺放一些盆栽，就立刻變成綻放季節美麗花朵的盆栽小花園，所以能夠讓人感到充滿樂趣的水池造景和小花園都有區隔空間的功能。

## 有水池造景和花園的通道

**POINT**

也可以在百葉上架設玻璃屋頂。

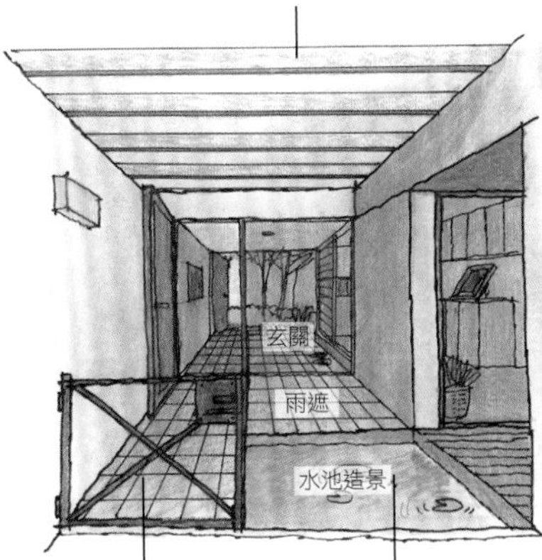
玄關
雨遮
水池造景

沒有門也沒關係。

雖然水池造景的設計會讓外面的視線穿透進來，但是卻有緩和區隔空間的重要功能。

● 通道一透視圖

**緩和區隔空間**

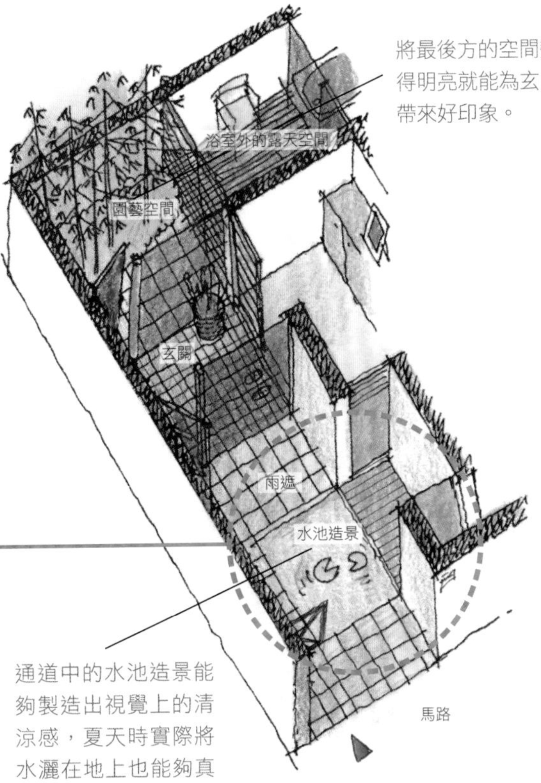
浴室外的露天空間
園藝空間
玄關
雨遮
水池造景
馬路

將最後方的空間變得明亮就能為玄關帶來好印象。

通道中的水池造景能夠製造出視覺上的清涼感，夏天時實際將水灑在地上也能夠真的獲得涼爽的感覺。

**NG 擁擠的通道**

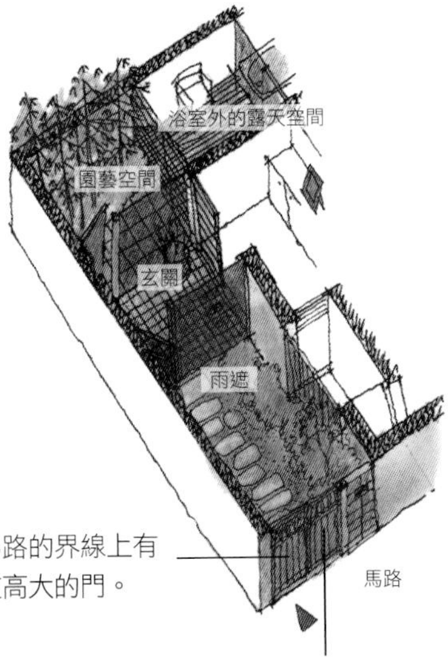
浴室外的露天空間
園藝空間
玄關
雨遮
馬路

和馬路的界線上有一道高大的門。

以大門隔絕外面的通道更顯狹窄。

● 有閉塞感的通道一等角透視圖

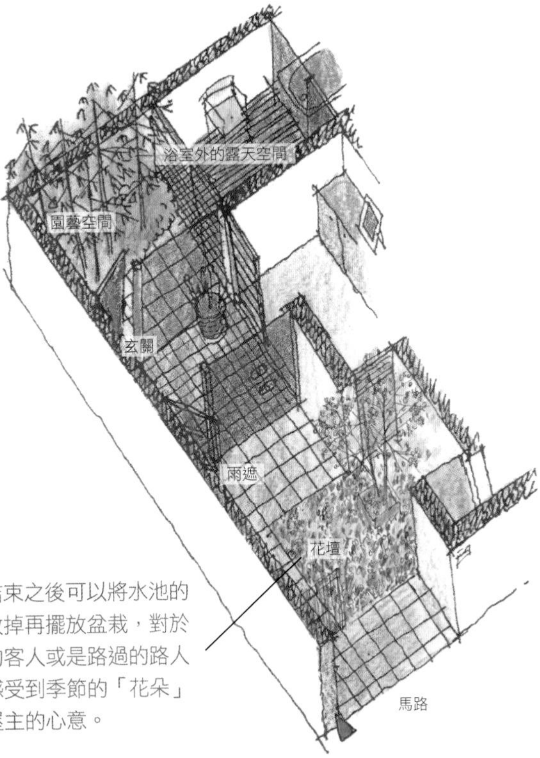
浴室外的露天空間
園藝空間
玄關
雨遮
花壇
馬路

夏天結束之後可以將水池的水排放掉再擺放盆栽，對於來訪的客人或是路過的路人都能感受到季節的「花朵」背後屋主的心意。

● 通道的地板上有水窪設計一 等角透視圖

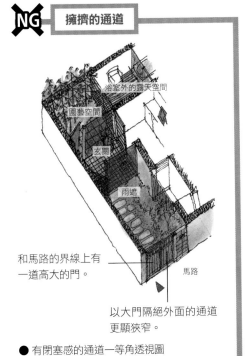

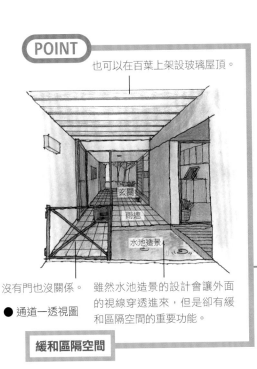

# 有高低段差的地方以木棧坡道設計無障礙空間

## 捨棄停車空間，改成輪椅用的無障礙坡道

輪椅用坡道的梯度必須在1/12以下才有足夠的和緩度，因此設置坡道需要充足的空間。

將停車空間變成輪椅用坡道，但是馬路和玄關的高低差約1.5m時要設置1/12的梯度則需要18m長的距離，此範例圖大概只能取得12m的長度，因此坡道的傾斜度比較陡。

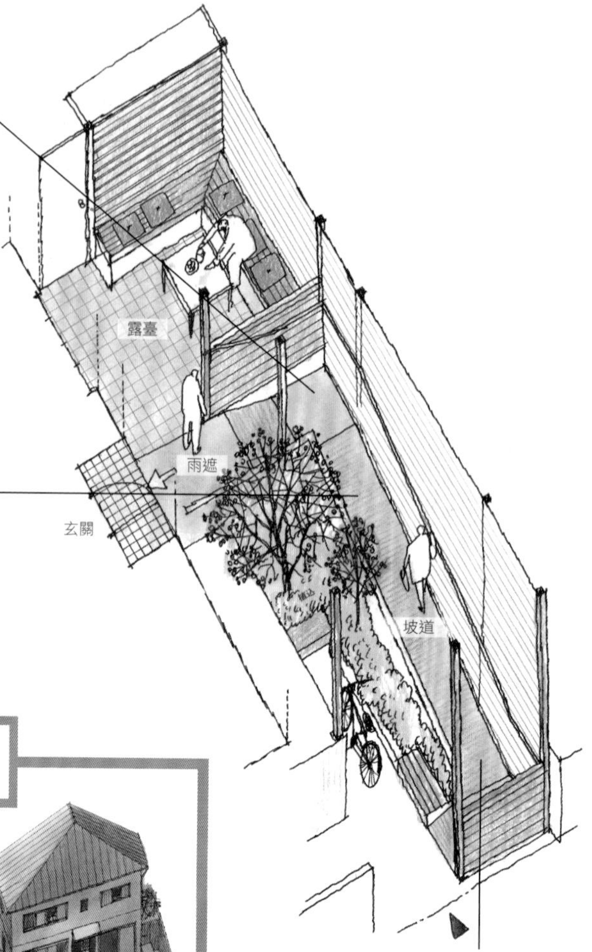


除了供輪椅使用，坡道也能因不同的設計變成有特色的通道，此外，科比意的代表作薩伏瓦別墅的坡道梯度為1/6。

● 玄關通道－等角透視圖

NG 不受長輩歡迎的樓梯通道

長輩們有時候也必須外出就醫做復健等，但是這種階梯型的通道則會讓人失去出門的「動力」。

● 建築物－等角透視圖

### 將人封閉的NG住宅設計

住宅建築物也是會老化，可能有受損之處，也可能因為生活型態的改變而不適用，這時候只要整修或重新裝潢就好了。

大部分有高低段差的建地，從馬路至玄關大門都會以樓梯做為通道，但是隨著住居者年齡增長，只要看見樓梯就讓人完全失去外出的動力，更別說行動不便的老年人了。但是，想要維持或是恢復健康的身體，運動是不可或缺的，所以也希望在家能有可以隨時進行簡單運動的空間。如果樓梯下方是停車場，那麼就可以在上方設置木棧平台做為活動的空間，幾乎不會增加什麼成本，若是在面對房屋的方向，家人們也隨時看得到，更是令人安心。

如果家人必須依賴輪椅生活，那麼就一定要以坡道取代樓梯，梯度1／12以下是非常和緩的傾斜度，因此需要足夠的面積，這點必須特別注意。如果空間十分不足的話，則建議裝設輪椅用的升降機。

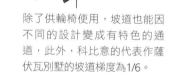

## 在停車場上方的木棧露臺做運動

在停車場上方重新設置木棧露臺，玄關周圍和前院也一起整修，完成一個可以安心活動的場所。

設至金魚水族箱，即使是小小的散步也希望能擁有樂趣的設計巧思。

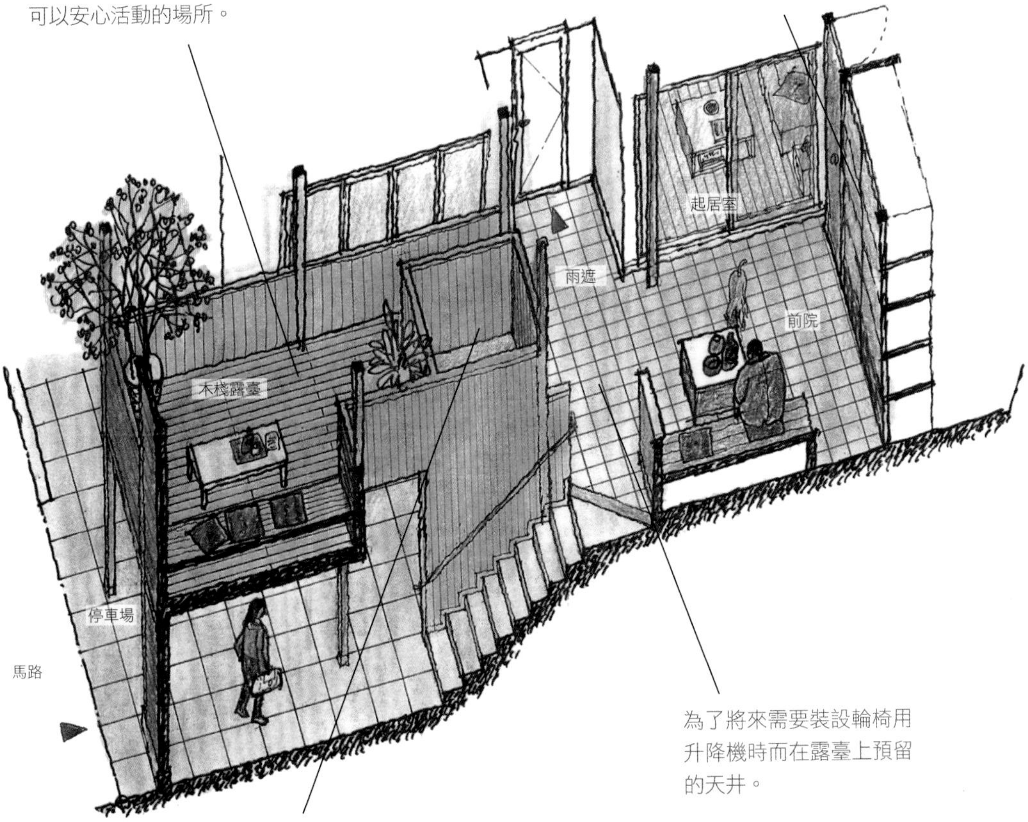

起居室
雨遮
前院
木棧露臺
停車場
馬路


為了將來需要裝設輪椅用升降機時而在露臺上預留的天井。

玄關前雨遮處和前院的地板改成鋪設止滑磁磚。

● 玄關通道— 等角透視圖

有屋簷的木棧露臺，不管是陽光強烈的夏天或是下雨時都能在長椅上一邊喝茶或小酌紅酒一邊活動筋骨。

開始輪椅生活後才需要裝設的升降機。

能夠和路人對話的窗口。

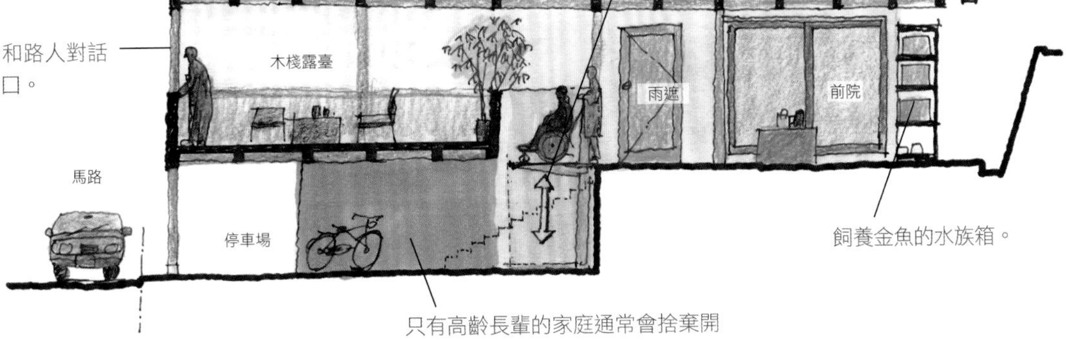

木棧露臺
雨遮
前院
馬路
停車場


飼養金魚的水族箱。

只有高齡長輩的家庭通常會捨棄開車，所以不妨將停車場當成和鄰居話家常的空間。

● 玄關通道—斷面圖

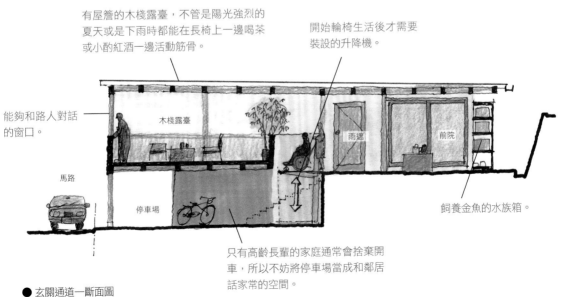

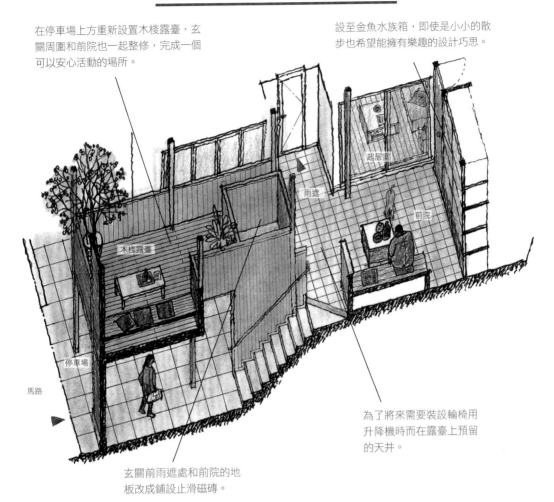

# 即使是面向道路的庭院也不介意

## 捨棄停車空間，改成有屋簷的前院

如果是建築在大約120m建地上的住宅，要將庭院擺在最後面的小小空間，不如就連同通往玄關的通道一起整理成前院，寬敞的空間足以用來打桌球或是舉辦派對，玄關前漂亮的院子不僅是工作返家的一家之主，就連訪客都能擁有好心情。

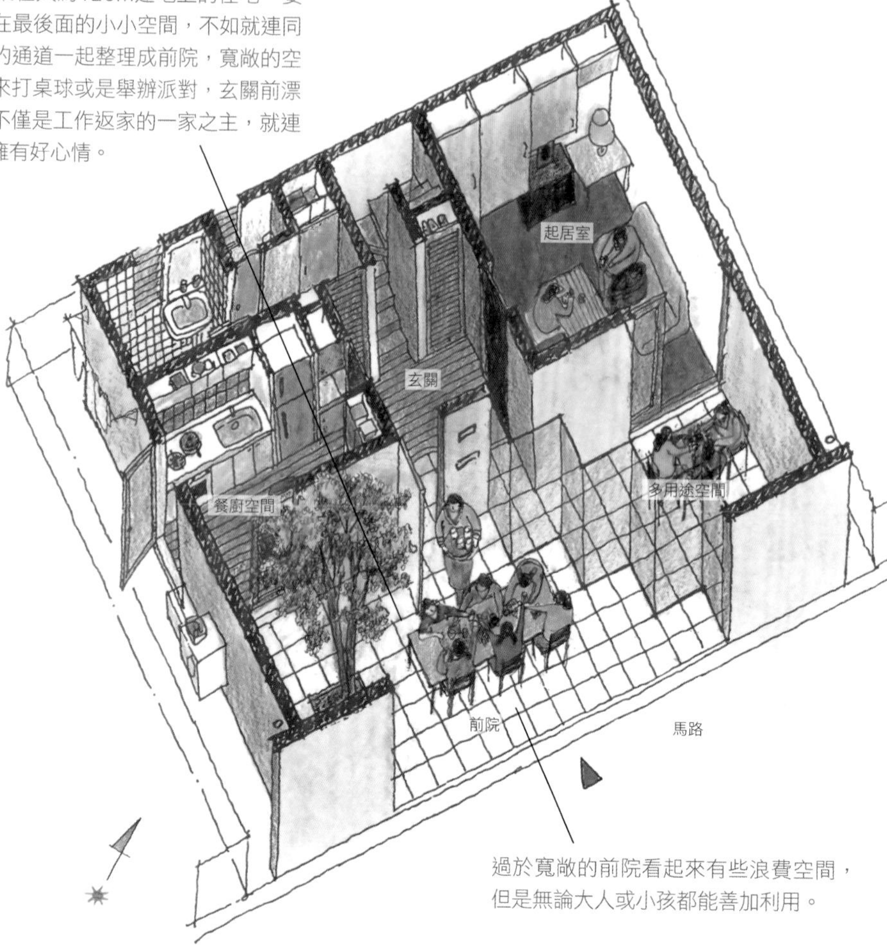
起居室
玄關
餐廚空間
多用途空間
前院
馬路

過於寬敞的前院看起來有些浪費空間，但是無論大人或小孩都能善加利用。

● 有前院的住家—平面等角透視圖

### NG 有停車場的設計案

起居室
玄關
露臺
餐廚空間
停車空間
馬路

如果設置停車場，那麼玄關前的空間就只能供停車使用，完全沒有其他功能了，或許在住家附近另租車位也是一種選擇。

● 沒有庭院的住家— 平面等角透視圖

即使想在住宅的南側設置一個完整的庭院，也可能因為建地的面積或形狀而無法實現，因此，根據實際位置設計的結果，很多時候不要偏執於一定要將庭院設計在南邊比較好。

狹窄的建地可以將通往玄關的通道一起做為「前院」使用，如此一來不僅有邀請客人入內的功能，因為面對馬路還能當作公共空間的庭院使用，不要忘記前院也是街景的構成要素之一。

# 即使已經有寬敞的大庭院也要有前院

除了享有能保有隱私的大庭院之外，將通往玄關的通道空間做為前院使用，也是接待客人時的良好空間，並且也是讓路人擁有視覺享受的公共庭院。

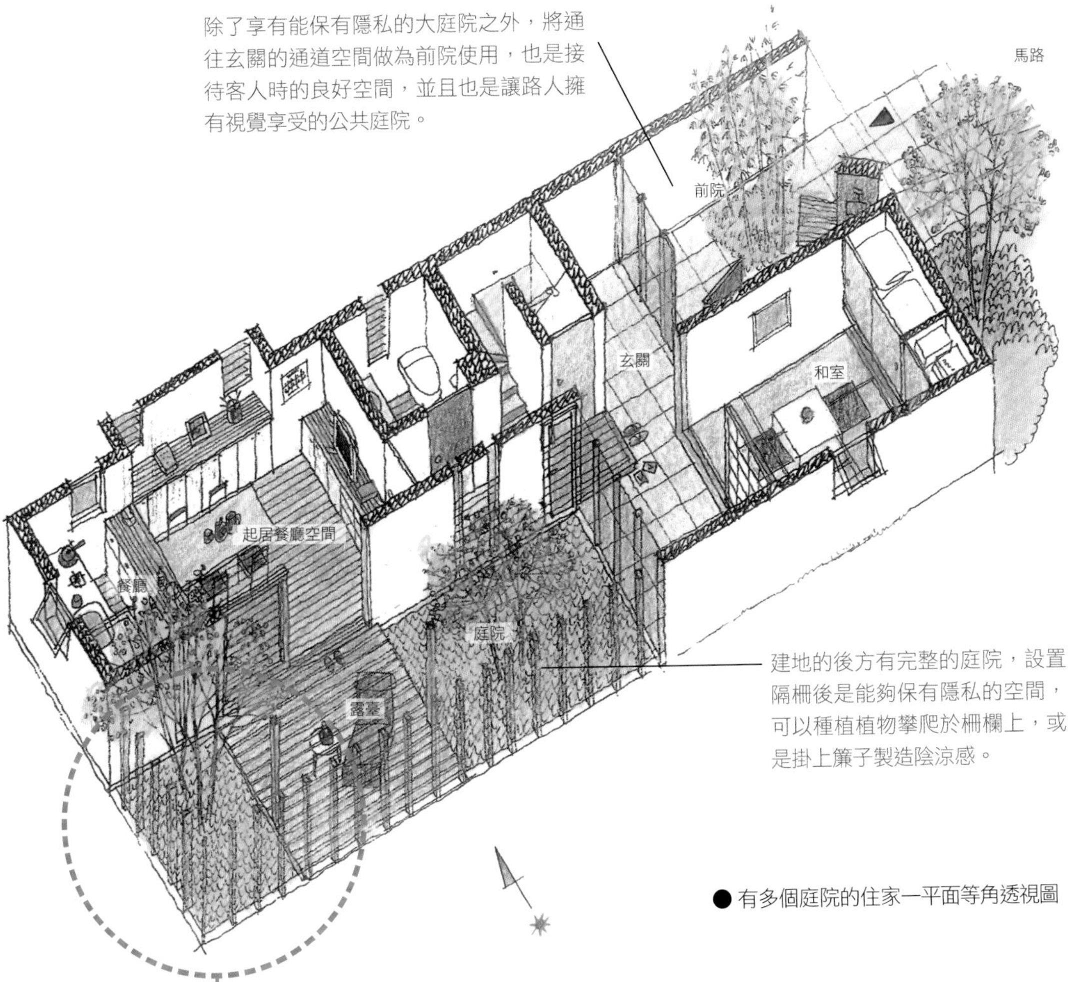
馬路
前院
玄關
和室
起居餐廳空間
餐廳
庭院
露臺

建地的後方有完整的庭院，設置隔柵後是能夠保有隱私的空間，可以種植植物攀爬於柵欄上，或是掛上簾子製造陰涼感。

● 有多個庭院的住家―平面等角透視圖

## 讓庭院分散

根據建地的不同可以設計多個庭院並且使其分散，如果有大庭院和小庭院，可以分成開放性的「動態」庭院和「靜態」庭院，讓庭院展現不同的個性特色，也讓生活更加豐富。

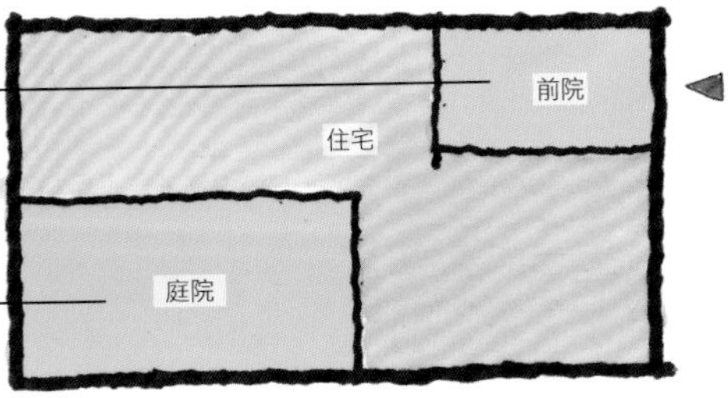
前院
住宅
庭院

● 配置圖

POINT

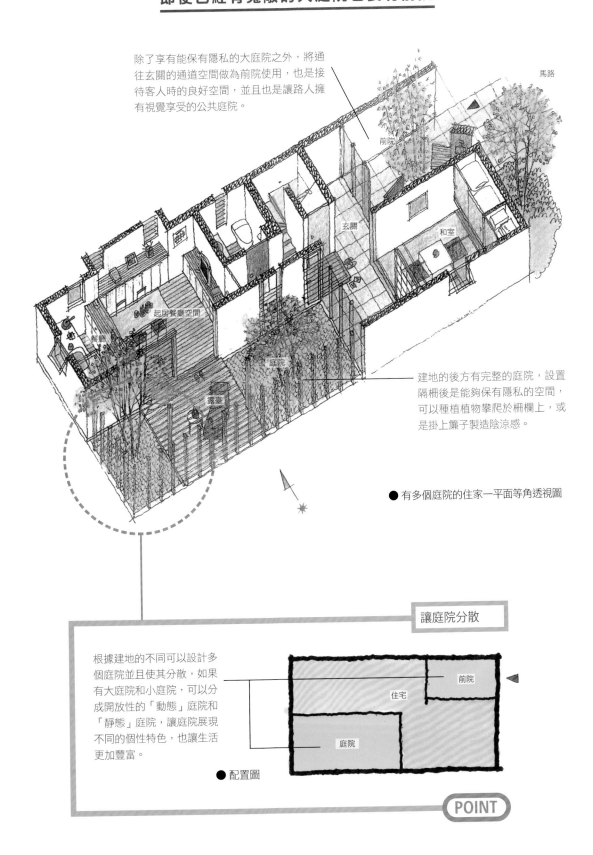

# 讓中庭來創造住宅的留白空間感

## 生活空間的中心是中庭

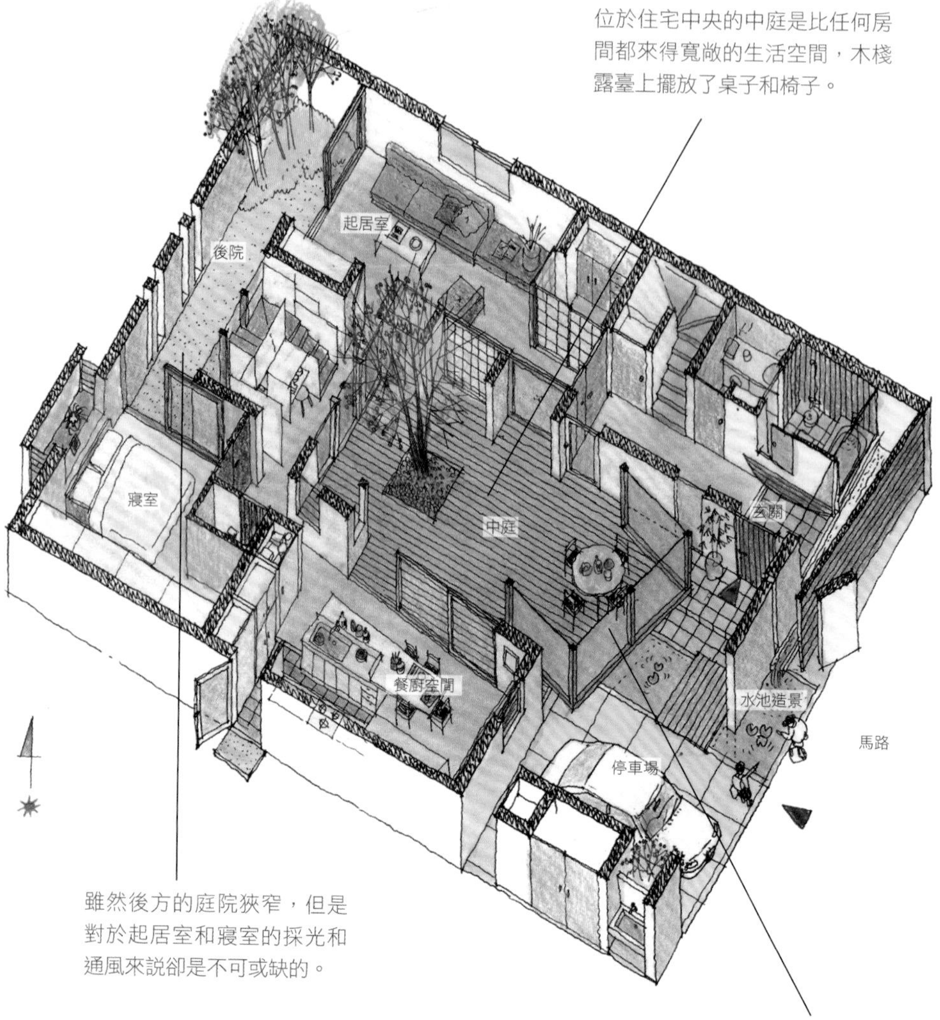
位於住宅中央的中庭是比任何房間都來得寬敞的生活空間，木棧露臺上擺放了桌子和椅子。
起居室
後院
寢室
中庭
玄關
餐廚空間
水池造景
停車場
馬路
雖然後方的庭院狹窄，但是對於起居室和寢室的採光和通風來說卻是不可或缺的。
可以透過玻璃窗窺見馬路上的樣子，反射在通道上水池中的光影十分美麗。

● 有中庭的住家—平面等角透視圖

## 中庭是光和風的通道

冰箱中塞滿東西是不好的，這是因為冷氣的循環效果會變得比較差。住宅也有類似的情況，如果是完全不浪費一點空間，每一個地方都塞滿房間的住宅，光是看平面設計圖就讓人覺得擁擠了。相反的，留有多餘空間的住宅就能擁有良好的採光和通風，似乎是可以期待的舒適生活空間。然而，上述多餘空間的代表之一即是中庭。

中庭除了有通風和採光的功能之外，也能讓各房間在視覺上顯得更加寬敞，另外，因為它夾在建築物的中間，也可以當作「房間的延展空間」使用，除了是家人和朋友舉辦派對的空間，也可以擺張躺椅享受閱讀的樂趣，或是喝杯紅酒放鬆身心。所以，中庭必須有完善的地板設計，鋪設木頭地板或是石板、磁磚等。

住宅中的多餘空間也是讓人放鬆身心的地方，無論是中庭或是一般庭院，希望能有多個不同的庭院，依照不同的心情享受每個庭院帶來的生活樂趣。

## 將起居室、餐廳、廚房變得更加舒適的兩個庭院

鋪設磁磚的中庭，種植的大樹最好是可以感受四季變化的落葉樹或是會開花的樹木。

建地北側是機能性庭院的「工作陽台」，可以在這裡晾衣服等，但切記不要在中庭晾衣服。

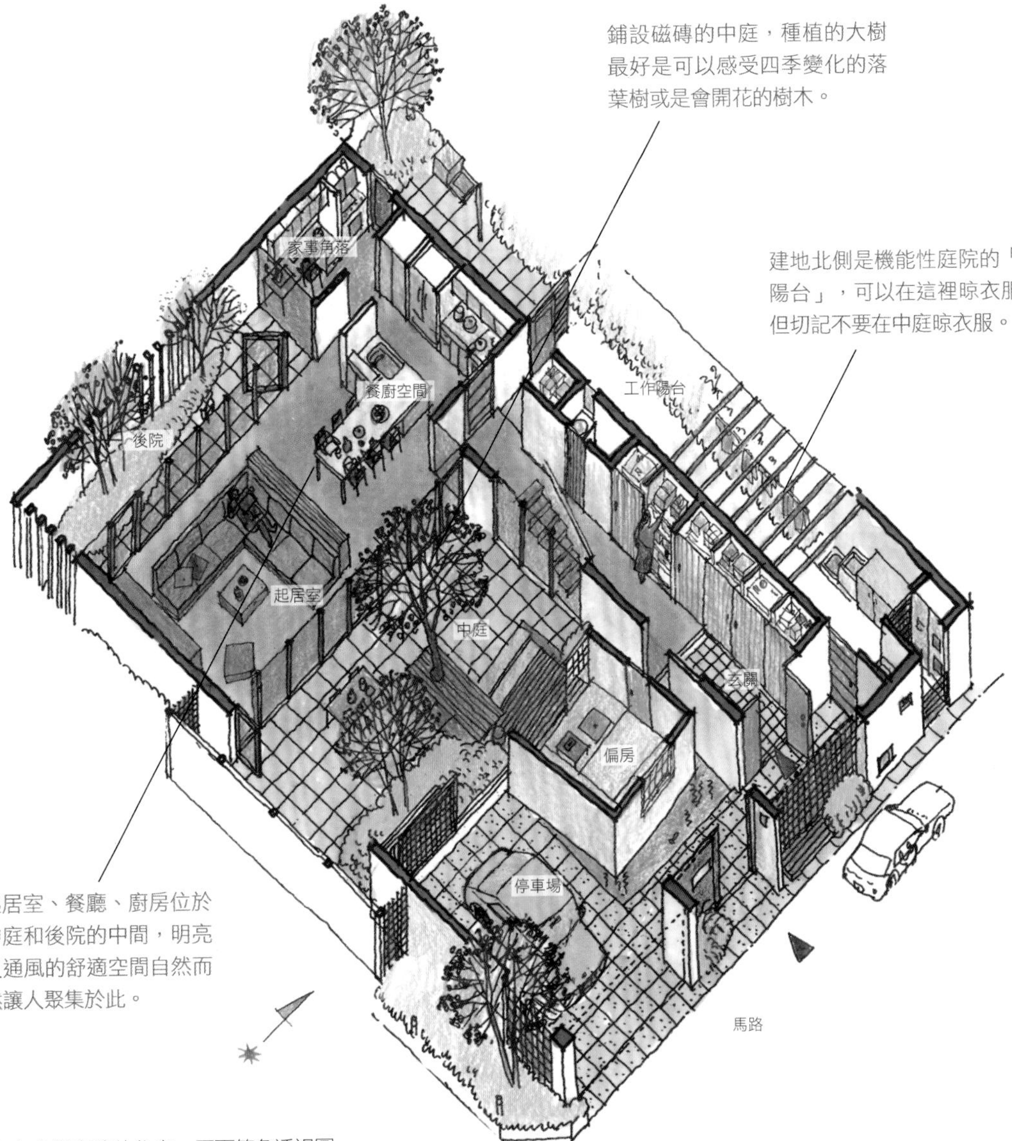
家事角落
餐廚空間
後院
工作陽台
起居室
中庭
玄關
偏房
停車場
馬路

起居室、餐廳、廚房位於中庭和後院的中間，明亮又通風的舒適空間自然而然讓人聚集於此。

● 有多個庭院的住家一平面等角透視圖

**NG 有沒有中庭的差別**

有沒有中庭在居住上的明顯差別觀看圖面就可以想像，左圖是將中庭的位置做成客廳的設計圖。

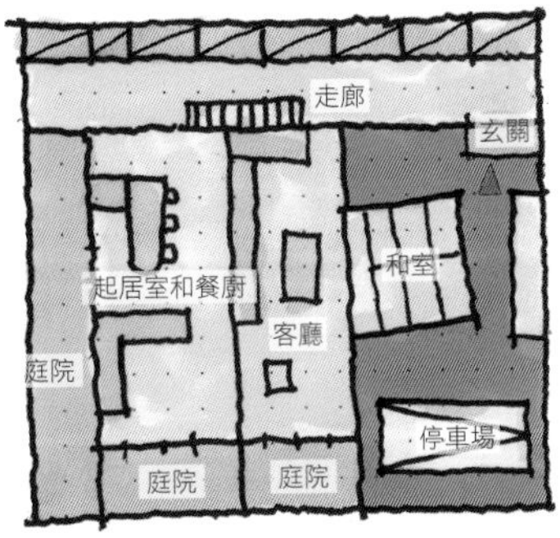
走廊
玄關
和室
起居室和餐廚
客廳
庭院
停車場
庭院
庭院

● 沒有中庭的住家一平面圖

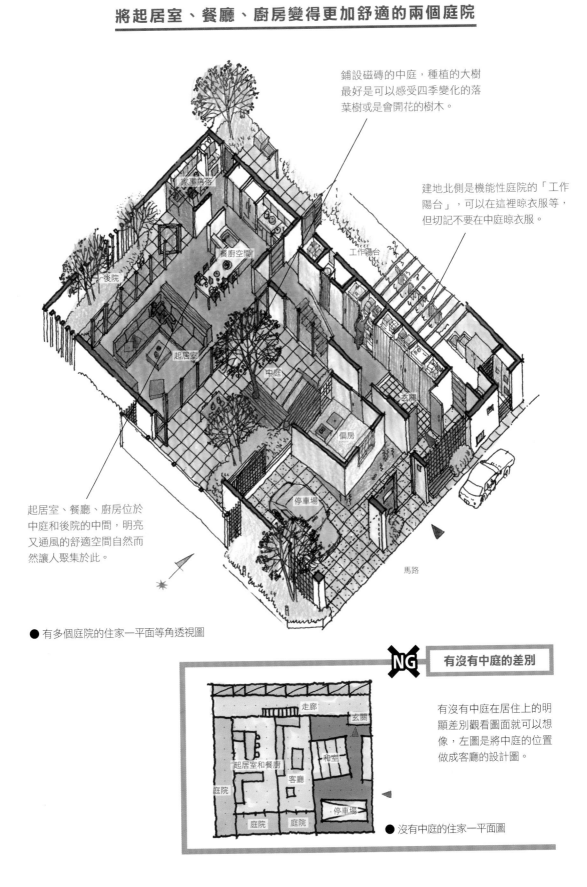

# 減少建築面積納入中庭空間

## 中庭的重要功能

圍繞中庭的隔間希望是能夠通風以及讓視線穿透的設計。

被コ字型建築物圍繞的中庭，靠近馬路的一側設置格子柵欄能夠確保隱私，因此面對中庭的房間也能夠取得大片落地窗。

● 有中庭的住家—外觀透視圖

### 各種形式的中庭

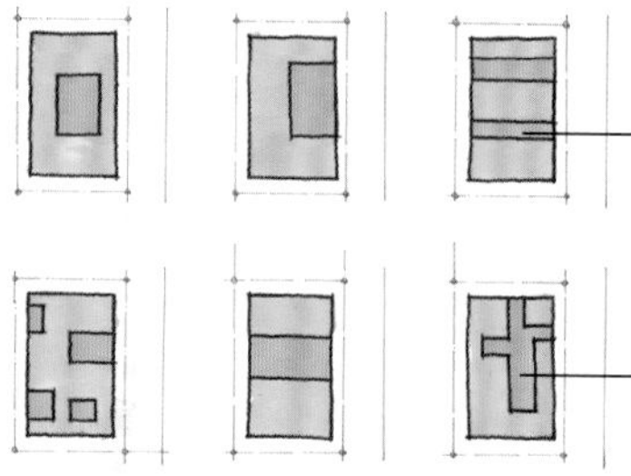

設置在住宅中央的庭院即是「中庭」。中庭有各式各樣的形式，面對中庭的房間能夠擁有通風、採光、防盜及保有隱私的好處。

● 各種中庭的配置設計圖

POINT

## 能夠引進光和風

雖然是「為了客人來住宿時」所特別設置的和室，但是卻從來沒有使用過，我們經常會聽到這樣的情況。而且，像這樣的和室通常面對庭院，可以說是家中最好的位置，但是不知不覺就變成放置物品的儲藏室了，昏暗又沒有使用的房間對於一個住家來說也是「不健康」的。

遇到這種情況，將房間再度活用是一個方法，但是如果將整個房間打掉變成中庭的話也是很有趣的方式。雖然將東西丟掉會讓人感到可惜，但是放著不用更讓人覺得不舒服吧，設計成中庭可以引進光和風，大幅提升居住品質。

如果想改善現有住居的通風和採光，有許多案子的適用方法是與其增建不如減少建築面積，另外，隨著獨居高齡長者的增加，將不需要的房間打掉改建成可以活動身體的中庭，不也是合情合理的嗎？

## 將空置的房間改造成中庭，改善採光和通風

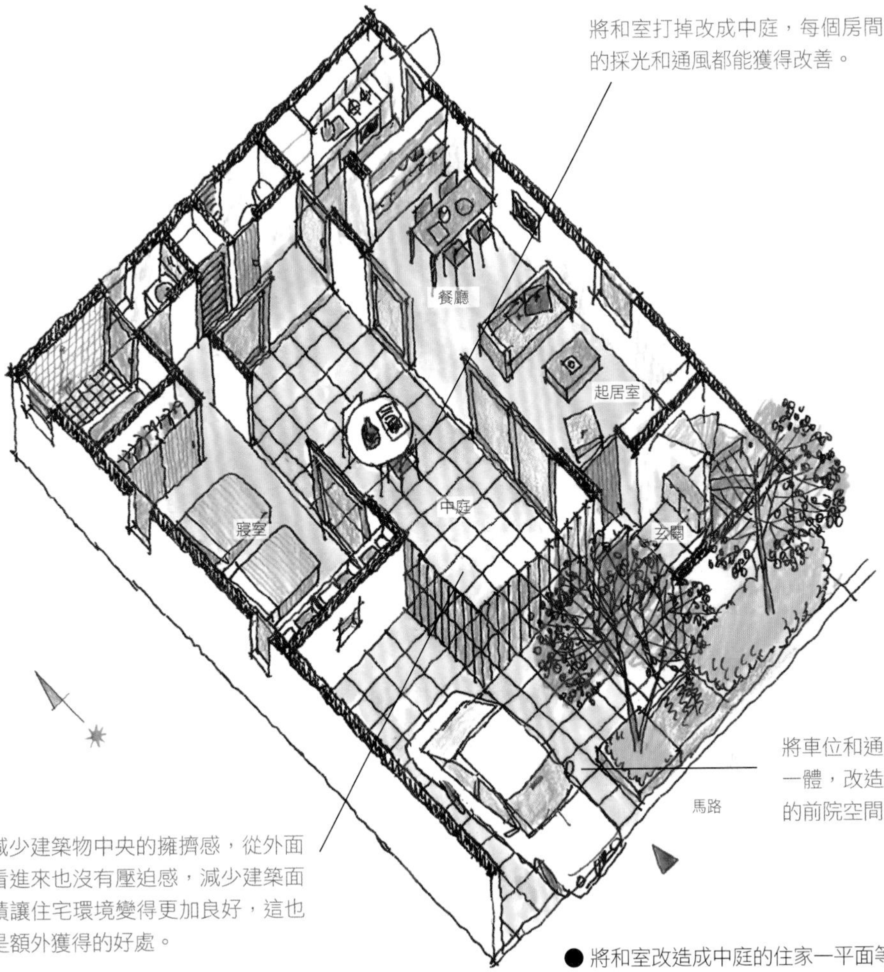
將和室打掉改成中庭，每個房間的採光和通風都能獲得改善。
餐廳
起居室
中庭
寢室
玄關
將車位和通道合為一體，改造成漂亮的前院空間。
馬路
減少建築物中央的擁擠感，從外面看進來也沒有壓迫感，減少建築面積讓住宅環境變得更加良好，這也是額外獲得的好處。

● 將和室改造成中庭的住家一平面等角透視圖

NG **空置的房間百害而無一利**

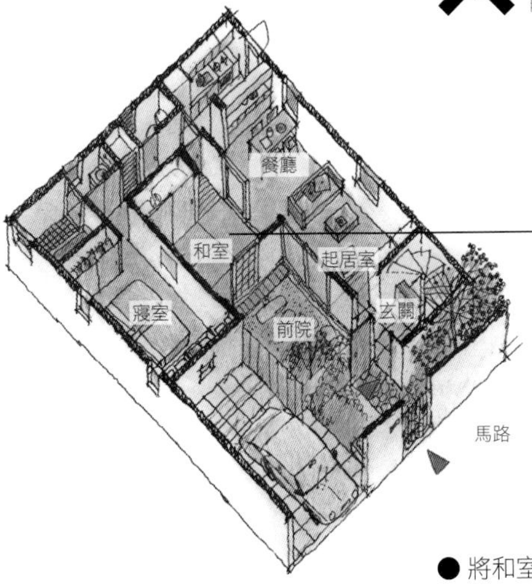
餐廳
和室
起居室
寢室
前院
玄關
馬路
面向中庭卻幾乎沒有使用的和室空間，做為儲藏室真是浪費。

● 將和室當成儲藏室的住家一平面等角透視圖

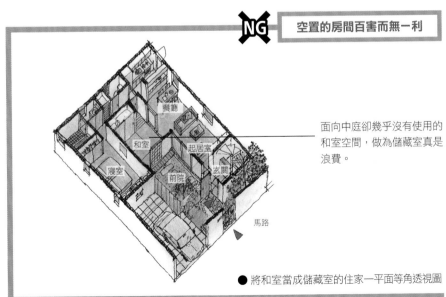

## POINT

先生過世後為了家族成員之一的愛犬，老婦人將住宅改建的範例。以前的活動空間是狹小庭院的大麥町，自從打掉和室改建為中庭後就有更寬敞的活動空間了。

**為了愛犬將和室改建成中庭**

# 對於高齡長者和寵物皆友善的改建

將原有的外牆打掉改成柵欄式的隔牆，也能讓愛犬發揮看家的本領，牠不僅是老婦人的好夥伴，也是值得信賴的警衛。

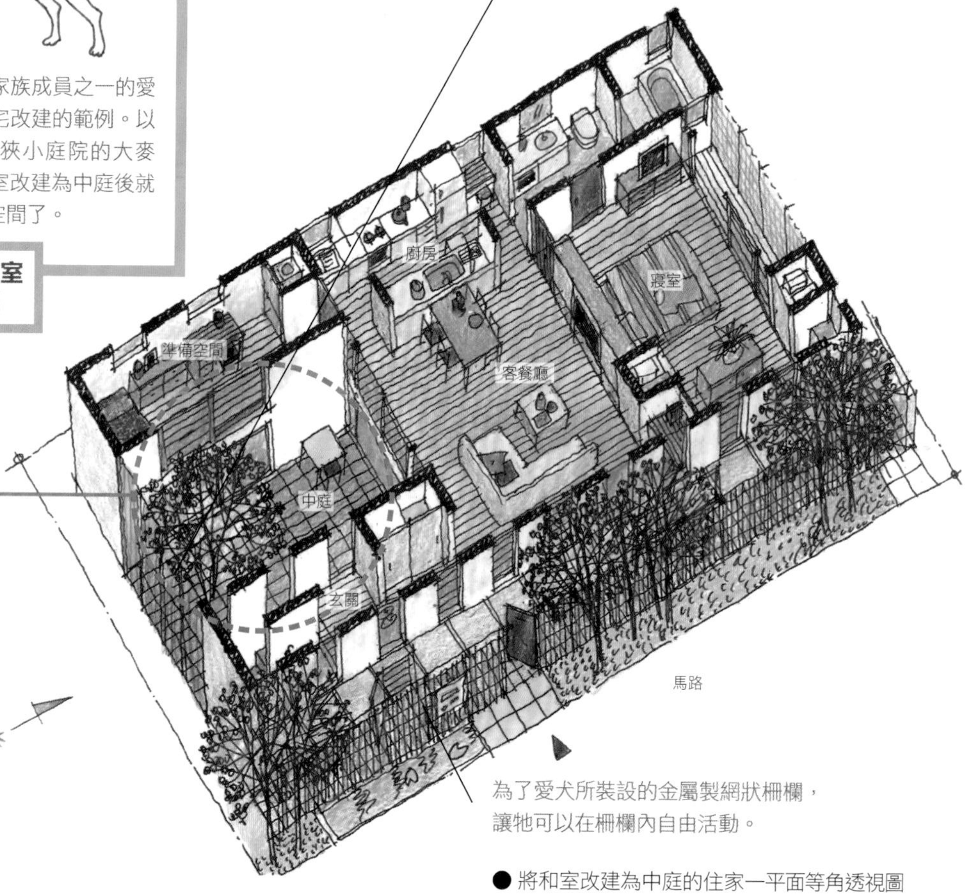

廚房
寢室
準備空間
客餐廳
中庭
玄關
馬路


為了愛犬所裝設的金屬製網狀柵欄，讓牠可以在柵欄內自由活動。

● 將和室改建為中庭的住家一平面等角透視圖

樓梯下面是愛犬的家。

對於高齡長者來說可以隨時活動筋骨的空間是非常重要的。

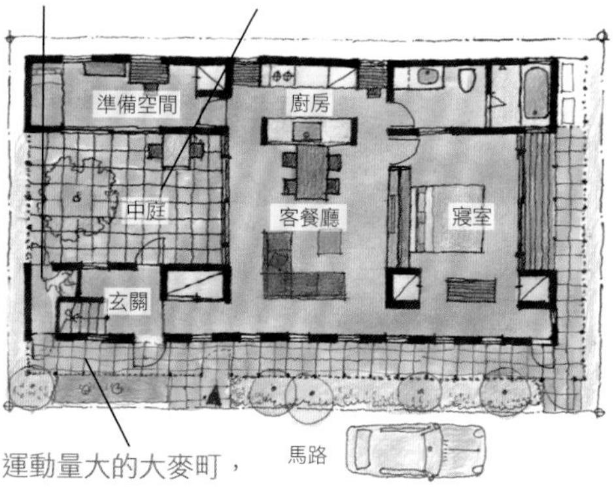

準備空間
廚房
中庭
客餐廳
寢室
玄關
馬路


為了運動量大的大麥町，將住家周圍改造成可以自由走動的空間。

● 改建後一平面圖

**NG 對於獨居者來說空間過大的家**

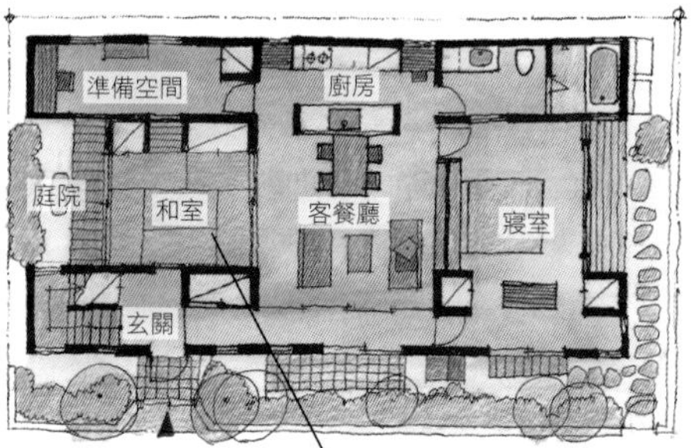

準備空間
廚房
庭院
和室
客餐廳
寢室
玄關
馬路


對於獨居者來說沒有必要的和室，愛犬總是安靜的坐在和室前狹小的庭院中。

● 改建一平面圖

Chapter 4
庭院
11

# 佔地過大的庭院也會產生煩惱

## 因為多個內在庭院而構成豐富的外在空間

內院是和日常生活互相連結的庭院，和外部庭院區隔的柵欄盡量越低越好，並且可以鋪設木頭或磁磚地板。

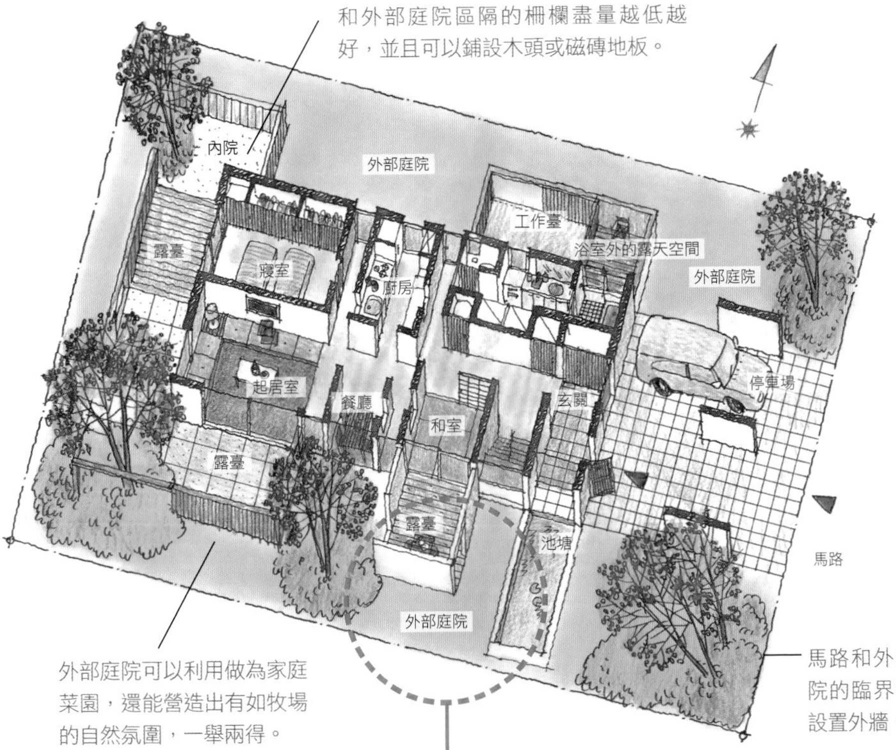
內院
外部庭院
工作臺
浴室外的露天空間
外部庭院
露臺
寢室
廚房
起居室
餐廳
和室
玄關
停車場
露臺
露臺
池塘
馬路
外部庭院

外部庭院可以利用做為家庭菜園，還能營造出有如牧場的自然氛圍，一舉兩得。

馬路和外部庭院的臨界線不設置外牆。

● 平面等角透視圖

### 寬敞的庭院可以分成幾個小院子

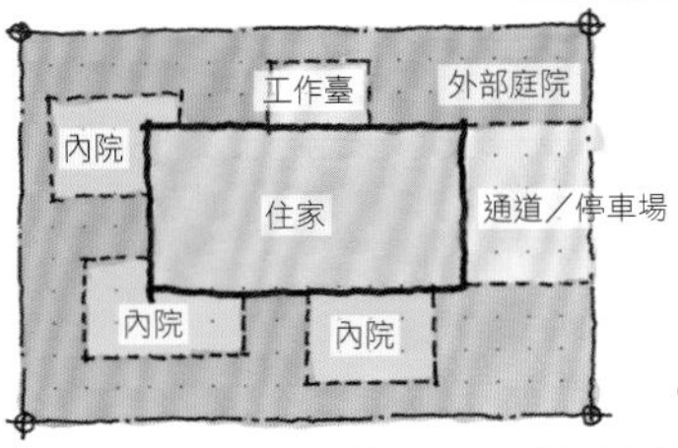
工作臺
外部庭院
內院
住家
通道／停車場
內院
內院

將庭院分成幾個小院子，設計成不同風格的庭院讓生活增添不同色彩。

● 配置圖

POINT

## 就只是空間大的庭院也不好使用

觀察一般住宅的建築環境，有建地越來越狹小的趨勢，但是當人們「想要一個能夠充分享受園藝或家庭菜園樂趣的住家」時，那麼就必須要有足夠空間的建地，如果是在北海道或是腹地廣大人員稀少的地方這就不是什麼困難的事情吧。

上圖是將家庭菜園做為興趣的一家四口的住宅，占地450㎡的建地，如果將建築物以外的面積全部做為家庭菜園則會因為過於寬廣而難以規劃，可見並不是說空間大就一定好。所以，我們決定設計可以在日常生活中充份利用享受的「內院」，面對住宅各個空間而形成不同大小、各式各樣的內院，有些種植草皮有些則鋪設木頭地板，再搭配不同設計的低矮隔間，根據各種場合及心情將內院當作住宅空間的延伸加以利用。

家庭菜園的位置則選擇位在外側的「外部庭院」，因為內院已經分割出不同的功能，因此更容易善加運用。

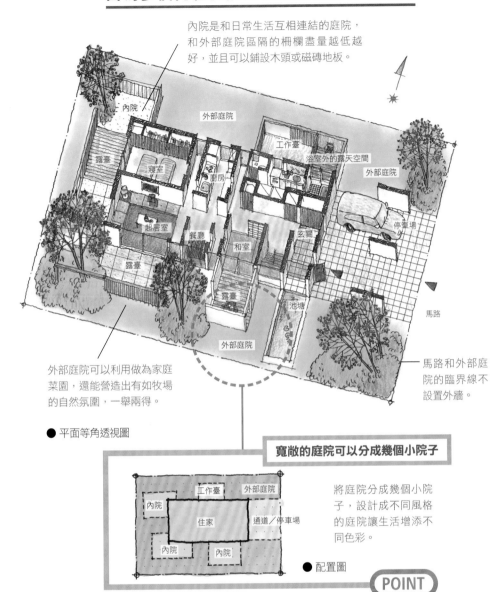

# 中庭的價值？無價！

## 分割成多個中庭後帶來的生活舒適度

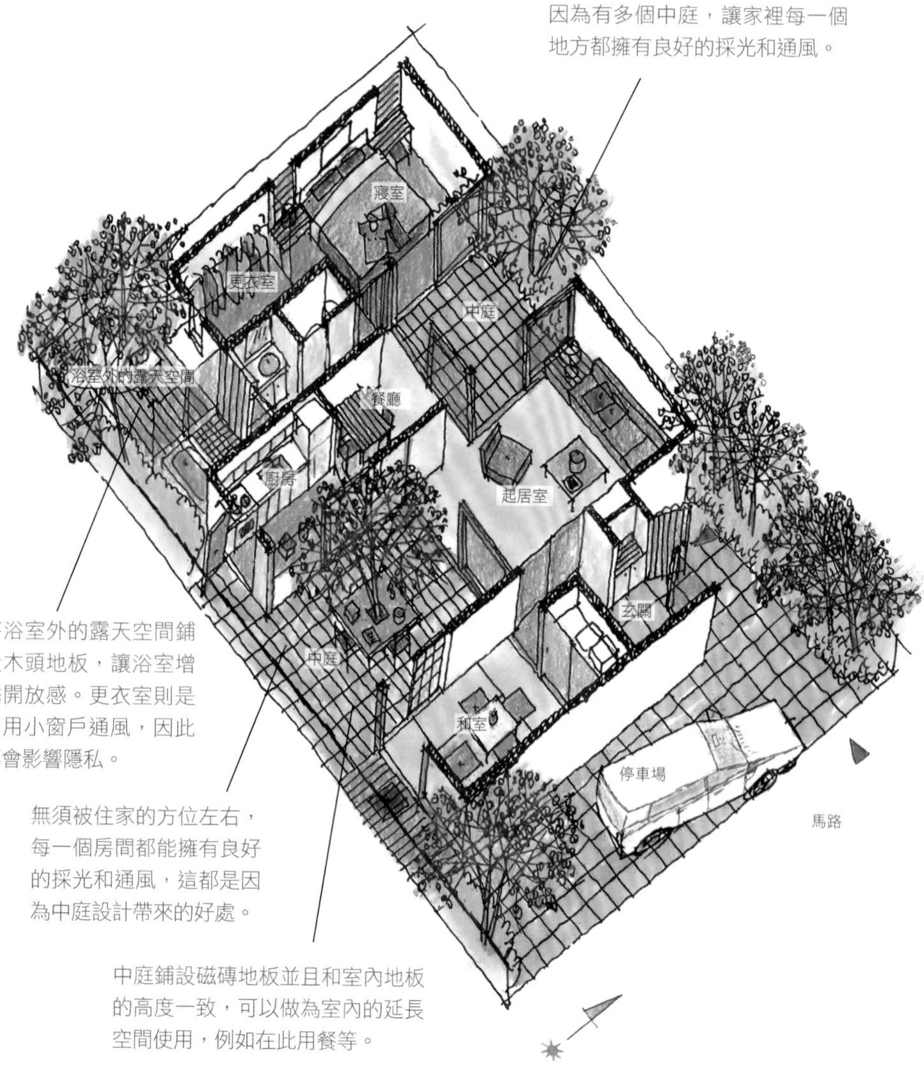
因為有多個中庭，讓家裡每一個地方都擁有良好的採光和通風。
寢室
更衣室
中庭
浴室外的露天空間
餐廳
廚房
起居室
玄關
中庭
和室
停車場
馬路
將浴室外的露天空間鋪設木頭地板，讓浴室增添開放感。更衣室則是利用小窗戶通風，因此不會影響隱私。
無須被住家的方位左右，每一個房間都能擁有良好的採光和通風，這都是因為中庭設計帶來的好處。
中庭鋪設磁磚地板並且和室內地板的高度一致，可以做為室內的延長空間使用，例如在此用餐等。

● 有中庭的住家—平面等角透視圖

### 比較後就知道有中庭的好處

設置中庭能夠得到的好處已經都說明過了，相反的也有一些缺點。例如建造中庭必須增加隔間牆壁，那麼建築成本就比一般住宅高出許多，應該有些人就是因為這個因素而放棄中庭吧。

但是，有了中庭後所得到的舒適度以及能夠增添更豐富的生活環境，這些優點都是難以計數的，設計師必須將這些優點完整傳達，提案時強調此項設計帶來的益處絕對凌駕缺點之上，並且讓屋主實際獲得同感。

首先，將「一般隔間設計圖」和「有中庭的隔間設計圖」的每一個房間和庭院以相同面積進行比較，另外，如果能再加上有中庭後的住宅生活預想圖就更好了，設計師可以提供這些資訊讓屋主判斷。

另外，將一般隔間圖的每一個房間像拼圖般分割，在提供屋主做為判斷材料的中庭隔間圖時將此加以利用會更有效果，屋主也能更簡單清楚的比較和判斷，是很推薦的提案方式。

# 說明中庭優點的提案方式

## NG 一個寬大的庭院可以做什麼？

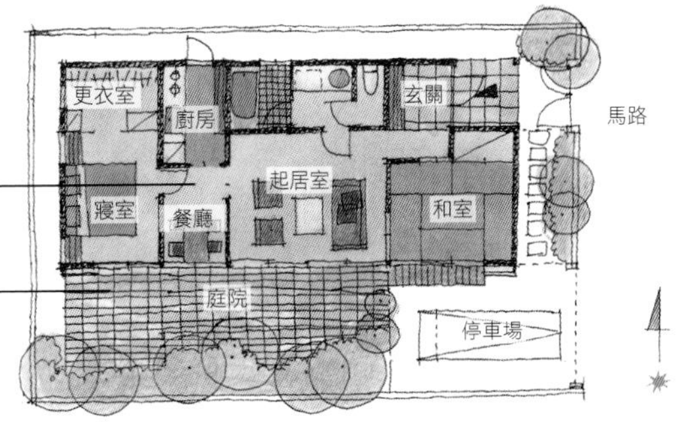


房間緊鄰密集，通風不良。

將庭院設置在南側的一般住宅隔間，雖然這樣也不差，但是不妨和有中庭的隔間比較看看吧。

● 南側有大庭院的住家—平面圖

## 用拼圖的方式進行比較

一般的住家隔間

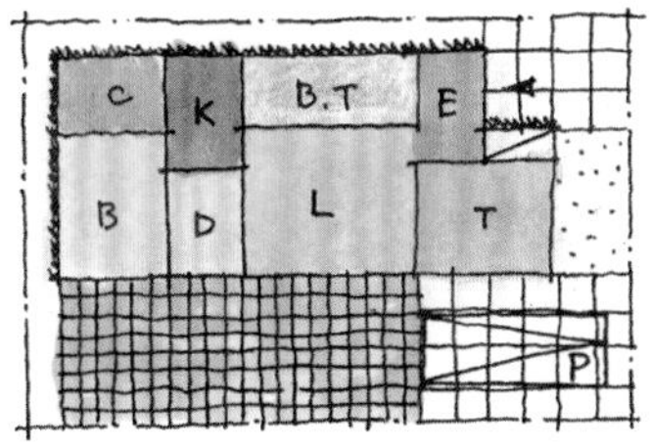


用剪刀分別剪下來後…

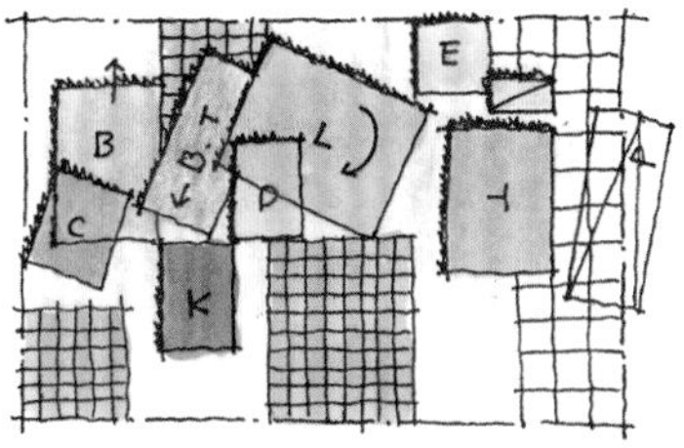


拼成有中庭的住家隔間

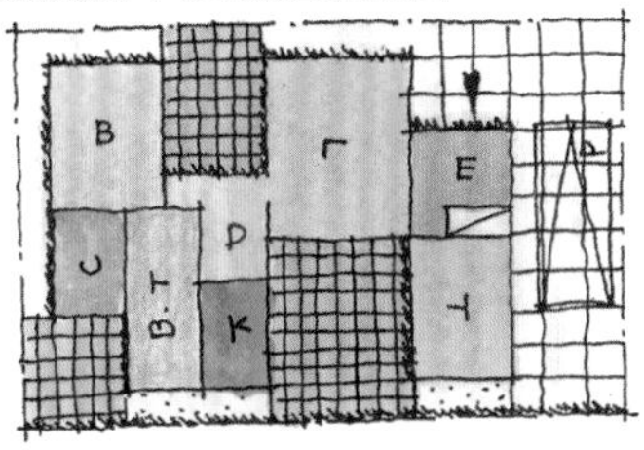


將一般住家隔間用剪刀分別剪下來，再將剪成小片的庭院放在每一個房間之間拼起來，這樣一來就能在相同條件下簡單完成有中庭的隔間，也能清楚的進行比較。

POINT

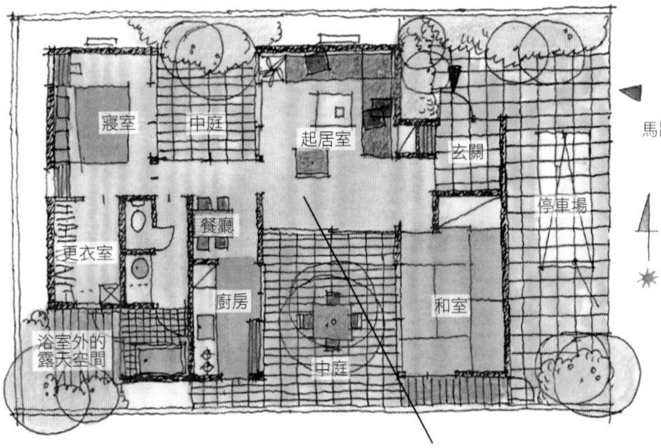


● 有中庭的住家—平面等角透視圖

每一個房間之間都有中庭的隔間設計，採光和通風良好的住宅就像充滿太陽溫暖的味道，讓人感到舒服。

● 有中庭的住家—中庭預想圖

從中庭看起居室的樣子，可以看見左側後方也有庭院，室內和庭院有著緊密的關係，居住的空間顯得更加寬敞。另外，每一個房間也能保有適當的距離感。

# 非室外也不是室內，卻令人感到舒服的空間

## NG 沒有在使用的中庭

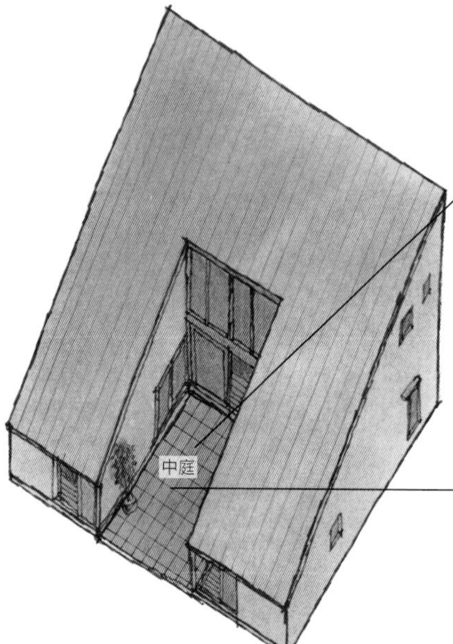
當家庭成員只剩下高齡長者時，使用中庭的機率越來越低。
中庭
如果有種植植栽，隨著年紀增長也變得漸漸無力照料，可能會變成荒廢的庭院。

● 有中庭的住家—外觀等角透視圖

沒有架設屋簷的中庭，無論是炎熱的夏天、寒冷的冬天、雨天都不便使用。
走廊
中庭
玄關

● 斷面預想圖

## 曖昧不明的空間才會得到大家的喜愛

庭院或陽台如果有類似雨遮的屋簷，就可以擺上一張桌子坐下來喝一杯。或是充滿陽光照射的暖房，也會讓人想在此做一點簡單的伸展操。像這樣不是室外也不能算是室內的「曖昧空間」，卻可能比室外和室內都來得令人覺得舒服。

上圖是屋主上了年紀之後將中庭增設玻璃屋頂，將此改建為室內露臺的住宅案例，改建之後不需要再為整理庭院而煩惱，不管天氣如何都能有隨時可以運動的地方，除此之外，令人開心的是就連孫子和朋友來訪的機會都增加了。

半室內化的室內露臺對於能夠極度保有隱私的住家環境來說，是帶有公共空間要素的「曖昧空間」，這樣舒服的空間也能為訪客帶來舒適感吧。

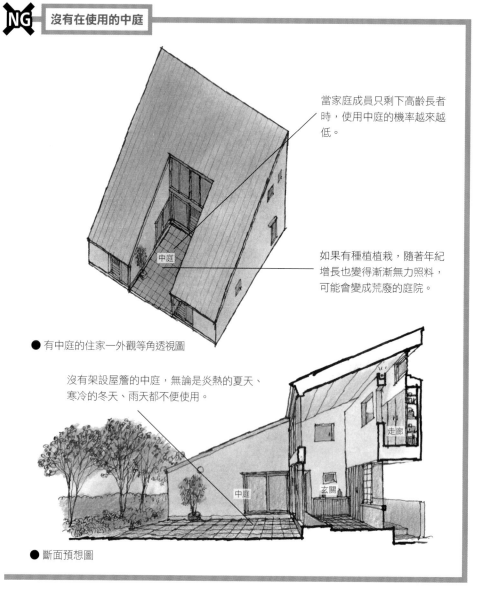

## 中庭架設屋簷，成為室內露臺

2樓兒童房
2樓走廊・圖書空間
玄關
寢室
和室
寢室
客餐廳
工作陽台
室內露臺

能夠看見天空的室內露臺是將完全位於室外的露天中庭架設透明玻璃的屋簷以及鋪設地版、整理牆面而成。

原來的中庭是位於公共空間的起居室和個人空間的寢室之間，將此改建為室內露臺後也多了中間感覺的新空間。

● 將中庭改建成室內露臺的住家一平面等角透視圖

室內露臺前端有如「偏房」的和室是可以進行個人嗜好的空間，和室上方位於屋簷下的部分則像隱藏的秘密空間。

室內露臺的屋簷是由百葉隔柵與玻璃組成。

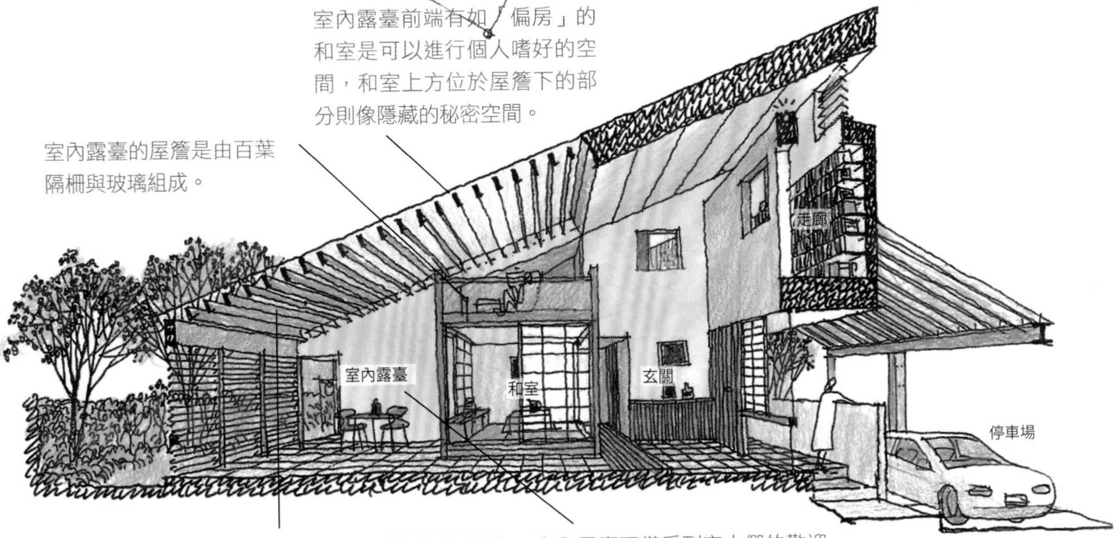
走廊
室內露臺
和室
玄關
停車場

● 斷面預想圖

關於透明屋簷的材質和面積等是有相關法令限制的，這點必須特別注意。另外，透明屋簷也容易受到熱負荷的影響，架設時必須考量原有的住宅構造。

室內露臺不僅受到家人們的歡迎，就連朋友們也自然的喜歡前來，或許是因為這是個令人感到舒適的「曖昧空間」吧。

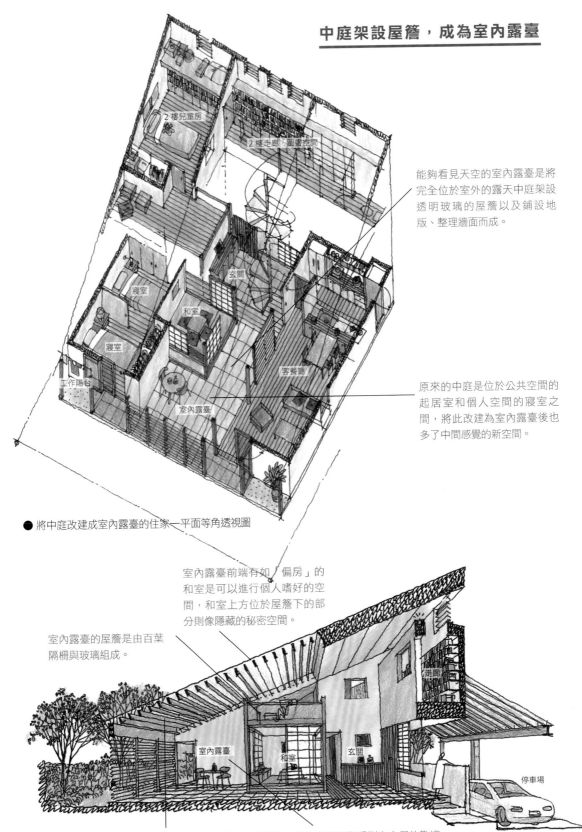

# 庭院中的「偏房」是日常生活中的潤滑油

NG 破壞庭院風景的儲藏室

擺在庭院角落的儲藏室與室內的收納空間比起來不僅使用上不方便，放在這裡的幾乎都是不會使用的物品，更破壞了庭院的風景。

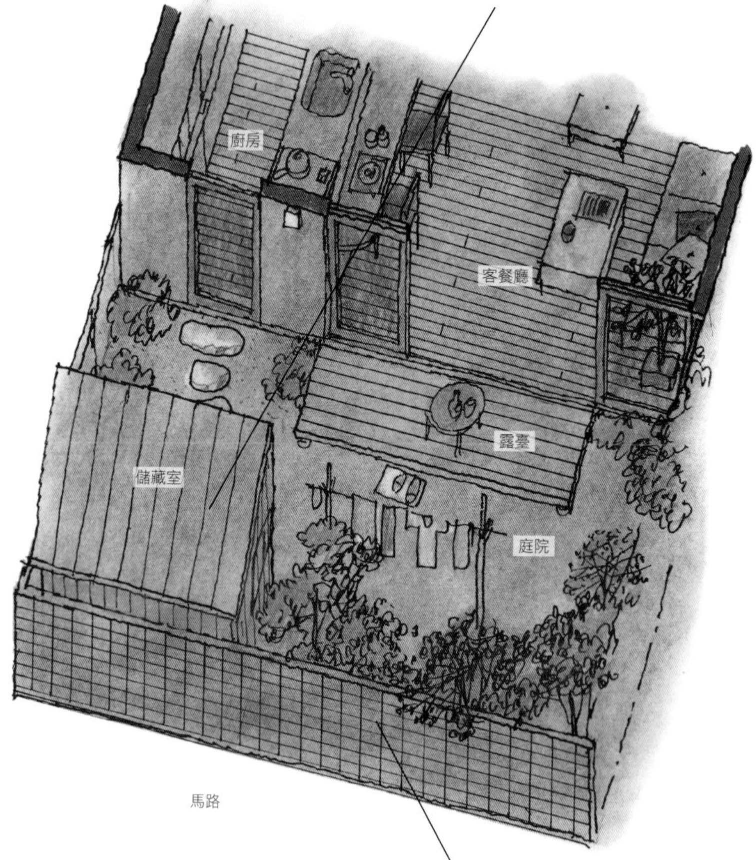


和馬路的界線是沒有溫度的磚牆，高聳的磚牆也是造成街道風景沒有溫度的原因之一。

● 有儲藏室的庭院一等角透視圖

## 送給家庭主婦：能夠從日常抽離的「偏房」

將不使用的儲藏室放在庭院的一角，你應該也看過這樣的住家吧，而儲藏室裡面到底放了些什麼東西，說到底應該都是一些沒有價值也不會再使用的物品。如果要利用庭院空間蓋個房間，應該是個可以讓日常生活更加豐富有趣的場所，特別是對於一整天的活動空間幾乎都在家裡面的家庭主婦來說，並沒有一個咫尺可得能夠消除壓力的空間，如果家裡能有個做家事之餘可以喘口氣的「主婦專屬空間」那就好了。

範例中屋主太太的興趣是泡茶，於是將庭院中原有的儲藏室拿掉，改建了一個茶室。為了不破壞特地營造的茶室氣氛，於是將已有破損的磚牆打掉，改成以木製的拉門圍繞庭院，運用木製建材帶來良好的外觀視覺效果，也能和街道風景相互融合。因為採用葉片式的門片，就算關起門來還是有通風的效果，雖然在住家安全上略顯不足，但是能夠直接和庭院相連，附近的鄰居主婦也能輕鬆的靠近交流。

## 有偏房的庭院

考量從室內通往庭院中的茶室，因此將庭院的一部份增設屋簷。

在庭院周圍增加樑柱，夏天時可以在上方掛上竹簾防曬。

鋪設石板或磁磚地面的露臺能夠增加使用的機率，在偏房旁邊種植樹木，增添空間立體感。

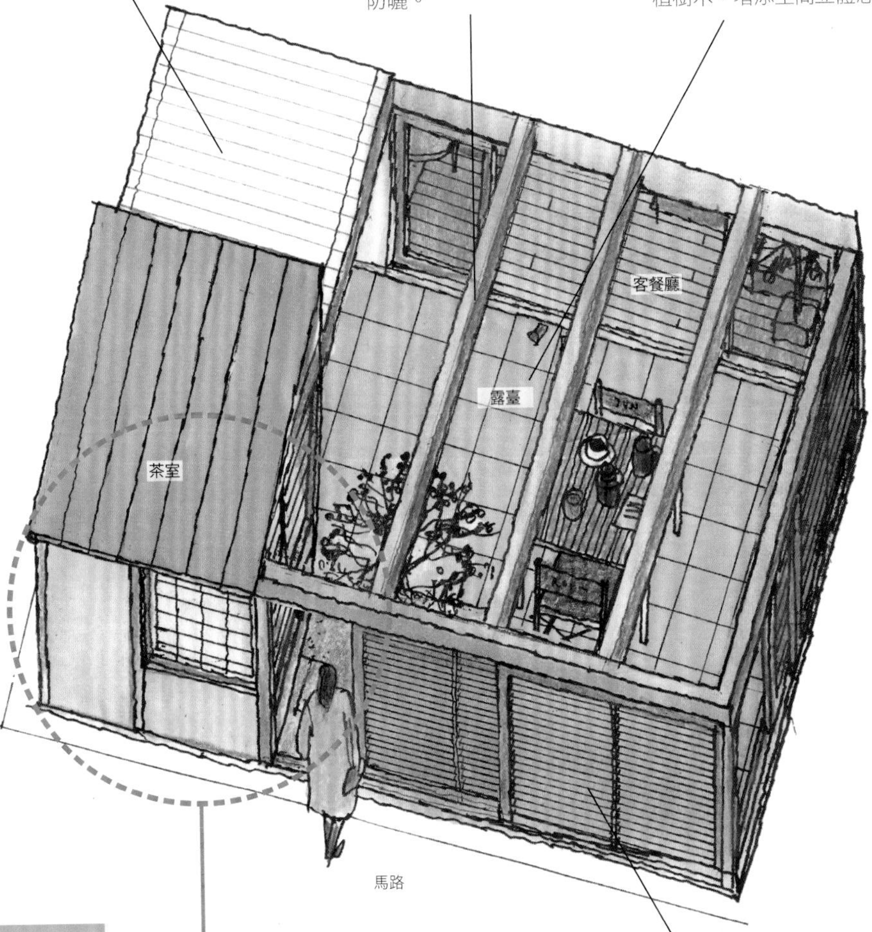


和馬路的界線改以木製的葉片式拉門，拉開門後就可以變成開放式的庭院，最適合招待朋友們舉辦家庭派對。

● 有茶室的庭院一等角透視圖

### 1坪的空間也有極大的價值

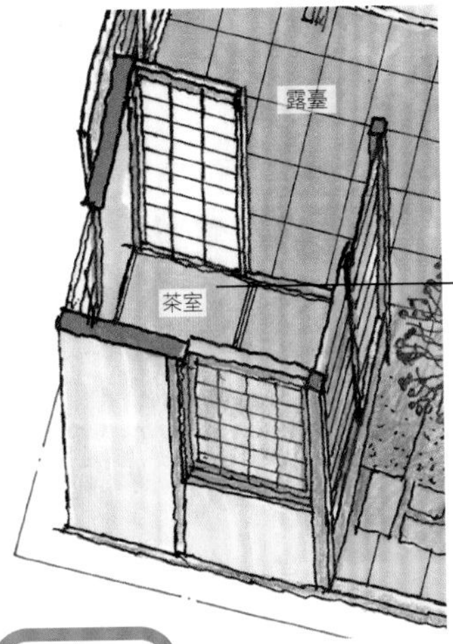


雖然只是1坪大小的茶室，但是能夠從日常生活中抽離的這個空間所帶來的效果卻是極大，除了泡茶之外也能在這裡安靜的閱讀書籍。

● 茶室一平面等角透視圖

POINT

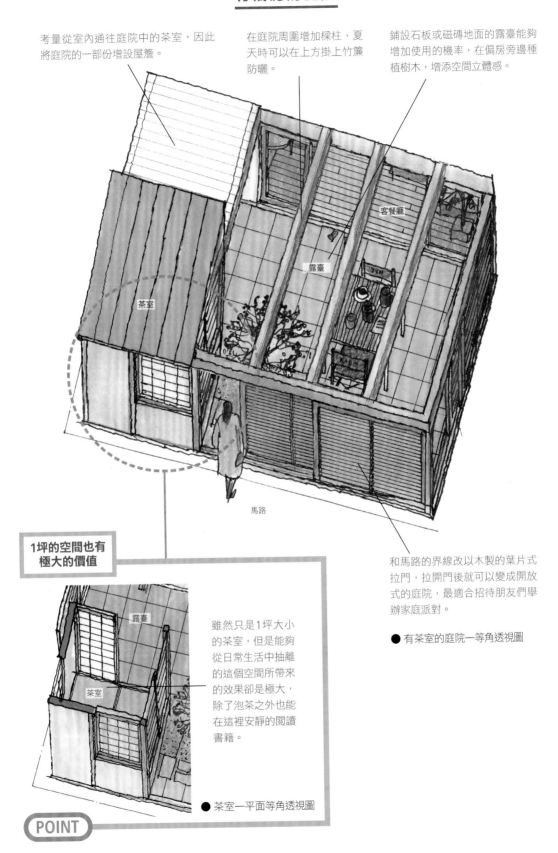

國家圖書館出版品預行編目資料

舒適住宅黃金法則：掌握細節 O 與 X, 開始過美好生活 / 中山繁信著；楊裴文譯 . -- 初版 . -- 臺北市：麥浩斯出版：家庭傳媒城邦分公司發行，2017.02
面；　公分 . -- (Solution ; 93)
ISBN 978-986-408-257-5( 平裝 )

1. 家庭佈置 2. 空間設計 3. 生活美學

422　　　　106001636

Solution 93

# 舒適住宅黃金法則：掌握細節O與X，開始過美好生活

作者　中山繁信
譯者　楊裴文
翻譯協助　鄭雅云、劉德正
責任編輯　張景威

發行人　何飛鵬
總經理　李淑霞
社長　林孟葦
總編輯　張麗寶
叢書主編　楊宜倩
叢書副主編　許嘉芬
行銷企劃　呂睿穎
版權專員　吳怡萱

發行　英屬蓋曼群島商家庭傳媒股份有限公司城邦分公司
地址：104 台北市中山區民生東路二段 141 號 2 樓
讀者服務專線：02-2500-7397；0800-033-866
讀者服務傳真：02-2578-9337
Email：service@cite.com.tw
訂購專線：0800-020-299（週一至週五上午 09:30 ～ 12:00；下午 13:30 ～ 17:00）
劃撥帳號：1983-3516　戶名：英屬蓋曼群島商家庭傳媒股份有限公司城邦分公司

香港發行　城邦（香港）出版集團有限公司
地址：香港灣仔駱克道 193 號東超商業中心 1 樓
電話：852-2508-6231
傳真：852-2578-9337
Email：hkcite@biznetvigator.com

馬新發行　城邦（馬新）出版集團 Cite(M) Sdn.Bhd.
地址：41, Jalan Radin Anum, Bandar Baru Sri Petaling,57000 Kuala Lumpur, Malaysia
電話：603-9057-8822
傳真：603-9057-6622

總經銷　聯合發行股份有限公司
電話：02-2917-8022
傳真：02-2915-6275

製版印刷　凱林彩印股份有限公司
版次：2017 年 02 月　初版一刷

定價：新台幣 450 元
Printed in Taiwan